走进黄金世界

胡宪铭　贺艳玲　著

北　京
冶 金 工 业 出 版 社
2016

内 容 提 要

本书是一本介绍黄金知识的普及读物，主要内容包括：走进神秘的黄金世界、走进远古的黄金世界、走进黄金文明、走进黄金的传奇世界、走进艰辛的淘金世界、走进缤纷的黄金应用世界、走进喧嚣的黄金市场、黄金世界之旅。本书可供希望了解黄金知识的广大读者阅读。

图书在版编目(CIP)数据

走进黄金世界 / 胡宪铭，贺艳玲著．— 北京：冶金工业出版社，2014.7（2016.8重印）

ISBN 978-7-5024-6600-8

Ⅰ．①走… Ⅱ．①胡… ②贺… Ⅲ．①金—普及读物 Ⅳ．①O614.123-49

中国版本图书馆CIP数据核字(2014)第149715号

出 版 人　谭学余
地　　址　北京市东城区嵩祝院北巷39号　邮编　100009　电话　(010)64027926
网　　址　www.cnmip.com.cn　电子信箱　yjcbs@cnmip.com.cn
责任编辑　戈　兰　美术编辑　彭子赫　版式设计　彭子赫
责任校对　石　静　责任印制　牛晓波
ISBN 978-7-5024-6600-8
冶金工业出版社出版发行；各地新华书店经销；北京博海升彩色印刷有限公司印刷
2014 年 7 月第 1 版，2016 年 8 月第 3 次印刷
175mm×215mm；11 印张；261千字；248页
76.00 元

冶金工业出版社　投稿电话　(010)64027932　投稿信箱　tougao@cnmip.com.cn
冶金工业出版社营销中心　电话　(010)64044283　传真　(010)64027893
冶金书店　地址　北京市东四西大街 46 号(100010)　电话　(010)65289081(兼传真)
冶金工业出版社天猫旗舰店　yjgy.tmall.com

序 言

一万余年前，人类发现和认识了黄金，从此，它像太阳一样点燃了人类的梦想，成为不同国家、不同肤色、不同信仰的人们狂热追逐、崇尚的对象，成为皇权、财富和幸福的象征。

三千余年前，黄金被人类充当货币，成为衡量商品价值的尺度和交易媒介。经过无数次选择和淘汰，黄金成为人类货币史上使用最广泛、历史最长久的超主权货币。

所有这一切都归因于黄金是世界上唯一兼有货币和商品双重属性的特殊产品。黄金既是物质财富，也是财富储藏手段，是最忠实的资产和现代信用货币的物质基础，在应对金融危机、战争突变、保障国家经济安全中具有不可替代的作用。

中国是认识、开采和使用黄金较早的文明古国之一，有着悠久灿烂的黄金文化。新中国成立以来，我国黄金工业取得了令人瞩目的成就。特别是改革开放以来，我国黄金工业不断稳步发展，黄金产量以每年9%左右的速度递增。2007年达到270.5吨的历史新高，一跃超过稳居全球第一产金国地位近百年的南非，成为世界产金大国的新科状元。2013年，中国的黄金消费超过1000吨，取代印度成为世界第一黄金消费大国。黄金已经不再是昔日王公贵胄、富商贵贾的专属，它已经悄然进入寻常百姓的生活。本书向读者详尽地介绍了黄金的特殊属性，揭示了许多鲜为人知的黄金奥秘。它不仅引领读者回顾了黄金漫长的历史，感受了黄金与人类文明、文化、宗教的交融，还简洁明了地介绍了黄金开采的基本知识，讲述了充满艰辛与传奇的淘金岁月。对于大多数读者来说，变幻莫测的黄金市场和黄金日新月异的诸多应用是两个相对陌生的领域。为此，作者通过讲故事的方式，巧妙地对这两个方面进行了系统的介绍。而“黄金大事记”和“黄金世界之最”以及每章后面所附的“黄金小贴士”，则为读者提供了非常实用的历史和技术资料。可以说《走进黄金世界》是一本小型的黄金百科全书。

该书内容翔实生动、精彩纷呈，得益于作者的特殊经历，两位作者从事黄金行业工作三十余年，对黄金的生产和应用非常熟悉、了解。第一作者主修采矿专业，并曾在英国深造，先后从事黄金开采技术研究、黄金市场研究、国际合作、黄金投资、技术管理等工作，曾访问过二十多个国家及世界各大黄金矿业公司、首饰制造商以及几乎所有重要的国际黄金市场。本书作者精通英语，可以充分利用各种国际资讯渠道，从而极大地拓展和丰富了本书的信息来源和参考资料的支撑范围。总之，本书的确值得一读，即使对业界人士也能有所裨益。在此我衷心期望它的出版能对普及黄金知识起到促进作用。让我们一起走进黄金世界，了解黄金世界，了解世界黄金！

中国黄金协会会长
中国黄金集团公司总经理
2014年4月

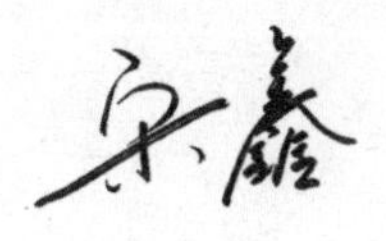

前　言

作者自感非常幸运，毕业后就进入令人羡慕的黄金行业，被分配到冶金工业部长春黄金研究所。当时，老所长向我们介绍了黄金和黄金工业的基本知识，让初出校门的我们大开眼界，也进一步加深了对探究黄金奥秘的浓厚兴趣。可是当问到有无这方面的专业书籍时，却得到了一个令人失望的回答。这应该是作者撰写本书的最初动因。

大约在十多年以后，作者访问世界黄金协会总部时，得到一本英文版的《黄金世界》(World of Gold)，于是，萌生了将其翻译成中文的想法。仔细阅读之后却发现，尽管该书对黄金的知识作了比较系统的介绍，但美中不足的是，书中关于黄金市场和黄金金融方面的内容所占篇幅较大，文字又趋向于专业化，内容上略显枯燥，不太适合一般大众阅读。这又一次坚定了作者撰写一本能够满足大众需求的介绍黄金知识书籍的决心。

带着这种愿望，作者凭借多年从事黄金开采技术研究和国际合作的便利，加之可以直接阅读英文资料的优势，不断收集相关资料（包括大量的图片资料）。在下笔之前，我们收集到的中外文资料已经达到800多份，图片资料有近600张，文字资料以英文资料占绝大多数。我们必须感激互联网的飞速发展，正是有了这样一个平台，才使我们获取信息的空间扩大了不知多少倍，也带给了我们如此大的便捷。只有以这样丰富的资料来源作为支撑，我们才能随心所欲地从中提取需要的精华，以飨读者。

本书的编写意图是，通过讲述在漫长的历史长河中黄金世界的生动故事，向读者介绍黄金世界的奥秘，让读者可以无需涉猎浩如烟海的历史资料，不用面对晦涩枯燥的专业文献，也能了解黄金世界，了解世界黄金。如果能够做到这些，作者的努力就不是徒劳的。

另外，在书稿的撰写过程中，第二作者承担了大量的编辑、整理和校对工作。能够出版此书是两位黄金工作者共同的夙愿。

本书的出版得到了各方面的支持和帮助，特别是冶金工业出版社的相关领导和编辑，作者在此表示衷心感谢！

因书稿涉及某些专业性较强的内容，为保证相关知识的准确表述与传递，特请相关专家对部分内容进行了审阅把关。其中黄金地质和黄金选矿方面的内容，分别由中国黄金集团公司的王春宏博士和王海东教授级高级工程师进行了审阅校对。在此向他们表示诚挚谢意！

书中凡未署明出处和作者的插图，均为作者自己摄影或制作。其中，第九章的部分图片由原世界黄金协会中国区总经理王立新提供。在此表示衷心感谢！

另外，书中不少图片来自《维基百科》的共享版权资源，有些内容也参考了《维基百科》和《百度百科》的资料，在此对贡献者一并表示感谢！

作 者

2014年4月于北京

目　录

引　言

在2013年4月14日和15日，国际金价连续大幅度下跌，黄金现货从每盎司1500多美元暴跌至1300多美元时，中国，乃至整个亚洲出现了抢购黄金的风潮。在上海的老凤祥金店、北京的菜市口百货商场金店，在中国黄金集团的黄金旗舰店以及分布在全国各地的上千家金店，顿时门庭若市、车水马龙。从新闻媒体报道中，我们便可想象人们购买黄金的场面和情景：

"亚洲抢购潮致暂时性金荒　香港急购实金西金东调"——2013年4月26日《南方都市报》

"金价暴跌短短10天，福建人80亿扫走30吨黄金"——2013年4月26日《海峡都市报》

"南昌不少市民赴港澳抢购黄金"——2013年4月26日《信息日报》

"业内预测内地投资人10天抢购300吨黄金"——2013年4月26日《人民网》

"金价下跌引发西安抢购潮，一顾客1次买20千克"——2013年4月25日《三秦都市报》

"奶奶抢购黄金留给未来孙子"——2013年4月24日《半岛晨报》

根据世界黄金协会的报告，这轮购买黄金的热潮，也波及到了欧美。在印度的孟买，也出现了抢购黄金的情况；在中东的迪拜，由于抢购造成了金条和金币短缺。

人们为什么会抢购黄金？因为人们相信黄金，相信它能够保值、增值，能够避险。

人类早就认识到，黄金可以让人们对付通货膨胀，防止货币贬值，预防战争和政治动荡带来的经济灾难，可以帮助人们度过经济萧条。正如法国前总统戴高乐曾经说过的那样："除了黄金以外，不可能有其他的准则、其他的标准。因为黄金永不变化，它可以做成金锭、金条、金币；不分国家民族、它所具有的不容易变化的、可以信赖的价值标准的优点，永远被全世界所公认。"在20世纪80年代，巴西货币大幅度贬值，通货膨胀率最高时达到1000%，人们纷纷抢购黄金，以免自己手中的货币变成一堆废纸。在海湾战争爆发后的几小时内，在中东不少国家，购买黄金的人排起了长队。曾经遭受美国经济制裁的国家，如越南、古巴、利比亚等，无法通过纽约的银行进行美元国际结算，但可以用黄金进行支付，因为黄金不需要任何一个国家发行即可流通。在苏联解体后，俄罗斯的黄金储备帮助这个陷入困境的国家偿还了它的大量债务。在1997年亚洲爆发金融危机时，韩国的民众纷纷捐出自己珍藏的黄金，帮助国家偿还外债，支援和保护本国金融体系。

这些生动鲜活的事例，不断强化人们对黄金的认识。但是，"保值、增值和避险"并不是黄金的全部，它只是黄金世界的一个侧面。现在中国已经成为世界第一产金大国和第一黄金消费大国，黄金与我们的社会、与我们的生活息息相关。我们有必要走进五彩缤纷的黄金世界，了解黄金世界，了解世界黄金。这就是笔者的初衷和愿望。

近年来，我们在书店的书架上可以看到不少有关黄金的书籍，但是有的偏重于金融，有的太过专业，不能满足普通人了解黄金世界。即使有些普及性的读物，要么内容上老生常谈，只能给读者介绍一般的常识；要么资料比较陈旧，不能给读者提供比较准确的信息。本书的意图是，通过讲述在漫长的历史长河中黄金世界的生动故事，向读者介绍黄金世界的奥秘，让读者可以无需涉猎浩瀚如烟的历史资料，不用面对晦涩枯燥的专业文献，也能了解黄金世界，了解世界黄金。如果能够做到这些，笔者的努力就不是徒劳的。

第一章　走进神秘的黄金世界

一、神圣的黄金

千百年来，黄金一直被人们视为财富和高贵的象征、永恒和不朽的标志。人类对它的青睐、崇拜和追求，可以跨越地域国土的界限，穿透种族部落的差别，打破宗教信仰的束缚，突破急流险滩的阻挠……。黄金总是以它无穷的魅力，吸引着成千上万的人为之渴望，为之奋斗，为之献身。黄金那灿烂的光辉如同阳光一样，不但照耀着广袤的大陆和浩瀚的大洋，也照耀着酷热的沙漠和神秘的原始森林，甚至把它的光泽投向高山峻岭和严寒极地。人类文明的曙光照耀到哪里，崇拜黄金的文化和习俗就在哪里诞生。在希腊神话中，在阿拉伯的传奇故事中，在中国的民间传说中，关于黄金的生动故事不胜枚举，口口相传，生生不息，延绵数千年。不论朝代如何更迭，王朝怎样兴衰，黄金的光泽永不退减，黄金的魅力从不削弱；不管世纪轮回，沧海桑田，黄金的地位依然神圣，黄金的诱惑依旧无穷。

黄金的元素符号来自拉丁文 Aurum 一词，原意为“光辉灿烂的黎明”。在古罗马，Aurora 是黎明女神的名字；而古埃及人则把黄金作为太阳神的象征，用他们认为最为完美的几何图形，圆（○），作为代表黄金的符号。这一符号被后来的炼金术士们采纳，并在圆圈中间加了一个点，改造为更像太阳的图形（⊙）。而公元前 5 世纪的古希腊诗人品达罗斯（Pindarus，公元前 518~438 年），则把黄金描写为“宙斯神的孩子”，是太阳光辉和神圣智慧的象征。古印第安人相信，黄金是太阳的汗珠。

凡此种种，尽管形式不同，表达方式各异，但人类对黄金的共同认识是：它就是崇高和神圣的化身，它就是财富和地位的代名词！

随着人类历史的发展和进步，黄金几乎渗透到了人类生活和社会活动的每一个角落。它不仅可以用以标明帝王将相、王公贵族的尊贵地位，也用于显示宗教的神圣和权力。当你走进法国的卢浮宫、英国的白金汉宫、俄罗斯的克里姆林宫、中国的故宫、梵蒂冈的圣彼得大教堂、德国的科隆大教堂、土耳其的蓝色清真寺、阿联酋的扎耶德清真寺、印度的泰姬陵……，你仿佛进入了一个个黄金包裹的金色世界——环顾四周，你会感到自己的词汇如此贫乏，只会说这就是真正的“金碧辉煌”！在梵蒂冈的圣彼得大教堂，不仅主祭坛上的雕塑全部贴金，而且祭坛的穹顶、教堂的廊道拱顶也用贴金、描金装饰。毋庸置疑，在这些地方使用黄金装饰的核心目的就是彰显皇权、神权的至高无上，神圣无比。在这里，黄金是无法替代的。

英国的白金汉宫

在人类社会的各种不同的语言中，人们几乎把所有的溢美之词毫不吝惜地赋予了黄金。形容人说话有分量，掷地有声，一言九鼎，叫“金口玉言”；形容生意兴隆，人们说“日进斗金”；赞美美好的婚姻，人们说是“金玉良缘”；出生高贵，叫“金枝玉叶”；土地珍贵，叫“寸土寸金”；改邪归正，叫“金盆洗手”；人

卢浮宫走廊顶棚

梵蒂冈圣彼得大教堂

们用“一寸光阴一寸金”比喻时间的珍贵；用“火眼金睛”夸赞人的判断力；告诫别人读书的重要时，人们说“书中自有黄金屋”；西方人形容人的善良，则会说他有一颗“金子般的心”，用莎士比亚话说是“善良的心地，就是黄金”；法国作家巴尔扎克告诫人们时说“爱是黄金，恨是铁”；甚至在严谨的科学界也用“黄金分割”、“黄金法则”等词汇描述科学的含义。

尽管在20世纪末期，黄金在世界金融领域的作用逐步减弱，但它在人们心目中的地位丝毫没有降低。奥运会和各种各样的竞技体育，以及文学、艺术、音乐、美术、影视等等，仍然要用金牌来奖励那些在比赛或竞赛中出类拔萃的选手和杰出的作品；人们还是习惯地把信誉好的企业或品牌叫做“金字招牌”；就连标志着金融现代化的信用卡也用金卡、银卡来区别不同的信用等级。

在现代社会的日常生活中，黄金几乎无处不在。即使不是所有的人都会把黄金戴在手上和脖子上，但是黄金也会与你如影随形——你用的电话机的芯片里有黄金，你看电视的电路里有黄金，你用的手机里有黄金，你用的电脑里有黄金，你开的汽车里有黄金，你乘坐的飞机也要用黄金，甚至你吃的药里面也可能有黄金。

当然，黄金也有它的另外一面。因为黄金就是财富，黄金就是金钱，至少对于大多数民族和古代文明史是这样。所以，它会诱发人们对金钱的欲望，会激发一些人的贪婪，会给人类带来纷争和掠夺，甚至引起战争，导致血腥的屠杀、野蛮征服和非人的奴役。所以古罗马时期的历史学家塔西佗（Publius Cornelius Tacitus）说“黄金和财富是战争的主要根源”。美国经济学家彼得·伯恩斯坦在《黄金的魔力》一书中说：“从来没有人搞得清楚，是我们拥有黄金，还是黄金拥有我们。”而英国大文豪莎士比亚在他的剧作《雅典的泰门》里，借用主人公泰门之口，对黄金所作的一番描述，更是淋漓尽致、入骨三分：

“……金子，黄黄的、发光的、宝贵的金子！”

“这东西，只这一点点，就可以使黑的变成白的，丑的变成美的，错的变成对的，卑贱变成尊贵，老人变成少年，懦夫变成勇士……”

有人做过一个有趣的调查，结果发现，在人类迄今发现的100多种元素中，其他任何一种元素都不会像金那样受到人类的关注。其中一个很好的佐证是，在全世界关于黄金的学术文献资料和文学著作，是其他元素无法比拟的。

我们不禁要问，黄金为什么能够享有如此高的地位，为什么会受到人类如此的礼遇呢？或者说黄金究竟有什么特殊之处呢？

英国皇室的御用金色马车

有人可能会说，因为黄金稀有。的确，物以稀为贵，黄金也属于稀有贵金属。但是在众多金属和非金属家族里，黄金还不算特别稀有。比如铱、锇、铑、铼、钯、钌等金属都比黄金更稀有，可是这些金属却鲜为人知，而且都不比黄金更贵。

为此，我们有必要对黄金的一些基本知识有所了解，特别是它的一些独特的性质。正是由于这些独一无二的特性，才使黄金成为金属大家庭中最受人类关注的宠儿。

二、奇特的黄金

如果仅从中学生就学到过的《化学元素周期表》看，黄金并无什么特殊。俄国著名化学家门捷列夫把黄金定义为一种过渡性金属。金的元素符号为 Au，原子序数为 79，金属密度为 19.3 克 / 厘米^3，熔点为 1064.18 摄氏度。

金的公制计量单位是克、千克、吨；而国际通用的习惯计量单位是盎司（也有人称之为“英两”），1 盎司 = 31.1035 克。中国的传统黄金计量单位是两，1 两 =31.25 克。巧合的是盎司和两非常接近，1 盎司 = 0.9953 两。

黄金的纯度，通俗的说法是成色，用 K 和千分数表示。K 是从钻石行业的克拉演变过来的，克拉在钻石行业是一个重量单位，而在黄金行业 K 只表示纯度。纯金（足金，赤金）为 24K，依次往下有 22K，20K，18K，14K……，它们所表示的纯度都是 24 的百分数，比如 18K，就表示含金 75%。

在化学性质上，黄金的最大特殊之处是它具有极高的化学惰性。通俗地说，就是黄金与大部分物质都不会发生化学反应，就连被称为三大强酸的硝酸、硫酸、盐酸也不能单独将其腐蚀。只有用硝酸和盐酸混合成的“王水”，才能腐蚀金。另外黄金可以与氯、氟和氰化物形成络合物。黄金可以被水银溶解，形成汞齐金（但这并不是一种化学反应）。

我们知道，在自然界，金属元素最容易遭受侵蚀的方式是氧化和腐蚀。而黄金恰恰具有可以免受这些侵害的天赋。所以，它可以经受岁月的风霜，它可以经受环境的磨砺。我们经常可以听到这样的报道，深埋于地下几千年的黄金制品，一经出土，在考古工作者拭去它身上的泥土之后，马上呈现出金光闪闪的面目，犹如一件件崭新的金器。黄金的这一优良性质，被人类归结为“永恒”和“不朽”，这是黄金奇特、神秘之所在，这也是人类把黄金与神圣、高尚相联系的原因。

在物理性质上，黄金的延展性是其他金属无可比拟的。金属材料的延展性是指材料在经过锻打或者压轧能够变形，而不回到原来形状、而且不会断裂的性质。经科学家研究证明，黄金可以从 2 毫米厚的金板，通过锻打达到厚度只有 50~100 纳米（0.05~0.1 微米）的金箔。或者说，黄金的长度经过锻打可以延长 18.6 万倍，而其他金属，如铜，只能延长原来长度的 5~7 倍。

我们换一种更加形象地说法，一克的黄金（体积大概相当于一颗绿豆大小）可以锻打成 1 平方米大小的金箔；或者说，一盎司的黄金（一颗蚕豆大小）可以锻打成大约 30 平方米的金箔。如果拉丝，一盎司黄金可以拉成大约 80 公里长的金丝。金叶甚至可以被打薄至透明，透过金叶的光会显露出绿蓝色，这是因为黄金对黄色光及红色光的反射能力很强所致。

黄金的硬度很低，纯金的硬度只有 2.5（莫氏硬度），用牙就能咬出痕迹来，所以，很多人会用牙咬来试验是否是纯金。黄金的这两个特点结合起来，给人们提供了极大的方便，使得黄金的加工非常容易。特别是在古代，人类只有非常原始的工具可以使用，工匠们即使用石器、简单的铁器、甚至骨器，也能对黄金进行随心所欲的加工。古埃及法老墓葬中的一些壁画告诉我们，古埃及人就是用石锤和石臼打造金箔的。当然硬度较小的金属也不只是黄金，锡、铅等金属也都很软，但是它们的延展性和可锻性远远不及黄金，锻打到一定程度就会出现脆裂。

黄金的这些特性不但给工匠们带来加工制造的方便，更为重要的是，只要很少的黄金就可以装饰很大的面积，从而大大降低了黄金装饰的成本，使黄金的使用变得不太昂贵。

另外，黄金特殊的颜色和光泽使它在直观上就非常诱人。尽管在汉语中，我们把铜、铝、铅、锌、镍、铬等金属统称为有色金属，但实际上在众多金属中，只有金和铜可以算得上是真正的有色金属。而黄金的颜色又是如此独特，人们只能用它自己的名称来描述，把它叫做“金黄色”，是天生的贵族色彩。与其他金属相比，黄金的光泽也是出类拔萃的。它闪亮而不刺眼，柔和而不昏暗。有的学者推测，当人类第一次看见黄金时，肯定是被它特殊的颜色和光泽所吸引，因而笃信它是神灵赐予人类的宝物。

下面列出的是有关黄金的一些有趣的基本知识，可以帮助我们进一步了解黄金世界的秘密：

» 金的密度相当高，1 立方米的金质量为 19320 千克，而 1 立方米的铅质量为 11340 千克。

» 只需用 155.8 千克黄金做成的金丝，就可以沿着赤道绕地球一圈。

» 在自然界，黄金都是以单质元素的形式存在的，没有任何形式的黄金化合物。即使赋存在矿石中的黄金也是以很微小的颗粒存在。

» 地球上的大多数黄金矿床是在距今 30~40 亿年前的前寒武纪时期形成的。

» 工程师们把黄金在矿石中的含量叫做“品位”，以每吨含有多少克黄金计算（即，克 / 吨）。

» 在地球的地壳中，平均每吨岩石中含有 5 毫克黄金（5ppb）。如果按陆地面积为 14900 万平方公里、平均开采深度为 3000 米计算，地壳中蕴藏着黄金 45 亿吨！但是细算起来，平均每 275 吨岩石中才有 1 克黄金，按照目前的技术水平和黄金价格水平，黄金含量（品位）至少要高于 0.1 克 / 吨才有利用价值。科学家通过与铁陨石成分的类比推断，在地球的地核中，黄金含量是地壳含量的 150~300 倍。

» 海水中也含有黄金。据科学家估计，每吨海水中平均含金大约为 0.011~0.013 毫克（11~13ppt），所以大海里总共蕴藏着大约 1510~1780 万吨黄金。

» 每座矿山所生产的黄金都有各自的“DNA”，只要你所佩戴的首饰是用一个矿山的黄金制造的，便可测出它来自何方。

» 世界上最深的矿井在南非，2012 年开采已经达到地表以下 4000 多米深的地方。

» 2012 年，全世界生产黄金 2848 吨。为此，要从地下挖出 6 亿 5 千多万吨矿石。

» 在南非，每采出1吨矿石，需要向矿井里面吹入15吨空气用以通风。

» 较大的自然金块在中国俗称“狗头金”。世界上最大的狗头金重达72.02千克，是1869年1月5日在澳大利亚的维多利亚发现的，被命名为“受欢迎的陌生人”（Welcome Stranger）。

» 在美国纽约华尔街的联邦储备银行，保存着大约13000吨黄金，其中有美国自己的8700吨。这座金库开凿在很纯的花岗岩之中，它的几道大铁门重达90吨。

» 黄金作为货币至少已经有5000年的历史。

» 根据世界黄金协会公布的数据，人类历史上4000年内开采的黄金总量约为16.1万吨。这一数量基本相当于中国两个小时生产的钢铁（世界钢铁协会公布的数据，2012年中国钢产量7.16亿吨，相当于每小时生产8.13万吨钢）。如果把这些黄金做成一个立方体，每个边的长度大约是20.3米，把它放在天安门广场，只占400平方米的一块面积。

» 南非从1898年到2006年连续100多年占据世界第一产金大国的地位。据世界黄金协会的统计，在全人类迄今生产的黄金中，大约有近40%来自南非，特别是在1970年创下了1000吨的历史纪录，占世界供应的79%，但到了2007年就下降到只有272吨。

» 中国在2007年生产了276吨黄金，取代南非成为世界最大的黄金生产者。其他主要的黄金生产国还有美国、澳大利亚、俄罗斯及秘鲁。

» 世界上最早的金首饰制造于公元前3200年。

» 全球黄金消耗量最大的国家是印度，2012年共消耗黄金864吨，其中首饰用金552吨。

全球黄金总量与人民英雄纪念碑对比

» 每年全世界有100亿个微电子接触器要用黄金做触点，2005年世界电子工业共消耗黄金272.5吨。

» 黄金还可用于制造药物，用以治疗风湿性关节炎、慢性溃疡和肺结核等病症。

» 除了金融和投资以外，首饰制造仍是黄金使用大户。2005年，全球首饰制造用去了2711.8吨黄金。

» 现在全世界可供交易的黄金大概有7万吨（实际流通量约为2.5万吨），如果用全世界60亿人来衡量，人均只有12克，黄金的稀缺性显而易见。

三、黄金小贴士

（一）解读“真金不怕火炼”之奥秘

人们常说“真金不怕火炼”，大多数人的印象似乎是黄金的熔点很高，或者说黄金不容易熔化。其实不尽然。黄金能赢得这个称号，并不是因为它的熔点高，而是黄金不易受氧化侵蚀的特性。让我们看看黄金与几种常见金属熔点的比较，黄金的熔点还没有铜、铁高，只比白银高100多摄氏度：

金：1064.2摄氏度

银：961.8摄氏度

铜：1084.6摄氏度

铁：1538摄氏度

那么，“真金不怕火炼”的含义究竟是什么呢？

我们知道，一般金属在被火烧时（即高温加热时），会加速氧化。所形成的这些氧化层，首先会改变金属原有的颜色，使其变得“面目全非”；其次这些氧化层会脱落，如果多次被火烧，普通金属就会不断地“掉皮”，这种现象对于铁尤为突出。这就是为什么一根铁棍会越烧越细的原因。所以，人们认为这些金属经不起“火炼”。而黄金由于它不会氧化，所以火烧之后既不会改变颜色，也不会“掉皮”。无论怎么烧炼，它都毫发无损，烧炼对黄金来说不是“浴火重生”，而是完好如新。这才是“真金不怕火炼”的真正含义。

实际上，中国古人早就认识到了黄金的这些性质。在东汉时期的辞书《说文解字》里，说黄金“久薶不生衣，百炼不轻，从革不违”。所说的就是指黄金具有不易氧化、不怕火烧、延展性好的特性。

（二）黄金词源探秘

在中国汉语中“金”字出现的很早，至少在商周时期的金文（即钟鼎文）中已经有“金”。但“金”最早的含义是泛指金属。到战国时期，楚、韩、赵、魏等国已经开始专指黄金。汉代以后的一些文献中，已经出现“黄金”两个字，以区别“金”的泛指含义。如“上有丹砂者，下有黄金；上有慈石者，下有铜金。”（《管子·地数》）；以及“黄金方寸，而重一斤”（《汉书·食货志》）等。

而西方语言的黄金一词，据说源于古代的梵文，意为“发光”或“光辉”。英语的黄金（gold）源自英语的祖系语言，盎格鲁—撒克逊语，而“gold”的词根则是古日耳曼时期的条顿语（Teutonic）“gulth”，其含义为发光或闪光的金属。也有人认为是来自于盎格鲁—撒克逊语的“gelo”，意为“黄色”。

据学者考证，拉丁语的黄金一词 Aurum，以及更早的萨宾语（Sabine），均来自于古意大利语的 Aurora，意思是“灿烂的黎明”。另一种说法是，源于希伯来语的 Aor，意为“光芒”。总之在拉丁语系里，黄金一词从发音到拼写都大同小异。比如，西班牙语是 oro，意大利语也是 oro，葡萄牙语是 ouro。在日耳曼语族里，德语的黄金也是 gold，荷兰语是 goud，瑞典语和丹麦语是 guld，挪威语是 gull。

在埃及语里，黄金叫“纳伯”（nub），埃及的学者相信，这与古埃及的一个非常重要的黄金生产中心有关，这个地方就叫“纳比亚”（nubia）。而在古埃及的象形文字中，黄金符号颇为复杂，是一串挂在一个方框上的珠子。对于它的解读也是见仁

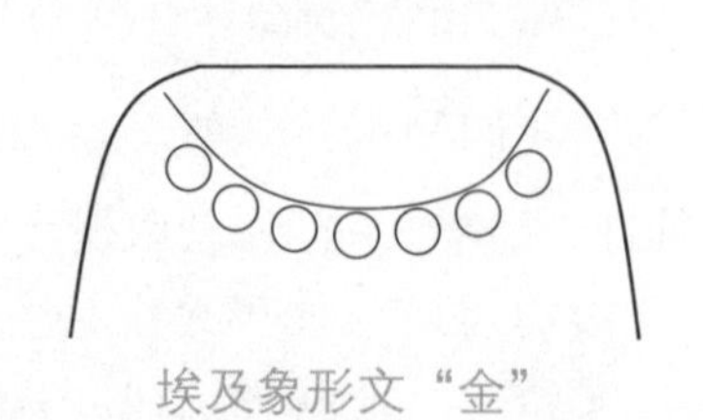
埃及象形文“金”

见智，莫衷一是。有人说它就是挂在胸前的一串金珠，有人说它表示的是太阳边缘的光辉，还有人说它表示淘金槽子里的金子。这些说法看上去似乎都有道理，但真正的含义只有古埃及人才能说得清楚。

在中亚的阿尔泰语系的国家和地区，如我国的新疆和内蒙古、吉尔吉斯斯坦、乌兹别克斯坦、哈萨克斯坦等，有好多被称作“阿尔泰”或“阿勒泰”的地名，比如阿尔泰山。在蒙古语中“阿尔泰”就是黄金的意思。所以阿尔泰山，在蒙古语里即“金山”之意。

第二章　走进远古的黄金世界

一、古代黄金溯源

黄金可能是远古时代人类最早认识的金属，所以，黄金的历史应从远古说起。但是，从科学的角度判别，如果没有充分的考古证据，就难以对人类文明与黄金的联系始于何时作出肯定的结论。我们只能猜测，人类在不同的时间与地点，偶然地发现了这种光彩诱人的金属。大致的情景可能是这样的：在某种偶然的场合，古人在土壤中或者河流中，看见了金灿灿的天然金块——狗头金或者片状自然金，然后被它固有的美丽、良好的延展性和耐久性所吸引。随着人类文明从旧石器时代的逐步进化，黄金因其耐久性而被赋予了神圣的品质，成为了不朽的象征。所以，黄金最初可能是被作为祈求神灵保护的护身符使用。也许史前人类也不需要对黄金进行任何加工和修饰，而是把找到的天然金块直接佩戴在身上。后来，黄金又被当作宗教偶像所崇拜。

据考古学家证实，黄金进入人类社会的生活之中，至少已有7000年的历史。早在公元前5000年古埃及的拜达里文化时期，已出现黄金制品，但当时黄金主要被人们用来制作生活用品。在1972年，考古工作者在保加利亚古城市瓦

1972 年在保加利亚发掘的黄金制品
（图片来源：维基百科）

尔纳（Varna）附近发掘的一处大型墓地遗址，发现了大量的黄金制品，经测定大约制造于公元前 4600~4200 年。

然而，有关最早发现黄金的历史信息基本上都是一些传说与神话。因此，西方一些早期作者认为是希腊腓尼基王子卡德摩斯第一个发现了黄金。还有的人认为是古希腊陶里斯国王托阿斯在巴尔干半岛的多瑙河流域发现了黄金。还有的说是宙斯神的儿子墨丘里首先发现了黄金……。类似的传说与神话在古代印度和中国也有不少，在其他民族的文化中也是如此。事实上，黄金的首次发现已经无从考证了。

随着考古技术的进步，新的证据也在不断增加。据报道，西方的化石研究专家曾经在西班牙的洞穴里，观察到了生活在距今约 40000 年前的旧石器时代的古人使用过的天然金颗粒。

更加令人难以置信的是，根据美国一家网络杂志《视野》（Viewzone.com）在 2009 年 11 月刊登的一则专题报道，考古学家声称已经发现了 10 万年前人类开采黄金的证据。

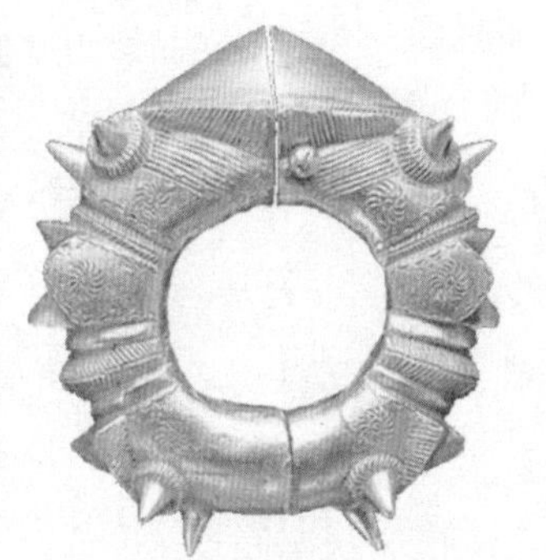

在非洲南部发现的最早的黄金饰品与面具
（图片来源：南非非洲黄金博物馆）

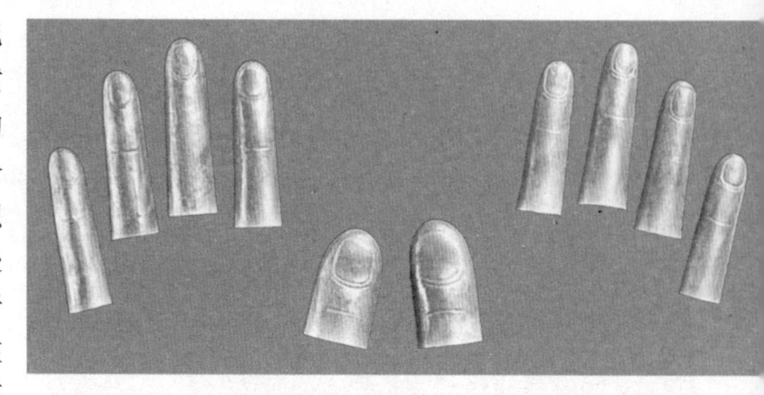
在非洲南部发现的最早的黄金指套
（图片来源：http://heritage-key.com）

报道说，在20世纪70年代，世界最大的黄金生产商之一，南非的安格鲁黄金公司的母公司英美集团公司，组织考古学家对南非的一处旧石器时代的遗址进行了一项调查研究，旨在寻找古人开采黄金的证据。据已经公布的报告，遗址内发现了深达55英尺的矿井，以及其他开采黄金的证据。1988年，另一支国际性的科考队对该遗址进行了考察，确定遗址的年代为8万~11.5万年前。考古学家和人类学家一致认为，在公元前10万年以后，南部非洲的原始人已经学会了开采黄金的技能。

尽管上述观点还不能为大多数人接受，但现有不少文献证实，早在公元前6000年前就有人类发现黄金的记录。而另一些资料表明，古埃及法老和教士在大约公元前3000年前后已经用黄金做纪念性装饰。但奇怪的是埃及人用作物资交换媒介的并不是黄金，而是大麦。

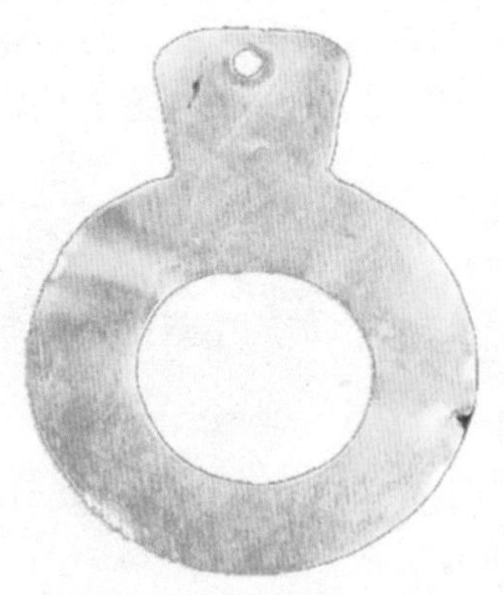
古希腊黄金饰品
（图片来源：bible history online）

在公元前3000年到公元前2000年之间，在印度河文明、苏美尔文明和古埃及文明中，黄金不仅被作为神圣的物品，而且已经变成了财富和社会等级的象征。

生活在大约公元前800年的著名希腊诗人荷马，在他的两部史诗《伊利亚特》和《奥德赛》中，不止一次地把黄金描述为凡人的财富象征和众神的显赫标志。这间接地说明，早在荷马生活的年代以前，人类生活已经与黄金有了很紧密的联系。

二、人类对黄金的认识

从人类接触黄金的初期的远古时代，直到自然科学进入萌芽状态的中世纪，人类对黄金的认识始终充满了宗教色彩。因为在这个漫长的发展阶段，人类对大自然的认识本身还依赖于宗教理论的解释。所以与其说解释，还不如说是猜想。在西方的古典时期，也就是公元前 5 世纪到公元 4 世纪中叶，尽管科学仍处于蒙昧状态，古典哲学却已经非常活跃，人们对自然的认识开始转向哲学家对事物的解释。所以有人认为这一时期的科学与哲学不分家。古希腊哲学家认为金银等金属皆来自水。而亚里士多德在解释宇宙的起源和许多自然现象时，都以“水、土、气、火”这四种要素为基础。据说这一理论最早起源于印度河谷文明，后来传到古巴比伦，一直到希腊。也可能来源于中国古代“金、木、水、火、土”之说。

在人类最早的黄金知识中，唯一的一线科学曙光来自创建于公元 9~10 世纪的一所阿拉伯学校。当时，在位于古伊拉克巴格达的这所学校，出现了几名颇有影响的哲学家、炼金术士（后面将专门介绍）以及物理学家。

这几位阿拉伯人给黄金的定义是：黄金是一种橘黄色的金属，沉重、不发声、光彩夺目。它在地球的肠道里均匀地溶化，与矿物水一起经过长距离洗刷，还要经过锤炼、胶结。这些描述现在看来非常浅薄，有的还很滑稽。但它已经认识到了黄金是一种金属，也对黄金的基本特征作了形象的描绘。后来大约在 13 世纪，欧洲人把这些阿拉伯人的论述编撰翻译后介绍到了欧洲。

同时，欧洲人又从希腊哲学家和神话传说中进一步得到启示，认为黄金来源于含铜的河水。这种观点说明，人们对黄金的认识正在从神学解释向自然解释转变。但是欧洲人仍然相信太阳能够使铜等贱金属异化转变成黄金。阿拉伯化学家贾比尔（Jabir ibn–Hayyan Geber，公元 721~815 年，全名为阿布·穆萨·贾比尔·伊本·哈扬，古波斯著名炼金术士、药剂师、哲学家、天文学家、占星家和物理学家，被称为“现代化学之父”）也借用了这些观点和假说，认为砂金来自水中，但这与现代的金矿沉积理论有着本质区别。

中世纪时，著名的波斯医学家，也是亚里士多德著作的重要翻译者之一，阿维森纳（Avicenna），把矿物分成四类，岩石、硫化矿物、金属、盐类。他不同意亚里士多德和炼金术士们把一种金属变成另一种的说法，坚信每一种金属都是一个独立的“土素”（元素）。

而最早明确地把金作为一种元素认识的是英国著名化学家罗伯特·波义耳（Robert Boyle，公元1627~1691年）。波义耳通过一系列实验，对17世纪中期这些传统的元素观产生了怀疑。他首先提出，只有那些不能用化学方法再分解的简单物质才是元素。而这些所谓的“元素”有的并不符合这些条件，实际未必就是真正的元素。因为许多物质，比如黄金就不含这些“元素”，也不能从黄金中分解出硫、汞、盐等任何一种“元素”。恰恰相反，这些元素中的盐却可被分解。波义耳认为，黄金虽然可以同其他金属一起制成合金，或溶解于王水之中而隐蔽起来，但是仍可设法恢复其原形，重新得到黄金。水银也是如此。所以他断定黄金和水银属于独立的元素。

三、古代炼金术士的黄金世界

“炼金术”这一古老的词汇，并非一般意义上的冶炼黄金之术，它与现代我们所说的黄金冶炼有着截然不同的含义。直白地说，它是指把其他金属或其他物质变成黄金的技术。

“炼金术”一词的拉丁文alchemy（包括英文）源于阿拉伯炼金术Al-Kimiya。也有人认为来源于古埃及，原意为黑色的土地，是尼罗河中的黑色沉沙。还有一种说法是来自古埃及的“黑色艺术”一词，因为早期的化学家经常从事用矿砂制造瓷器釉料和玻璃材料的活动，而这些东西远远超出了当时的平民百姓的知识范围。

从远古开始，几乎所有的文明都因黄金的美丽和独特的物理化学性质对其珍视和膜拜。因此，几乎从人类发现黄金开始，一种在现在看来似乎是伪科学的炼金术就在世界各地以形形色色的方式悄然兴起。炼金术的唯一目的就是寻求某种

古代西方炼金家
（图片来源：维基百科）

能把普通金属变成黄金或者用某些物质合成黄金的方法。尽管这种努力是徒劳的，但其过程却促进了人们对黄金的认识，促进了化学等相关知识的进步。炼金术士的最大贡献是他们大胆地把人世间的万物猜想成是由几种基本元素构成的。最具代表意义的是中国古代的阴阳两极和“金木水火土”的五行理论、古希腊的四元素理论以及古阿拉伯的硫和水银理论等。

今天我们可能会嘲笑炼金术士的想法和行为，但我们必须明白的是，他们是在运用他们有限的知识，用他们的直觉去探究一个未知世界。当时还没有严谨的科学体系，他们不懂得假说和推测需要用可以重复的试验加以证明，他们采用的方式是类推和一致性的比较。

欧洲炼金术士受到了亚里士多德的哲学和占卜学的严重影响。他们相信在地球的中心，当时也被认为是宇宙的中心，由于受到另外七大行星的光照聚集热量，是一片火海。因此，太阳神阿波罗被炼成了黄金，月亮女神戴安娜变成了白银，交易之神变成了水银，爱神维纳斯变成了铜，宙斯神变成了锡，土地神变成了铅，战神变成了铁。当时的许多哲学家、化学家、炼金术士，都坚持这种观点，包括亚里士多德，还有后来的英国科学家、思想家培根。

中世纪德国著名的哲学家、科学家、主教大阿尔伯特（Albertus Magnus，约公元 1200~1280 年）也是一位有名的炼金术士，也对黄金的成因进行了研究和解释。他认为黄金是在沙子中形成的，是由一种高温的神奇的蒸汽，经过冷却集聚后在沙子中形成了大小不同形状各异的黄金颗粒。这一学说否定了黄金产自地心的说法。

但是法国博学家文森特（Vincent de Beauvais，约公元1190~1264年）则坚持亚里士多德的理论，认为金属都是汞和硫组成的。金是借助太阳的强光照射在地球中生成的。光芒耀眼的水银与纯净的和红色的硫混合后溶化，经过百余年的成熟就变成黄金。白色的水银与白色的硫混合溶融后变成锡，若成熟时间足够长则变成白银。

另外，古代人，甚至今天的原始部落和今天我们身边非常小的孩子，都不会区分有生命和无生命的事物，或者他们认为万物都是有生命的。因为许多炼金术士是出身于矿工或者冶炼工匠。他们目睹了自己采矿或者冶炼金属的过程，他们亲眼看到了从石头里炼出了沉甸甸的铅、黄澄澄的铜和白花花的银，甚至是金灿灿的黄金，因此相信他们能把石头变成金属。他们认为金属生长在土里，成熟以后就会改变颜色，就像植物的果实一样。在当今菲律宾的一些地方，这种观点仍然被采矿者们深信不疑。他们还会在采金的地方留下一些黄金作为“种子”，以便生长和生产更多的黄金。

还有一些炼金术士认为金矿脉就如同生长在地球深处的树，我们看到的只是其中的一些枝干，并且金矿会在一定条件下自然生长。有些炼金术士和科学家还对此作了形象的描述：如果黄金与植物蔬菜在一起，会因自然亲和性而生长。另外，黄金自身具有生长的特点，处在相同的大地的怀抱中，黄金会跟着植物一起生长。

直到16世纪，炼金术士们还相信，金属都是由各自对应的行星蒸发而产生的，黄金来自太阳，白银来自月亮，铜来自金星，铅来自土星。这些金属会逐渐成熟，最后都能变成黄金。如果没有及时收获，就会在行星的影响下枯萎，最后变成红色的渣土。这就是为什么黄金稀有的原因。

有的炼金术士认为，所有的金属种子都是黄金的种子。金属都产生于土地之中，因为在地上它们会生锈。它们之所以会变成了其他金属，是因为在生长过程中出了问题。炼金术企图把普通金属变成黄金的过程，就是要模拟他们认为在大地里存在的生长过程。用炼金术士们的话说是“完成大自然尚未做完的事情”。

因为化学知识仍处于启蒙阶段，炼金术士们对物质组成的认识非常有限。所以当他们看到一些普通的化学反应时，都把它们归结为金属转化。特别是一些在反应中会引起颜色改变的现象，会让炼金术士们对金属转化的理论更加信以为真。对于缺乏足够科学知识的人，特别是在人类对黄金的认识仅限于直观判别的时代，见到具有黄金颜色的物质或者是金属，就很容易相信它就是黄金。

很多人可能不会相信，就连大名鼎鼎的英国科学家牛顿也热衷于炼金术和“金属种植”的说法。据说，牛顿也认为金属是矿物王国唯一的种植物，其他矿物则是通过机械方式形成的。

同样，英国著名化学家波义耳最初也相信可以通过某种方法合成黄金，这位“怀疑派化学家”对此事竟毫不怀疑。他还亲自动手做试验，试图把某种水银变成黄金。牛顿听到了波义耳的消息似乎也受到了鼓舞，在他给一位朋友的信中写道：“许多人渴望了解这种水银的知识。”波义耳完全相信自己已经在这方面取得了一些成功，所以他于 1689 年向英国政府提出建议，废除亨利六世时期（公元 15 世纪）制定的一项关于禁止繁衍黄金的法律，这项法律规定，“禁止任何人企图把普通金属变成黄金”。但是好像这条规定始终未能被废除。

在印度，术士们也相信金属的转变，也有不少人醉心于炼丹、炼金之术，甚至是点石成金之术。

中国的炼丹活动起源于公元前 3 世纪，主要目的是追寻一种能使人长生不老的灵丹妙药。这些大概是受到中国古代神话传说的影响。叱咤风云的中国首位皇帝秦始皇终其一生，都对神仙方术抱着疯狂的幻想，在随后的历朝历代痴迷于炼丹术的皇帝比比皆是。古人知道，黄金和玉都是不朽不坏的，所以最好能从金和玉中提出精华来给人吃，于是就有“服金者寿如金，服玉者寿如玉”的理论。这时炼丹家就希望能炼出一种名叫“金液”的神秘物质，人吃了可以长生不老，与普通物质配合就能变成黄金。

所以在东汉之前炼丹术有两个不同的方向，一是寻找长生不老之药；二是炼出黄金。到东汉时则合二为一。

在阴阳五行的学说中就有土生金的说法，其中一个证据是各种金属矿物都是由土中开采而来。于是当时就有一种设想，那就是认为矿物在土中会随时间而变。例如认为雌黄千年后化为雄黄，雄黄千年后化为黄金。朱砂在 200 年后变成青铜，再过 300 年后变成铅，再过 200 年成为银，最后再过 200 年化成金。

那么，能不能加速这种变化呢？这时就产生了夺天地造化之功的思想，企图在鼎中能做到“千年之气，一日而足，山泽之宝，七日而成”。于是他们把各种药物放入鼎中，封闭后进行加热烧炼，以为可以炼出贵重的金银来，炼金术就这样在战国末期开始萌发。

在中国历史上最早热衷于炼丹术的是西汉的淮南王刘安。据说淮南王刘安因谋反被杀后，在他家还抄出一部炼黄金的秘书。到了东汉时期，魏伯阳编著了一部炼丹术的著作《参同契》，这是世界公认现存的最古老的炼丹书 (外国现存的最老的炼金术著作是圣 • 马克书稿，是公元 10 世纪的抄本)。晋代炼丹家葛洪的《抱朴子》，对汉晋以来的炼丹术作了详细的记载和总结。

令人匪夷所思的是，在现代化学知识和理论体系基本完善的 20 世纪 30 年代，并且是在科学发达的德国，仍然出现了一起以炼金术行骗的丑闻。

一个名叫弗兰兹 • 陶森（Franz Tausend）的人，原本是个管工。1925 年，他竟然声称发明了一种可以从普通金属中提取黄金的方法。当时的德国正在经受一场恶性通货膨胀，苦于寻求财源的纳粹政府得知这一消息如获至宝，毫不犹豫地投入巨资作为一个秘密项目进行运作。但德国纳粹很快就发现这是一个子虚乌有的项目，或者说是陶森导演的一个骗局。据说陶森至少骗得了 10 万美元，在当时这可是一笔数目不小的钱。上当受骗的不止是纳粹，还有不少个人，包括陶森家乡的一些退休的老乡，其中还有德国在第一次世界大战时期的著名将领恩利希 • 鲁道夫(Erich von Ludendorff)将军。结果，陶森的另外三个合伙人分别逃到了南非、西班牙和俄国。陶森则逃到了意大利他之前买下的一座城堡。1929 年 1 月在一次车祸中，陶森被意大利警方认出并逮捕，然后引渡回德国。

即使在慕尼黑的大牢里，陶森仍坚持他的发现是建立在现代科学理论基础之上的，并要求给他一次展示和证明的机会。最后，当局竟然同意了陶森的请求，把他带到一个造币厂。在厂长、两名侦探、一名政府代表和一名核实法官的监视下，陶森开始了他的试验。为了防止欺诈作弊，在试验进行之前核实法官做了非常周密的检查，不但对陶森做了仔细的搜身，试验所需的所有仪器和化学药品都放在一个精心看管的保险箱内，随用随拿。整个实验过程都是在这些公证人员目不转睛地监视下进行的。

最后发布的官方消息令人吃惊："经过两个小时的试验，陶森从 1.67 克铅中提炼出 0.1 克纯黄金。专家们认为这一结果是惊人的利好消息，同时又与科学知识相矛盾。"可是没过几天，造币厂厂长就发现，尽管采取了诸多防范措施，黄金还是被藏在一只雪茄烟里，转到了陶森手中。结果在 1931 年，陶森被以诈骗罪判处 3 年零 8 个月的徒刑。这段丑闻和闹剧也画上了句号。

四、穿越古代黄金开采

我们知道，黄金在自然界总是以单质元素的形式存在，没有任何形式的化合物。而在地壳中，黄金又以两种基本形式存在：一种是黄金以微小的颗粒状态被包含在不同的岩石之中，专业术语叫"岩金矿"或"脉金矿"；另一种则是大小不同的黄金颗粒埋藏在河谷、河床的河沙里，专业术语叫"砂金矿"。

毫无疑问，在原始时期，黄金的主要来源是砂金矿。因为这类金矿最容易开采，对于使用简单工具的古代人类来说，这一点尤为重要。当然，在古印度和埃及都有开采残积矿、含金铁帽和地表露头氧化矿的证据，但这些都不是当时获得黄金的主要渠道。

古代人开采砂金矿的方法首先是最原始的淘洗，后来逐渐发展为简单的溜槽。

对于地表露头矿石的开采，古代人只能是顺矿脉挖沟、掘槽或掏坑的办法，所用工具为原始石斧、石锤、鹿角、动物骨头和木头做成的镐和铲子等。很少有竖井，简单的坑道和竖井只在松软岩层中偶有发现。

不管矿采的规模大小、含量如何，最重要的是必须有自然金，或者可见金，这样才可以通过淘洗淘出黄金来。

迄今为止，人们了解到在古代已有金矿开采的国家有埃及、西班牙、法国、英国、南斯拉夫、罗马尼亚、希腊、土耳其、沙特、伊朗、印度、中国和原苏联等。古代砂金矿出现于下列一些河流的流域：欧洲的塔霍河（Tagus）、西班牙境内的瓜达基维尔河（Guadalquivir）、意大利的台伯河（Tiber）、德国的莱茵河、埃及的尼罗河、印度的恒河以及中国的长江和黑龙江等。

据记载，古埃及人早在4000年前已有广泛的黄金开采活动。波斯人、希腊人和古罗马人正是从古埃及人那里学会了黄金的勘探、开采和冶炼技术。古罗马博物学家老普林尼（Pling the Elder，公元23~79年），在其著作中曾多次叙述早期的采金和炼金活动的情况。

2007年7月，美国芝加哥大学的考古工作者，在位于现苏丹首都喀土穆以北360公里尼罗河畔的古埃及遗址中，发现了古代埃及人大规模开采黄金的证据。考古学家在此发掘出55块用于研磨金矿石的圆石。经测定，这些石器工具大约出现在公元前2000~1500年之间，古代的采金人用圆石将金矿石碾碎，然后通过淘洗挑出其中的金粒。

南北美洲的土著居民对黄金历史的影响直到近代才被人们认识到，他们主要把黄金用于装饰、珠宝以及祭祀品。在1492年哥伦布到达美洲大陆时，发现海地的伊斯帕尼奥拉（Ispayola）岛上的土著人藏有天然金块。正是这一消息激励了西班牙的征服者，导致了后来对墨西哥及南美的报复性征服和殖民，并于1550年，在哥伦比亚找到了他们心仪已久的黄金宝地——大量的砂金矿床。

在巴西，葡萄牙殖民者从16世纪下半叶开始一直在这里寻找金矿，但直到17世纪才有所发现，但大多规模太小，所以只有一些零星开采。到了1693年终于有规模较大的金矿床发现，其中一座叫摩罗威霍（Morro Velho）的金矿，持续开采了近一个半世纪，部分矿体至今还在生产。

在墨西哥，从16世纪初期开始，不断有金银矿被发现，这些矿随后开采400年之久，累计产金达500万盎司。

俄罗斯千百年来就是传说中的黄金源头，其中格鲁吉亚的里奥尼河流域（Rioni，古代叫斐西斯河，Phasis）以产金闻名。据记载，古代波斯人从居住在黑海北岸地区的斯基泰部落（Scythian）获得了大量的黄金。当时还有大量的伊朗人居住在俄国的乌拉尔—乌兹别克—阿尔泰地区。在公元前的数百年，在乌兹别克传说有一条黄金之道。后来沙皇对金矿开采实行专制，大约在1774年先在乌拉尔开采，后来在西伯利亚。特别是阿尔泰地区，早在1820年就发现了砂金矿。1829年在西伯利亚中部发现了莱娜（Lena）砂金矿，1840年同在西伯利亚中部的叶尼塞河（Yenisei）的砂金矿开始生产。在远东地区，1867年在阿穆尔河（黑龙江）流域发现砂金矿，开采活动始于19世纪70年代。

非洲大陆的黄金开采究竟始于何时尚无定论，但是从西非运往欧洲的黄金至少可以追溯至公元10世纪或更早。这些黄金大多由撒哈拉贸易商队带到欧洲，它们主要产自加纳王国、马里和贝宁，主要是塞内加尔河支流旺加拉河流域。但考古资料表明，西非的黄金分布更为广泛，远远不止这几个地方。葡萄牙航海商队在追寻黄金的动力鼓舞下，开始了对西非的探险。英国、法国、西班牙、荷兰、丹麦等国家的欧洲人随之相继来到西非，据说在15世纪和16世纪，每年有超过25万盎司的黄金从非洲运往欧洲。

到了19世纪后期，欧洲人根据当地人的原始开采活动的情况，在非洲的塞内加尔、几内亚、塞拉利昂、加纳、尼日利亚以及其他黄金海岸国家，进行了广泛的黄金开采活动。

津巴布韦原住民的黄金开采也可追溯到公元前后，一些现代矿山中仍可以看到古代开采的采场。在南非金矿被发现之后，这里先后有四五座金矿床被发现。在黄金最初被发现的年代，人类社会的生产方式还处在非常落后、非常原始的状态，生产力水平低下，加之黄金开采一般都在条件恶劣的山区、河滩，所以，从事金矿开采的苦力主要是奴隶、罪犯、战俘等廉价劳动力。他们不分男女老幼、不管体弱病残，统统被赶到人烟稀少的矿区，夜以继日地为王公贵族们辛勤劳作。他们用汗水和生命换来的黄金养肥了古罗马和埃及的上层社会。

这一时期大致相当于中国的东周时期，这时中国的采金活动已经非常广泛。古朝鲜人的采金可以追溯到公元前1122年，但岩金矿的开采则始于公元1079年。日本的采金大概出现在公元前后，在中世纪的增加不明显。在日本有一幅6米长、

0.33 米宽的画轴，记录了公元 1601 年的采金和炼金技术。

在希腊文明之前和期间，金银开采广泛分布于地中海、小亚细亚、欧洲西部和北部，以及非洲和亚洲。

在埃及、土耳其、伊朗、印度等地，考古工作者发现了古人开采过的矿床和排弃废石废砂的遗址，进一步证明了早期的采金活动主要集中在砂金矿的开采。随着这些资源的枯竭，才开始开采石英脉的氧化带。先是露天开采，随着开采技术的进步，后来逐渐有了地下开采。这时的希腊人和罗马人广泛采用了火烧裂矿进行地下开采。史书还记载了火烧矿石后用水泼使之崩裂的方法，甚至说用醋比水的效果更好。由于地下水、通风等问题，当时虽然已有地下开采，但深度仅限于 200 米以内或更浅一些。做开采的工人主要是奴隶和犯人。

当时的所谓地质探矿知识极为原始，基本上是靠肉眼观察，砂矿是看河沙中有无可见金颗粒，脉金是看石英露头中的可见金。

在爱琴海沿岸、土耳其、埃及、印度等地都有古人在这一时期找金矿时留下的许多土坑、浅井遗址。古人将地下挖出的矿砂，用淘洗的办法检验其是否有黄金。古人开采砂金时，很早就使用了带格子的溜槽，其中有的铺上动物皮毛、席子等，以便于捕收黄金颗粒。沉积在皮毛上的金子，抖下来后还要用淘金盘淘洗。有时在溜槽里要放上一种带毛刺的植物，但古人会把植物烧掉，从灰烬中淘洗出金子。

另一种叫做卵石溜槽的技术也已开始应用。这种方法就是在溜槽中放上一些卵石，在淘洗过程中，每块卵石后面的水流流速较低，金子就会沉积下来。

古代采金人有时还利用河床中的板岩或页岩自然形成的阶梯状、格子状构造进行淘金。古罗马人在西班牙北部和南斯拉夫的一些规模较大的砂金开采中都曾应用这些方法。

在开采石英矿脉时，人们已经学会用石臼、石碾等工具进行岩石破碎，从而把金子分离出来，然后再进行淘洗。在埃及一些古墓的壁画上，考古学家们发现了描绘淘洗黄金的场面。另外在希腊、埃及和中东一些古代采场遗址也能看到类似的证据。

公元5世纪末期，罗马帝国土崩瓦解，欧洲大陆随之出现了持续400多年的政治经济动荡时期，也就是黑暗的中世纪，直到9世纪封建制度的逐渐建立。

这时期的黄金开采活动也随经济的衰退显著减少，直到11世纪以后才开始增加。欧洲、中东、中亚的黄金找矿和开采也随之增加。

在中世纪末期，阿拉伯国家在非洲甚至西班牙拥有不少领地，他们在这些地方继续或重新开发了许多砂金和山金矿区。许多黄金来自万加腊人（Wangara）的产金区，经过横跨撒哈拉沙漠的运输线，到达北非的阿拉伯帝国。万加腊产区大致相当于古代加纳王国、马里、贝宁以及现代的阿善提（Ashanti）金矿带。现尼日利亚北部的豪萨洲（Hausa）的金矿区也可能属于古代万加腊人。但是在随后的数百年，万加腊的产金地成了一个秘密，古阿拉伯的摩尔人（Moors），以及后来的葡萄牙人、法国人、英国人、荷兰人、西班牙人都先后前往非洲，试图寻找传说中的万加腊黄金宝地。

欧洲的撒克逊人（Saxons）则是在欧洲中部、高加索、捷克的波西米亚、特兰瓦尼亚、喀尔巴阡山脉开采黄金。这是一个采金的复兴时期，主要由撒克逊人和日耳曼人主导，兴盛于中世纪中期和后期，主要活动在德国中部、意大利、法国和英国。这一时期的采矿技术、地质知识和冶炼技术都有较大进步。

在中世纪，砂金开采的方法与古罗马时期基本相同，但开采中的地沟洗矿法和水力开采技术有较大改进。溜槽已经开始使用，特别是被称作“大脚汤姆”的长形倾斜淘金槽和摇动淘金槽。在岩床金矿的开采中，古罗马时期应用的许多技术和设备也得到改进。在地下排水中开始采用阿基米德螺旋泵、水车等，在矿石破碎中采用了水车、风车作为动力。在露天开采、竖井开凿、巷道开掘、木支护、通风、照明、测量等方面也都有进步。人们开始用马拉绞车从井下提升矿石。但对于矿石的破碎，主要是依靠人力用锤砸、斧子劈，有的地方也用火裂的方法。

直到中世纪末，黑火药才从中国传入欧洲，但是很晚才用于采金。

一些古代文献给出的证据说明，在原始时期已经有黄金开采活动的地区分布比较零散，其中包括爱琴海中一些岛屿，古代吕底亚和特洛伊王国，古色雷斯、古马其顿和古阿卡迪亚，以及黑海南岸、土耳其中部、中亚的天山和阿尔泰山山脉（“阿尔泰”在蒙古语中就是黄金的意思）。如上所述，古代欧洲的黄金有不少来自于西班牙。

印度的黄金开采历史也非常悠久，至少可以追溯到4000年前左右。1990年12月，一个国际联合考古小组对印度班加罗尔东部的一些古代金矿遗址进行了考察，结果发现一些深度达到80米的老矿井距今大约3800年左右（公元前1890~1810年）。但是，这显然不是印度黄金开采的初始阶段。

古代印度人不但从砂金矿中开采黄金，还从一些矿脉的地表露头中开采黄金。古希腊历史学家狄奥多罗斯·西库路斯（Diodorus Siculus）在公元前1世纪的史书中写道：印度的土地中“有种类繁多的矿脉，包括白银和黄金。”另外根据考古证实，印度在公元前1000年左右的孔雀王朝时期，就已有大型金矿开采。印度最著名的科拉尔（Kolar）金矿区发现于公元1世纪之初，该矿区至今仍在开采，与此大致同时发现的还有印度北方的胡蒂金矿区（Hutti）。在1873年，又发现了科拉尔（Kolar）矿区的“冠军矿体”，并于1880年开始大规模开采。

在公元3世纪初，印度南部的黄金开采迅速衰落，重要原因之一是奴隶制度的倒台，另一个原因是容易开采的金矿基本采完了，再加上地下水等问题是当时的技术无法解决的。但砂金开采一直没有停止过。

同样在中国，大约在商朝早期（公元前1800~1027年）人们已经在黄河流域的河床和河岸淘洗砂金。中国早期的黄金还可能来自蒙古。根据史料记载，大约在公元前1122年，在周武王灭商后，商纣王的叔父箕子（箕胥余）带领第一批中国人移居到朝鲜半岛，同时把黄金开采的技术也带到了那里，然后在公元前660年又从朝鲜传到日本。

美洲印第安人很早就认识了黄金，但在原始时期，古印第安文明对黄金的重视程度好像不如其他古代文明。直到公元1世纪时期，黄金才被南美洲和中美洲的印加文明以及墨西哥文明所认可。而在加拿大和美国的印第安人并不认为黄金有什么价值。从对澳洲原住民文化的考察可以发现，澳洲原住民从古到今对黄金不屑一顾。

五、黄金小贴士

（一）黄金海岸

“黄金海岸”这个词的起源的确与黄金有关，但现在被人们用得有些泛滥，不少旅游胜地都叫黄金海岸。它最早本来是指非洲西部加纳境内的几内亚湾沿岸地区。1471 年，葡萄牙探险者在加纳海岸登陆，发现了这里丰富的黄金矿藏。紧接着，葡萄牙人在加纳沿岸先后建立了数个殖民堡垒和军事要塞，以便于从这里掠夺黄金、象牙，贩卖奴隶。16 世纪末，欧洲殖民者在这里展开了争夺贸易垄断权的斗争，荷兰、英国、丹麦、瑞典等国家陆续来到这里，将这块黄金宝地悉数瓜分。加纳沿海地区由此被称为黄金海岸，这就是黄金海岸的由来。

在这里有必要说一下澳大利亚的黄金海岸。在澳洲昆士兰州的布里斯班附近有一个著名旅游胜地就叫黄金海岸，尽管它地处澳洲早期的黄金产地昆士兰州，但它的这个名称其实与黄金无关，据说是当年的房地产商狐假虎威或者沽名钓誉的炒作，这大概是“黄金海岸”一词泛滥的发源地。现在，黄金海岸到处都是，仅在美国就有十几处。

（二）世界黄金历史里程碑

» 公元前 5000 年：古埃及的拜达里文化时期已经出现黄金制品。

» 公元前 4600 年：中欧和东欧的部分地区开始使用黄金。

» 公元前 3000 年：埃及人掌握了将黄金砸成金叶与其他金属制造合金的工艺。

» 公元前 1500 年：中东的古犹太人确定用塞克尔（shekel）作为黄金的专有标准计量单位。

» 公元前 1091 年：“印子金”（战国时楚国的金币“郢爰”(yǐng yuán)）在中国被正式作为一种货币使用。

» 公元前 433 年：古吕底亚王国首次制造和使用纯金金币。

» 公元前300年：古希腊的亚历山大大帝在征服中从波斯帝国掠取了大量黄金。

» 公元前220年：古罗马在第二次布匿战争中获得了在西班牙开采黄金的渠道，并已开始开采脉金。

» 公元前58年：凯撒大帝从古代法兰西领地掠取了大量的黄金，用来支付罗马帝国的债务。

» 公元600年：东罗马帝国（即拜占庭帝国）在东欧和法国等地恢复黄金开采。

» 1066年：英国重建金属货币标准，规定一英镑即为一磅白银的价值。

» 1100年：威尼斯由于其与东方通道的地位，成为了当时世界上最为重要的黄金市场。

» 1284年：威尼斯王国发行金币达克特（Ducat），迅速成为世界上最普及的金币，被一直沿用500余年。

» 1299年：意大利旅行家马可·波罗出版《马可·波罗游记》，把东方描写成"黄金财宝无限"的国度。

» 1511年：西班牙国王菲尔迪南德派出探险家，到西半球去寻找黄金。

» 1700年：巴西发现金矿，20年后其黄金产量占当时全球产量的三分之二。

» 1717年：时任伦敦造币厂厂长的艾萨克·牛顿为黄金定价，此价格一直持续了200年。

» 1787年：美国由金匠艾弗兰姆·布拉瑟制造出美国第一枚金币。

» 1803年：美国历史上第一次淘金热在北卡罗来纳州爆发。直到1828年，美国的所有金币用金一直全部由该州供应。

» 1848年：美国第二次淘金热，也是最为著名、影响最为广泛的一次淘金热，加利福尼亚淘金热开始。

» 1850年：从美国加州返回到澳洲的爱德华·汉蒙·哈格莱夫士，在澳大利亚的新南威尔士发现黄金。

» 1868年：乔治·哈里森在南非挖掘盖房子所用的石料时发现黄金。

» 1887年：苏格兰格拉斯哥的两位医生罗伯特和威廉·弗里斯特兄弟，与化学家约翰·麦克阿瑟，发明了用氰化物提取黄金的工艺并申请了专利。

» 1896年：两位自由探矿人在加拿大北部的克朗代克河钓鱼时发现黄金，导致了1898年在阿拉斯加爆发了该世纪最后一次淘金热。

» 1900年：美国在其货币制度中确立金本位。

» 1903年：英国的乔哈德公司首次采用一种有机介质将黄金印制到物品表面进行装潢。这种介质是以后发明的微印刷电路技术的基础。

» 1910年：世界上最早的黄金交易市场之一，香港黄金交易所开业。

» 1919年：12月12日伦敦黄金定价体系首次运行。当日金价为每盎司4英镑18先令9便士（20.67美元）。

» 1922年：古埃及第18王朝国王图坦卡蒙的墓葬被发掘，出土黄金棺椁以及数百件黄金和金叶制品，重达2448磅（合1110千克），包括著名的图坦卡蒙金面罩。

» 1927年：法国医学工作者的研究证实，黄金可以用于治疗风湿性关节炎。

» 1931年：英国放弃金本位制度。

» 1933年：美国总统罗斯福颁布禁令，禁止黄金出口，中止用美元纸币兑换黄金，命令美国公民上缴个人持有的黄金，并且为黄金规定每日的价格。

» 1934年：罗斯福总统将黄金价格固定为每盎司35美元。

» 1935年：美国西部电气公司发现，含金、银、铂分别为69%、25%和6%的合金可以广泛地应用于AT&T公司通信设备的各种开关接触器上。

» 1942年：美国总统罗斯福下令关闭美国所有的金矿。

» 1944年：西方国家中央银行签订布利顿森林协议，固定汇率和黄金兑换标准。并促使了国际货币基金组织的建立。

» 1947年：黄金首次被用于电子工业。美国AT&T的贝尔实验室第一次使用晶体管。这种元件采用了压在锗表面的黄金触点。

» 1960年：科学家用表面涂有黄金的反射镜，最大限度地反射红外光，从而发明了激光。

» 1961年：美国明令禁止美国人不得拥有黄金，无论在国内还是国外。

» 1968年：英特尔公司推出含有用黄金电路相互连接的1024个晶体管的集成电路芯片。同年3月5日，各国央行放弃35美元/盎司的固定金价，允许其自由浮动。

» 1969年：用金箔作为防止太阳辐射和宇宙射线的阿波罗11号宇宙飞船成功登上月球。

» 1970年：电荷耦合元件发明。这种元件利用黄金捕集由光所产生的电子，最终被用于许多军事和民用领域，包括摄像机。南非黄金产量创历史纪录，达到1000吨。

» 1971年：美国伊利诺伊的阿莫山公司引入一种胶态黄金标记技术，被全球的医疗健康实验室广泛采用。这种技术用微小的黄金球体，对特定的蛋白质做标记，以揭示其在人体中功能，从而为疾病防治服务。

» 1974年：美国取消了禁止个人拥有黄金的禁令。

» 1980年：黄金价格创下历史最高纪录。伦敦市场的最高价为850美元/盎司，纽约则高达870美元（1980年6月21日）。

» 1986年：镀金CD问世。含钛1%的金钛合金发明，极大改善了黄金的抗磨性能。

» 1987年：汽车引入安全气囊技术，为确保可靠采用黄金触点。

» 1993年：印度和土耳其开放黄金市场。

» 1996年：美国发射火星探测器，带有一个表面有黄金涂层的抛物面反射望远镜。

» 1999年：英国宣布将陆续抛售415吨黄金储备的计划，并于同年7月售出第一批25吨黄金。欧元发行，欧洲央行用15%的黄金储备作为欧元的支撑。

第三章　走进黄金文明

黄金的历史几乎与人类的文明史一样漫长古老。在人类文明的历史长河中，黄金不仅是一种金属，也是人类文明的一部分。它伴随着人类文明的诞生与发展，从远古走来，也将伴随着人类文明的进步，走向未来。在几大古代文明中，黄金的足迹无处不在，黄金的作用不可忽视。在迷人的尼罗河沿岸，在古老的印度河畔，在神秘的安第斯山脉，在悠久的黄河流域，在神圣的雅典，人类与黄金的文明故事层出不穷，广为传诵。这里只有两个例外的情况，至今令考古学家和人类学家迷惑不解：即，生活在北美北极圈的爱斯基摩人（因纽特人）和澳洲大陆的土著人（古利人），对黄金几乎毫无兴趣。在这两个民族的历史上也找不到任何与黄金有关的痕迹。

一、埃及文明与黄金

古埃及文明在空间上是指尼罗河第一瀑布至尼罗河三角洲之间的地域，在时间上是指公元前5000年到公元641年之间，阿拉伯人征服埃及前的一段历史。古埃及人创造了灿烂的文化，给后人留下的神秘的金字塔等珍贵的文化遗产。古

图坦卡蒙的金面罩
（图片来源：维基百科）

埃及自然也是古代文明与黄金历史交织、融合的文化中心。

古埃及人相信，黄金是神圣和不朽的金属，与太阳有着密切的关系。他们称法老为“金色的何鲁斯（太阳神）”，认为诸神的皮肤和黄金一样，都是黄色的。

在古埃及，早期的贸易形式是以物易物的简单商品交换，所以黄金在经济上并没有什么重要意义。因此，黄金只用于宗教和装饰。在埃及出土的黄金器物中，使用黄金最多的是随葬品制造、神像和神庙的装饰、皇室珠宝、皇室神器等。而平民百姓的日常生活则与黄金无关。

在公元前3000年左右，古埃及的第一王朝时期，埃及的一些王室墓葬中已经出土的文物里，有大量纯金或黄金装饰的随葬物品。在这个时期，已经有金丝金线、锻打出的金叶，用于连接、固定小物件和包裹、装饰小型物品或器皿的表面。1922年11月考古学家对图坦卡蒙墓葬的发掘，全面展示了古埃及人对黄金加工技术的成熟程度。图坦卡蒙（Tutankhamun）是古埃及新王国时期第十八王朝的第十二位法老。可以说，这位法老的墓葬就是一座黄金宝藏，仅其纯金内棺就用去黄金110千克。但实际上墓葬的黄金用量并没有看上去那么多。因大多数物品是镀金或包金的，并不是纯金，所以看上去都是金光灿烂。不

图坦卡蒙母后的金棺
（图片来源：维基百科）

管怎样，它给后人提供了一个研究古代世界黄金技艺的良好场所。

古埃及人尚未掌握精炼技术，所以从考古发掘的黄金制品来看，黄金的纯度变化很大。这也说明黄金的成色取决于开采黄金的天然纯度。天然金所含的杂质不同，就会呈现不同的颜色，比如白银较多，天然金就会发白，铜多时天然金就会较黄。但有一种颜色看来是刻意做成的，即玫瑰粉色。这种颜色的黄金制品几乎毫无例外的为皇家御用。对于大多数场合，拿来的黄金是什么色就用什么色，因为黄金的颜色一批和另一批会有差别。只有在少数情况下，比如大面积贴金或其他大量使用时，才会细致对比颜色，挑选使用。

据说古埃及的金匠们就已经基本掌握了现代艺人们所应用的大部分技术，现存的古代金制品也确实证明了这一点。古代金匠们已经发现，黄金可以锤打成很薄的金叶，这样不仅使用起来经济、节省黄金，而且更加美观。在埃及第四王朝法老齐阿普斯的母亲，海特弗别斯皇后的墓葬中发现的贴金工具，清楚地告诉人们，公元前2600年金匠们已经娴熟地掌握了包套贴金技术。在这个墓中的家具里有一支带篷顶的床，其框架由四根断面为矩形的角柱、十根断面为圆形的侧柱、五根圆形断面的顶柱、三块矩形断面的基板以及四块连接角柱的框架板组成。所有这些构件长度为2.2~3.2米，材质为木料，全部用比较厚的金箔包裹起来。在大多数情况下，每个构件只用一张金箔包裹，并用黄金做成的大头钉固定金箔。角柱上镌刻有纹饰，工匠们先把金箔包在角柱上，再经锤打让金箔紧贴木芯表面，显现出角柱上的铭文或纹饰图案。

在埃及历史上，使用厚金箔一直是埃及人喜欢的贴金方法。

古埃及文明的锻金工艺有至少超过5000年的历史，古埃及的金匠们一直在开发黄金优良的可锻性能，他们可以把金锤锻成极薄的金箔。在十三世王朝时期，古埃及金匠已经可以做出厚度仅有0.3微米的金箔。他们发现，黄金不但美观和耐久，可以用来装点装饰品，还可以对器物起到保护作用。古埃及人似乎是世界上最早应用这种工艺的先锋。在Saggara和Thies地区，一些公元前2500年前的墓葬壁画上，已经有金箔工艺和金匠工作的场景描述。在古埃及的象形文字里也有表示金箔的象形字。在大英博物馆的埃及展品中，可以见到许多装点华丽的包金物品。在图坦卡蒙的随葬品中，黄金饰品更是不胜枚举。

在基督教的圣经《旧约全书》上记载了以色列人在流亡埃及时学会了包金技术（贴金技术）。由古代犹太教的摩西人按照他们与上帝的誓约建造的神堂，就是应用埃及人的这种技术，用黄金进行了装饰。

古埃及的黄金大部分来源于尼罗河和红海之间的山区，从埃及一直到苏丹北部，跨越500多英里。其中好多地名中都带有黄金的字样，比如“科普托斯之金”、“瓦瓦特之金”、“库斯之金”等。有些史料还记录了当时这些地方产金的情况。现代考古和地质调查发现的古埃及人开采黄金的遗迹和证据，说明埃及人不但开采砂金，而且开采地表的脉金。古埃及人把从河里、岸边、河床开采出的黄金称为“河金”，把从山坡表面的黄金矿石开采出来的黄金称为“山金”。

唯一令现代人不解的是有些黄金矿藏位于埃及东部的沙漠地带，而淘洗黄金必须用水。考古学家认为，一种可能的办法是运水过去，另一种办法是把含金砂子运到有水的尼罗河附近。可是，许多金矿离最近的河流至少有50~100英里，当时最有效的运输工具是驴和骆驼，其开采难度可想而知。

另外，在埃及东部沙漠区的一些金矿遗址，有的深度达到100米，但迄今尚未发现任何记录说明古埃及人是如何进行这种深度的开采的。

生活在公元前2世纪的一位希腊作者对埃及人的淘金方式进行了描述：破碎岩石主要靠火裂和锤子砸；然后用石臼把矿石磨碎成粉末；再把这些石粉放在一个倾斜的平面上进行淘洗；最后再把淘洗出来的金粒、金粉放在坩埚中熔化成小金块。

埃及迄今已经发现一百多处金矿遗址，其中大多数在尼罗河东岸的沙漠谷里。在意大利都灵博物馆保存着一张来自古埃及的纸莎草纸《金矿地图》，是世界上最古老的地质地形图。它标出了1300多座金矿的位置，还描绘了金矿苦力和监工们的住所。

尽管古埃及的黄金开采历史最为悠久，但其开采手段仍然十分简单。考古学家认为，埃及人创造了最古老的淘金方法。他们把含有金子的沙土装进用羊毛做成的口袋，羊毛面向口袋的里面，再把水倒进口袋，然后由两个人用力摇动。摇动一定时间后，再把水和泥沙倒出来，这时黄金等比较重的颗粒就会附着在羊毛上。

在古埃及，所有的金矿都归国家垄断所有，仅限于皇室和宗教使用。但古埃及政府不需要保持黄金储备，因为国家支付平民百姓的工钱只用粮食和物品，所以古埃及直到托勒密王朝时期（约公元前 367~283 年），才有了货币。

与常理相悖的是，使用黄金如此广泛的古埃及，其黄金产量并不很高。据专家考证，在埃及法老王朝时期，每年的黄金产量不超过 1 吨。

二、希腊文明与黄金

古希腊是西方文明史的源头，持续了约 650 年（公元前 800~146 年）。古希腊文明在哲学、思想、历史、建筑、文学、戏剧、雕塑等诸多方面，为人类创造了丰富灿烂的历史财富，留下了宝贵的历史遗产，对后世有着非常深远的影响。这一文明遗产在古希腊灭亡后，被古罗马人继承延续下去，从而成为整个西方文明的精神源泉。在古希腊文明中，最具代表意义的是他们创造的非常完善、复杂的神学体系和丰富多彩的希腊神话，她是欧洲文化中一颗璀璨的明珠。

与其灿烂的文明一样，希腊的黄金历史也非常悠久。据记载，大约早在公元前 550 年左右，古希腊人已经开始在中东和地中海地区采金。古希腊人开采黄金的足迹从直布罗陀一直延伸到亚洲和埃及附近。另外，古希腊人也曾经热衷于将普通金属变为黄金，即所谓的炼金术，这样就不用兴师动众地去开采黄金了。

黄金曾经是古希腊历史上许多战争与冲突的主要原因之一。公元前 344 年，亚历山大大帝率 4 万之众渡过赫勒斯滂海峡，开始了希腊的征服历史。他们从波斯帝国获得了大量黄金（战利品）。古希腊人把得来的黄金用于三个方面：（1）做成金币，用于商品交换；（2）做成女士们佩戴的首饰；（3）有时也做成动物、鸟兽，用于宗教祭祀。

早在1876年，德国考古学家就在希腊南部的迈锡尼古城发掘出了古希腊迈锡尼国王（公元前1550年）随葬的黄金面具。

1998年，希腊警方从一个文物走私团伙的手中截获了一批来自古希腊北部一些古墓中的黄金挂件和饰品，经考古学家鉴定，属于公元前4500~3200年之间的黄金制品，距今大约5000~6000年。这说明，古希腊使用黄金的历史更加久远。

黄金在古希腊文明中占有非常重要的地位，古希腊的黄金装饰品与古希腊盛行的神学文化和神话传说息息相关，或者说，古希腊的许多黄金制品也充满了神话色彩。比如，希腊神话中的鹰头狮格里芬（griffin）、大力神赫拉克勒斯“神结”（两个相互连锁的环）是希腊古代首饰中应用非常普及的主题。即使一些植物树木的枝叶的造型，也与希腊的神灵有密切的联系——橡树代表天神宙斯，常春藤代表酒神狄俄尼索斯，月桂树代表太阳神阿波罗，橄榄树代表智慧与技艺之神雅典娜，而桃金娘（一种灌木）则与婚姻有关。这些形状的黄金装饰最早出现在公元前5世纪和4世纪。

在荷马史诗的记载中，荷马常用“多金的”这个词来形容希腊的迈锡尼古城。其实它并不盛产黄金，而是金银工艺品制造相当发达。迈锡尼人通过与富产黄金的国家，尤其是埃及人的贸易通商获得他们需要的黄金。在考古中曾经发现了各种金首饰、金面具、金酒器等。

金面具是一种随葬物品，按照死者生前的面容形状制成，在下葬之前罩在死者的脸上。迈锡尼的这种为死者罩面具的风俗，起源于古埃及，它具有明显的宗教含义，其目的是为逝者留下一个不朽的面容，他的灵魂也将不朽，最后还能找到新的归宿。所以，一般用于身份高贵的氏族部落首领和宗教领袖等人的葬礼。

另外，古希腊的黄金文化还与其举世闻名的雕塑艺术息息相关。古希腊的金匠们不断地从雕塑艺术家那里吸收丰富的艺术营养。在希腊南部古城迈锡尼发现的一个双狮挂件，就是一个例证。这个黄金挂件制作于公元前1500~1200年之间，与迈锡尼古城城门前的一对狮子雕像十分相像。类似的黄金制品在古希腊的其他地方，以及地中海沿岸国家，如叙利亚、巴勒斯坦和塞浦路斯的一些遗址也有发现。这说明在公元前2000年，黄金饰物已经普遍使用。这些饰品，有些是通过铸造的方法做成，有的是用锻造到一定厚度的金板，利用模型冲压而成。

在古希腊的黄金制品中，动物雕塑被广泛运用。如图所示在迈锡尼墓葬出土的著名的狮子酒杯，是用金箔锻打而成，形象以写实为基调，着力于装饰雕琢，简练概括，呈现出狮子的基本形象特征。另外值得一提的是古希腊的高脚鸽子酒杯，这只金酒杯造型别致，制作十分精美。这种形状的酒杯在荷马史诗《伊利亚特》中曾有过描写："旁边放着一个酒杯，是老人从家乡带来的。它镶嵌着金钉，杯的提耳一共有四只，每个提耳上面站着一对黄金鸽子，好像正在啄饮，提耳下面有两条长柄支撑。"

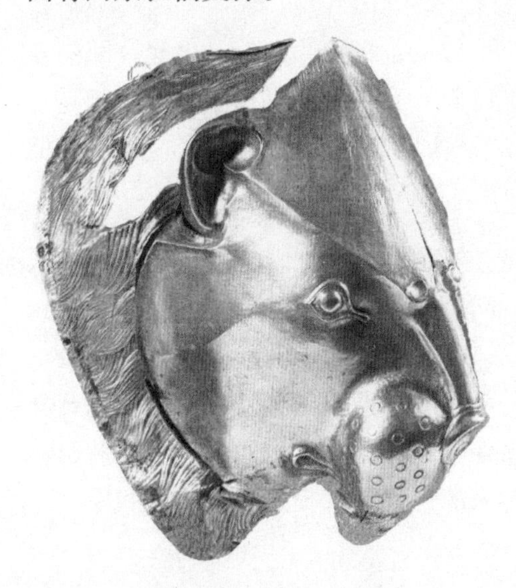

古希腊时期的狮子金酒杯
（图片来源：www.pinterest.com）

公元 3 世纪和 4 世纪可能是希腊黄金制造历史上最为辉煌的时代。亚历山大大帝的征服活动，使得希腊日臻繁荣和成熟的黄金艺术展现给世人。有证据表明，希腊制造的黄金首饰不但供应希腊本土，还有许多被出口到与希腊西北部比邻的一些国家和地区。因为在俄罗斯南部的塞西亚和小亚细亚其他地区的一些古代墓葬中，都发现有希腊人制作的黄金饰品。古希腊的黄金制作风格和艺术对这些地区的首饰工艺产生了重要的影响。

从公元前 1000 年迈锡尼文明瓦解衰落到公元 800 年左右，希腊的黄金首饰变得非常稀少，但是并没有完全消失。在公元 7~8 世纪，随着殖民化和与国外交往的增加，希腊社会经济复苏繁荣，黄金首饰也在希腊获得相应的复兴与繁荣。

在希腊的传奇故事中，有一个流传甚广的故事，叫"伊阿宋智取金羊毛"。

传说在离希腊很远很远的黑海岸边，有个叫科尔喀斯的地方（今高加索地区），那里有一件稀世之宝——金羊毛。多少英雄豪杰为了得到它而踏上了充满艰险的寻宝征程，但他们没有一个能获得成功，很多人甚至连宝物的影子都没看到，就倒在漫长的征途中。

尽管如此，依然有人不甘心，古希腊的传奇英雄伊阿宋就是其中之一，他摩拳擦掌，跃跃欲试。伊阿宋是国王埃宋的儿子。埃宋是个贤明的君主，他把国家治理得井井有条，人民安居乐业。可好景不长，他的弟弟珀利阿斯通过阴谋手段篡夺了王位，并把埃宋父子赶出国境。埃宋只好带着幼子四处流浪，苦苦寻求复仇的机会。后来，埃宋终于找到了古希腊神话中著名的教育家喀戎，把儿子伊阿宋托付给了他。

二十年后，喀戎把伊阿宋培养训练成了一名英姿飒爽的勇士。当他企图向叔父讨回王位时，叔父却提出只要伊阿宋能找到金羊毛，就把王权还给他。于是，伊阿宋带领几十名勇士，历尽艰难险阻，终于找回了金羊毛，夺回了应该属于他的王位。

据专家考证，实际上跟随伊阿宋寻找“金羊毛”的英雄们是古希腊时期活跃在黑海地区的探矿人。在大约公元前1200年前后，当时的人们在黑海地区找到了砂金矿，并用原始的溜槽，上面铺上羊毛，通过淘洗含金矿砂，将黄金颗粒沉积在羊毛上，从而回收黄金。他们把带有黄金的羊毛吊在树上晾干，然后通过筛子把黄金颗粒收集起来。也许这就是金羊毛传说的原型。

罗马帝国金皇冠

三、罗马文明与黄金

古罗马文明通常指从公元前9世纪初在意大利半岛中部兴起的文明，历经罗马王政时代、罗马共和国时代，于1世纪前后扩张成为横跨欧洲、亚洲和非洲的庞大罗马帝国。古罗马文明创造的政治制度、法律制度和宗教文化，可以说是整个欧洲现代文明的基础。

古罗马的兴起正值世界黄金供应达到一个历史高峰的时期，与古希腊一样，在古罗马的初期，在它自己的土地上，黄金的来源十分有限。

古罗马最早的黄金来自阿尔卑斯山脉西部和南部山麓、意大利境内最大的河流波河流域。由于贸易和扩张的需求，罗马人需要大量的黄金，但因黄金的来源有限，罗马人甚至不得不在公元前450年下令禁止在随葬品中使用黄金。公元前201年，罗马人在第二次布匿战争中打败了位于非洲北海岸(今突尼斯)与罗马隔海相望的迦太基人，获得了西班牙、地中海诸岛的大面积土地，也改变了古罗马黄金严重短缺的状况。这时的黄金主要来自于西班牙境内马拉加地区的阿杜尔盆地、格拉纳达平原以及内华达山脉脚下（非美国的内华达）。据说在这些地方现在仍然能找到黄金。罗马人还从西西里岛的锡拉库扎掠夺了2700磅（1224.7千克）黄金。

罗马人的征服行动，从它所能触及的各个角落给罗马帝国带来了源源不断的黄金和财富。这些黄金被制成金币在罗马帝国流通，甚至越过国界成为世界性通货。在公元前54年凯撒大帝征服英格兰之后，罗马帝国又开辟了另一个获得黄金的渠道。古希腊著名的地质学家斯特拉博（Strabo）曾经记录了凯撒大帝在战胜英格兰之后运回罗马的物品中有大量的黄金。罗马人还从英伦三岛的威尔士、德文、康沃尔等地开采黄金。

古罗马人在西班牙的黄金开采中发明了水力开采方法，他们通过开挖河道，使含有黄金的河流改道，然后在河床中进行开采。根据斯特拉博记述，这种方法不但成本低，而且可以开采到650英尺（近200米）的深度。从事金矿开采的奴隶和苦役几乎终日不见太阳，矿井一直开采到坍塌为止。

同古埃及的情况一样，古罗马也对黄金开采实行国家垄断。所不同的是，古罗马对贸易的依赖程度较高，黄金是其进行贸易的主要支付手段。所以，古罗马要保持一定数量的黄金，作为这个庞大帝国的资金储备。这些黄金在做成金币后，由古罗马的元老院负责监管。这些金币给古罗马政府提供了有力的财政支持，它可以用于支付薪水，更重要的是从其他国家进口物资。

与古埃及相比，古罗马的黄金开采手段已经有了较大的进步。古罗马应用不同的方法对四种不同的金矿进行开采。第一种是河道金矿开采。第二种是地表采矿，也就是老河床和暴露在地表的金矿。这两种金矿的开采与古埃及的方法类似。第三种是水力开采，用水力冲洗开采地表的矿石。西班牙的拉斯梅德拉斯(Las Medullas)遗址，是古罗马在公元一世纪开采金中规模较大的一个矿区，其中用于金矿开采的供水管路就长达100公里。第四种是地下开采，从较深的地下开采金矿石。在英国的威尔士也曾经发现了一处金矿遗址，叫奥高法乌（Ogofau）金矿，经考证是古罗马时期的一座地下开采金矿。

随着罗马帝国的扩张，其黄金的来源也不断扩大，同时人们对黄金的渴望也在不断膨胀。公元前32年，罗马帝国皇帝盖乌斯·屋大维(Gaius Julius Caesar Octavianus)征服了埃及，又给这个帝国增加了一个重要黄金来源。另外据记载，古罗马还在德国境内的莱茵河流域，即德国的维尔切利（Vercellae ）和特兰西瓦尼亚（Transylvania）地区开采金矿。除了开采，贸易也是古罗马获得黄金的一个补充渠道。他们通过与中部非洲的大西洋沿岸地区以及埃及的通商贸易，获得了相当数量的黄金。

古罗马开采和使用的黄金在数量上也远远大于古埃及。据记载，每年仅从西班牙运往罗马帝国的黄金就达1400吨。最后，罗马帝国的黄金终于不再短缺，并且达到了可以挥霍的程度。罗马帝国的暴君克劳狄乌斯（Claudius）一世的皇后阿格里皮娜（Agrippina）就曾经穿过一件用金丝线编织的束腰长袍。这位皇后于公元54年毒死了暴君克劳狄乌斯，不幸的是她自己也在5年后被她的儿子所谋杀。

然而，随着罗马帝国的衰落和灭亡，数百年积累起来的黄金被征服和瓜分罗马帝国的侵略者带到了欧洲各地，甚至到了亚洲，同时也结束了数百年来黄金在欧洲的系统积累。截至1995年，在中国各地先后发现了17枚东罗马金币，就是古罗马金币散落各地的证明。

四、印度文明与黄金

在印度，黄金就是宗教，黄金就是生活。

印度人的黄金之爱无时无处不在，横跨辽阔的印度次大陆，穿越印度数千年文明史。

在印度，黄金从来就不仅仅是一种贵金属，并且今后也将一如既往。因为黄金是印度文化的组成部分，是印度信仰体系中不可分割的部分。印度人认为黄金是宇宙创生之本元。在最初宇宙毫无生息一片漆黑时，造物主从它的身体上做了一颗种子放入水中，这粒种子后来变成一颗金蛋，像太阳一样光芒四射。然后，正是从这个宇宙之金蛋中，才诞生了造物主的化身——梵天。

在古印度语中，黄金一词即源于“不朽”一词的词根。而梵天一词的含义为“生于黄金”。

在印度神话中，女神们都身着金衣，是美丽的终极。作为如此纯洁、美丽的基础，黄金也是印度火神阿格尼的种子。印度文化中的人类祖先摩奴，也是古代法典的制定者，他规定在特殊庆典和特殊场合应该佩戴金饰品。在印度的许多神话传说中，都有男神和女神乘坐黄金驾车的描述。在印度教中，黄金始终被认为是一种祭祀品，是各种宗教仪式中必不可少的元素。其教义的解释是因为黄金纯洁，并且经过了火的洗礼。

所以千百年来，黄金已经成为印度社会不可分割的部分，并融入了印度人的灵魂。

根据考古证实，印度的黄金开采至少可以断定在公元前就已开始（包括历史文献记录）。在印度的孔雀王朝时期（公元前 1000 年左右），已有大型金矿开采。著名的科拉尔（Kolar）金矿区发现于公元世纪之初，位于印度南部的卡纳塔克邦距班加罗尔东大约 50 公里处。1990 年 12 月，一个国际联合考古小组对该古代金矿区进行了考察，结果发现一些深度达到 80 米的老矿井开发于距今大约 3800 年左右（公元前 1890~1810 年）。与此大致同时发现的还有印度北方的胡蒂金矿区（Hutti）。较晚一些的科拉尔矿区的冠军矿体发现于 1873 年，于 1880 年开始开采。

数千年来，印度次大陆经历了许多王国、帝国和王朝的统治，经受了无数次战争、征服和动乱。由于割据产生了许多不同的货币体系，黄金一直是不同货币体系之间交换、交流和储备的通用媒介。

印度的嫁妆金饰
（图片来源：Mixfash.com）

在印度农村，黄金是唯一的储蓄方法，它可以帮助人们储藏财富，度过灾荒。这些情况极大地影响了印度人对黄金的情感和狂热，时至今日仍是如此。据估计，在印度官方和民间的藏金总量约为11000吨。

与大多数古老文明一样，传统在印度社会的力量非常强大，特别是在农村。印度幅员辽阔，文化、习俗、传统各不相同，但对黄金的偏爱跨越地域、民族和文化习俗。黄金可以穿透印度社会的种姓等级，住在乡村的贫民和城里的富豪一样追求黄金。印度人视黄金为纯洁、昌盛和吉祥的象征。直到几十年前，黄金还是许多印度人唯一的储蓄方法。印度人购买黄金与宗教和信仰密切相关。结婚、生子、生日等各种庆典或者供奉神灵，都要用到黄金。印度的排灯节是整个印度都购买黄金的时节。许多地方性节日也是重要的购金时节，如南方的奥南节和丰收节，东方的杜迦菩萨节。在印度人的印度历上，甚至标有传统节日期间购买黄金的良辰吉日。在印度农村，丰收节则是最为重大的购金日。

在印度社会，结婚送黄金聘礼是一个根深蒂固的传统习俗。印度人甚至为黄金嫁妆创造了一个专有名词——“Stridhan”。许多印度普通家庭如果生下一个女儿，在孩子刚出生之后，就开始为嫁妆存钱。送给新娘的嫁妆金是她的私有财产，拥有独立处置权。在印度社会，大多数女性不能独立自主，不能享受教育，如果遇到天灾人祸或丈夫死亡，这些嫁妆金就可以帮她们渡过难关。

在印度的传统中，女方的家庭要承担大部分的婚礼开销，所以，有些贫穷的家庭，父母会因为女儿的婚事倾其一生所得。根据不同社团宗族的习俗，嫁妆金有个约定俗成的数量，或者是一定重量的金，或者是一定钱数的金。一般来说，黄金首饰的开销要占婚礼总费用的 30%~50%。印度聘礼一般不送现金，因为他们认为现金不像黄金那样保值、持久。在婚礼上，要把嫁妆金陈列展示给宾客，以示双方亲朋好友，同时也反映新娘的地位，特别是在印度这个种姓等级严格的社会。

更有甚者，有些印度人把馈赠黄金的事情写在遗嘱中，说明在自己去世之后把黄金送给尚未结婚的子孙，甚至尚未出生的子孙！

印度人说，黄金是他们世世代代的传家宝，这一点不假。在他们的传统中，父母将黄金传给儿女、子孙，儿女子孙再传给他们的后代，代代相传，生生不息。并且他们不到万不得已，绝不轻易变卖手中的黄金，黄金总是印度人最后一道保障。

2013 年以前，印度一直是全球第一黄金消费大国。2011 年印度的黄金需求是 986.3 吨。与之形成明显对照的是，印度是一个发展中的穷国。根据国际货币基金组织的统计，2010 年印度的人均 GDP 只有 1371 美元，名列世界 133 位。另外，印度 70% 的人口居住在农村，而印度每年消耗的 800 多吨黄金中，65%~70% 的交易是在农村。印度农业收入只占国民收入大约三分之一。所以，印度的黄金市场与农业的收成息息相关。或者说，印度的黄金消费与气候有关，因为印度的农业仍以靠天吃饭的原始耕作方式为主。这种现象在世界其他地方极为少见。可以认为，印度农民能有钱买黄金，在很大程度上得益于印度政府对农业的免税政策，否则印度的黄金消耗将大打折扣。

如果你有幸亲历印度的金店，肯定会为其品种繁多感慨不已。印度的黄金饰品能让你装点得浑身是金：头上有耳环、鼻环、头饰、项链、项圈，手上有手镯、手链，腰带上和脚踝上也有专门的金饰品。不过在印度某些地方，装饰腿部的脚环只能用白银而不用黄金，因为黄金是女财神拉克希米的化身，不能让人带在脚上把她弄脏。

婚后的印度妇女要佩戴标明已婚的一种金饰品，叫“曼高苏特拉”或“泰丽”（mangalsutra, thali）。

印度人把金饰品也当做一种投资方式和保值手段，所以金首饰一般为 22K 或 24K 纯度，极少有 18K 金，印度人不太接受。

在印度，具有一定资质的金店或金匠都在某一区域拥有固定的忠实客户。如同西方的家庭医生一样，一旦用户要购买黄金或制作首饰，金店或金匠的服务随叫随到。不仅服务周到，而且这些家庭服务式的金店或金匠完全了解当地客户的喜好、品位和需求。

五、印加文明与黄金

印加文明是指南美洲古代印第安人创造的文化，是美洲三大文明之一。印加为其最高统治者的尊号，意为太阳之子。在公元 15 世纪开始，古印加帝国开始兴起并迅速强盛，极盛时期的疆界以今天的秘鲁和玻利维亚为中心，北抵哥伦比亚和厄瓜多尔，南达智利中部和阿根廷北部，首都在秘鲁南部的库斯科，被史学家称为“美洲的罗马”。

美洲大陆的黄金是从哥伦布发现新大陆之后才被世人所了解的。普通人只是对美洲大陆拥有的黄金数量惊叹不已，而艺术家和从事黄金加工的金匠们则对古印加人的艺术造诣和技术水平感到惊讶和感慨。1520 年，在比利时的布鲁塞尔展出了西班牙人从墨西哥文明古国阿兹特克获得的财宝。当德国文艺复兴时期的著名画家阿尔布雷特·丢勒（Albrecht Dürer，公元 1471~1528 年）看到这些珍贵的艺术品时，惊呼“这些东西比奇迹更加美丽！”。令后人扼腕叹息的是，这些稀世珍宝大部分都被付之一炬，熔化成了西班牙征服者认为更有价值的金锭。

印第安人金面具

印加人的文明历史如同它们的黄金

印加礼器——图米
（图片来源：维基百科）

一样遭到了西班牙征服者的野蛮破坏。仅从被掠夺的黄金的数量和残存下来的黄金制品就可以看出，印加人的黄金开采和加工在欧洲人到达之前已经达到非常发达的水平，因此其历史一定非常悠久。他们很早就学会了金、银、铜、铅、锡、汞的开采和冶炼，还会冶炼各种合金，懂得了汞可以溶解黄金的知识。

印加人把黄金主要用于装饰、珠宝以及祭祀品。印加人掌握了许多种金属加工工艺，如铸造、锻打、模制、冲压、镶嵌、铆接、焊接等。但是，如同美洲其他印第安人一样，印加人一直不知道铁为何物。由于印加人崇尚黄金和大量使用黄金，印加帝国也被称作黄金帝国。

古代印加人所用的黄金大多为合金，这些合金并不是人为合成的金属，而是天然含有铜银的原始黄金。根据现代考古研究和冶炼专家分析，这些黄金含金约为 75% 左右，其余的成分为白银和铜，在不同地域黄金的含量也有所不同。这种情况，基本上与古代河流中黄金的品质相一致，特别是在中美洲的哥伦比亚、海地和中北美洲的墨西哥。而在南部的厄瓜多尔、秘鲁和玻利维亚情况则有所不同。这些地区的白银非常丰富，其产品远远大于黄金。因此，在这些地方的古代黄金制品的黄金含量一般较低。也有考古学家认为是金匠们有意加入了白银，或者说是在白银中加入了黄金。

在墨西哥，金匠们非常喜欢金铜合金，现代冶金技术告诉我们，金铜合金不仅硬度和耐磨度比黄金高，而且更加易于铸造。因为这种合金的熔点既低于纯铜的熔点，也低于纯金的熔点。比如，含金 80%、含铜 20% 的金铜合金（大致相当于 20K 金），其熔点为 911 摄氏度，而金的熔点为 1064 摄氏度，纯铜的熔点为 1084 摄氏度。而且，经过适当的表面处理，金铜合金做成的首饰和装饰品，也可以呈现纯金一样的视觉效果。墨西哥人大概很早就掌握了金铜合金的这些优点，用它来制作出价格比较低廉的黄金制品。令人不解的是，古代墨西哥人还用这种金铜合金制作工具，如锥子、斧子、凿子、钩子等。他们还通过冷锻加工，来增加这些工具的硬度。

因为古代的黄金都来自砂金，人们最初得到的黄金都是一些大小不等的颗粒或少量的金块，即俗称的狗头金。所以在做黄金制品之前，首先要把这些金颗粒和金块炼成金锭或金条。古代人就是在这个过程中把需要的白银或铜加入到黄金中，形成各种合金（K 金）。

考古证实，在秘鲁，人们喜欢金、银和铜组成的合金。古印加人已经可以通过锤打，锻造出 0.2 毫米厚的金箔。尽管黄金的质地柔软，具有良好的延展性和可锻性，但经过多次反复锤打，也会变硬和变得没有弹性，甚至变得具有脆性。恢复其原有的延展性和可锻性的办法就是退火，也就是把它放在炉火中烧红后，让它自然冷却。在秘鲁的印加人已经学会了这种技术。现存于西班牙塞尔维亚的一份公元 1555 年的文件，详细记述了印第安人应用这一技术的情景。

秘鲁人发现通过这样反复交替的锤打和退火操作，会逐渐减少合金表面的铜和银，使这种三合一金属的表面颜色更接近纯金。这种现象可以用现代冶炼知识来解释。在合金表层的铜和银会在锤打和退火过程中（主要是后者）被氧化，在锤打过程中，其中一部分就会剥落，这样反复数次，就会减少合金表面的铜和银的含量。而最后留在表面的黑色污垢还可以用人畜的尿或者植物的汁液进行清洗。实际上这些液体都是一些酸性物质，这一过程在现代技术语中叫酸洗。

与制造金箔或金叶的复杂冶金化学知识相比，古代美洲工匠的黄金物品加工技术就显得非常简单和原始。一般是先在打制好的金叶或金板上画出轮廓，再用刀或錾子切割出所需要的形状。另外，根据考古发现，美洲大陆的金匠们已经学会了使用简单的冲模方式，制造一些装饰物品或者配件。实际上，就是把锤打到一定厚度的金板，放在雕刻好图案的硬木头或凿出形状的石头上，用锤子敲打，直到敲成满意的形状为止。这样，印加人就可以成批地制造黄金饰物。

有证据表明，在哥伦布到达美洲大陆之前，印第安人已掌握了黄金的焊接技术。这些技术被用于人和动物形象的制作，以及其他不能一次制作的物件。有时还用金丝捆绑、铆接，以沟槽、插销等方式连接装饰部件。

南美古代匠人们还懂得用某些铜的化合物加上胶作为焊料，进行金珠的焊接。他们用这种焊料把金珠粘到要焊接的地方，然后用炭火烧，胶燃烧后，一种点接触的自然焊接就形成了。

对一些形状简单的物件，如耳环、鼻环等，他们会在金铜合金上用金箔包裹合金。而不便包金的物品则更喜欢用被现代人称作“换耗镀金法”，也就是通过反复地加热、酸洗（用植物汁液中的草酸）和抛光的办法，使合金制品表面的铜或银的成分逐渐减少，达到理想的颜色和视觉效果。这一过程相当于在表面镀了一层黄金。

南美印第安人的这一技术不但有西班牙人的历史记载，还有相当数量的文物实例加以证明。仅在哥伦比亚首都波哥大的黄金博物馆里保存的古代黄金物品就有 28000 多件。另外，在厄瓜多尔北部的埃斯梅拉达地区，一些财宝猎头们通过对一处遗址的砂石进行淘洗，发现了上千个小的黄金物件，其中包括熔化成片的黄金、成批的锤打好的金箔、成块的黄金合金、半成品的黄金制品，以及木炭、吹管（鼓风用）等。

六、中华文明与黄金

在中国，从夏朝时期（约公元前 21~16 世纪）起一直到近代，数千年来，中华文明与黄金文化一脉相承，融入了宗教、王权、生活习俗、文化艺术、政治、经济等诸多方面，形成了中华文明中一个不可分割的组成部分。千百年来，在华夏文明遗留给后人数点不清、叙述不完的文化遗产中，到处都能找到黄金的光辉，随处都可以发现黄金的踪迹。正是它的永恒与不朽承载和记录了沧桑的历史，让今人可以追溯历史的原始面目。

中国古代最早使用的黄金记录，见于夏朝的地理博物专著《尚书·禹贡》。

在介绍湖北荆州物产时，有“厥贡，惟金三品。”的描述。汉朝史学家司马迁在《史记·平准书》中也写到“虞夏之币，金为三品，或黄，或白，或赤。”据考证，“金三品”即指金、银、铜三种金属。

中国古代道家学说的“五行说”，把“金、木、水、火、土”看成是人类生存所必不可少的自然之物。金放在其首，是因为金在太阳下发光，金与光有关，而光与太阳有关，人类生存和万物都离不开太阳之故。这是中国古人对黄金最原始的认识。

1972 年在甘肃玉门夏代古墓出土的金耳环，是迄今为止我国发现的最早黄金饰物，距今约 4000 年。在中国古代的众多黄金制品中，比较有代表性的有北京平谷出土的商代金臂钏、金耳环，河南安阳商代殷墟遗址出土的贴金用的金片、虎形饰品，以及四川广汉三星堆商代祭坑中发现的金面罩、金杖、金缕玉衣等。这些都证明了我国早在 4000 年以前就已经开始使用黄金，并掌握了黄金的加工制作技术，同时也展示了中国古代黄金制作工艺的成熟与精湛。2001 年在四川成都金沙遗址出土的一张商代晚期的金箔太阳神鸟金饰，含金量高达 94.2%，厚度仅有 0.2 毫米！上面有复杂的镂空图案，分内外两层，内层为周围等距分布的十二条旋转的齿状光芒；外层图案围绕着内层图案，由四只相同、逆时针飞行的

商代金箔太阳神鸟

汉代金印

神鸟组成。这件金箔制品的图案之精美，制作之精细，无不令现代人称奇叫绝。

明代描金漆器

在商代我国黄金的加工技艺已经达到了较高水平。在河北省藁城县的商代宫殿遗址和河南省安阳出土的凹凸花纹的金叶和金贝币等，也是年代久远的黄金制品。其中部分金箔的厚度仅为 0.01 毫米。这种金箔是经过锤锻加工而成的，说明春秋战国和两汉时期的金银器的设计制作工艺已经非常高超。1930 年代在河南浚县辛村（现鹤壁市）的西周时期卫墓遗址中发掘的铜矛、矛柄和车衡两端，都包有极薄的金片，说明当时已经掌握了包金技艺。到了唐代，我国的金银器制作和应用达到了历史的巅峰，除了黄金饰品外还开始生产餐具、茶具、佛教法器等生活、宗教器物，而且品种大为增多。

在两宋时期，金银器的制造业更为商品化。除了皇亲贵戚、王公大臣、富商巨贾等享用大量的金银器外，上层庶民和酒肆妓馆的饰品及饮食器皿也都使用金银器。随着金银器的社会化，宋代金银器无论在造型上或纹饰上均一反唐代的富丽之风，而变得素雅和富有生活气息。

明代的金银器制造工艺高超，明定陵出土的金冠、金盆等则是明朝金器制作的典型代表。这些金器造型庄重，装饰华丽，雕镂精细。器物用打胎法制成胎型，主体纹样采用锤成凸纹法，细部采用錾刻法，结合花丝工艺，组成精美图案，有的器物镶嵌珍珠宝石，五光十色。金银上凿刻压印“官作”或“行作”字样或工匠姓名及黄金成色。

清代金银器的工艺多趋于繁富华丽、精细琐碎，色彩追求艳丽妍美，样式崇尚变奇化异。

同世界上其他古代文明一样，黄金在中国也是权力和地位的象征。与西方文明不同的是，中国人把这一理念形象地表现在官方的印章上，用以区别权力的等级和地位的差别。秦朝统一六国后，确立了统一的官方用印制度，明确规定了不同等级的官员使用不同规格的印章，在印材、印钮和印绶上都有明确的区分。只有公卿一级的高级官员才能使用金质印章，这一制度一直沿用到隋代之前。尽管各个朝代的具体规定有所不同，但其核心是黄金印章仅限于达官显贵所用。

在黄金制品的加工工艺上，中国至少发明了两项技术，一是“鎏金”，另一个是“描金”。

鎏金工艺是我国古人在长期实践中发明的金属表面装饰技术。从1928年到2012年在我国的河南洛阳以及山西、陕西、山东、河北、湖南、浙江等地先后出土的战国时期（公元前475~221年）的鎏金制品多达40多件，充分证明在公元前400多年中国人就已发明了鎏金工艺。这种工艺发展到汉代已经相当成熟，不仅在大件金属器上广泛出现，而且鎏金、鎏银、错金银往往出现在同一器物上。而西方人开始使用这一技术是在公元500年左右，比中国晚了大约1000年。

鎏金也称火镀金或汞镀金，它是把金箔碎片在400摄氏度左右的温度下熔融在水银中，制成银白色的泥膏状金汞剂，俗称“金泥”。将金泥涂抹在所要镀的金属器上，然后放在炭火上烘烤，使汞蒸发逸走，而黄金则滞留于器物表面，其颜色也由银白转变为金黄色。如果要使鎏金层变厚，则可多次反复使用这种工艺。鎏金只适用于银器、红铜器和含锡、铅量不超过20%的铜器。

描金技术与我国的瓷器和漆器制造有关系，主要用于这两种器物的彩绘装饰。这种技术最早出现在宋代（公元960~1279年）。描金就是用纯金加工成的金粉，用胶水调成颜料，在漆器或瓷器上描绘出所需要的图案和花纹进行装饰。也有资料说，描金用的颜料可以使用水银溶解黄金得到的汞齐金。

到了清代，工匠们对于金彩的运用更加娴熟，突破了明代单色背景上描金的手法，使陶瓷装饰达到了更加光彩夺目、雍容华贵的艺术效果。在康熙年间，匠人们已经在彩瓷上大量使用金色，到以后的雍正、乾隆时期往陶瓷上施加黄金的技术则更加普及。进入道光年间后，除了白地粉彩器外，各种不同底色的开光粉彩上都开始采用描金工艺。金彩不仅在官窑器物上使用，民窑出产的器物上描金的应用也很普遍。

中国的黄金生产始于商周，兴于汉代，衰于两晋南北朝，复兴于唐宋。毫不例外，我国古代的黄金开采也是始于砂金的淘洗开采。古代称之为“河金”或“麸金”，而岩金的开采大约始于唐宋之间。据《唐六典》记载，当时著名的砂金产地有柳州、澄州、沅州等。唐朝著名诗人刘禹锡曾经对当时的黄金开采做了形象的描写：“月照澄州江雾开，淘金女伴满江隈。美人首饰侯王印，尽是沙中浪底来。”

中国人几乎把黄金与财富等同起来，这不仅是一个历史原因，更是一个文化原因。根据历史学家的考证，我国在战国时期以前，金就是指钱，到了汉朝才用“黄金”一词区分金与钱的不同含义。直到现在，在中国人的词汇中，“金”与“钱”二字常常形影不离，通常把钱叫做“金钱”。并且与钱有关的东西，都习惯于用“金”来表达。我们把本钱叫做“本金”，把预付款叫“定金”，把退休工资叫“退休金”，把抵押钱叫“押金”，把赏钱叫“奖金”，把工资叫“薪金”，以及更加专业的“公积金”、“公益金”、“准备金”、“保证金”等等，其实说的都是钱。

但是，与其他几大古代文明相比，中国古代的黄金产量并不丰富。因此用黄金作为货币的历史较晚，而且并不普及。中国最早的金币出现在战国时期的楚国，最为著名的莫过于楚国金币“郢爰”（yǐng yuán），或称之为金钣，也有人称之为印子金。因金钣上铸有“郢爰”字样的戳印而得名。“郢”为楚国都城，“爰”为货币计量单位。这种金币于1969年和1970年，先后在安徽的阜南、六安和霍邱等地出土，现存于安徽省各地多个博物馆，如安庆博物馆。秦国也曾仿制过金钣，中原地区也有过金贝、银贝，还发现过银币。

公元前221年，秦统一中国，秦始皇把他的货币制度推广到全国，于是货币也得到了统一。统一后秦的金币形状，犹如晒干了的柿饼，人们把它称为“柿子金”，和战国时期的金币一样，秦朝的金币也可以随意切割使用。

西汉是中国历史上使用黄金最多的时期。据考证，西汉拥有的黄金总量大约为248吨。其中一个重要原因是西汉通过丝绸、瓷器等商品的贸易换取了大量的黄金。在中国各地陆续发现的东罗马金币，就是这一来源的历史见证。而1999

年12月在西安东北郊谭家乡北十里铺村出土的多达219枚西汉金饼，则是西汉黄金丰富的有力证据。不过，这些黄金也没有作为普通货币大范围流通，而主要是用于帝王的赏赐。金币的器形有些仿照马蹄的形状，故被人称为马蹄金和麟趾金。

然而有些学者认为，史书上所说的西汉巨量黄金其实并非真正的金，而是黄铜。因为从历史上秦汉时期的黄金开采量和对外贸易来看，西汉不可能冒出那么多的黄金。人们惯以“金”来称呼钱，这就很有可能把当时流通的铜称作“黄金”，而后人不察，竟以为是真正的“黄金”。关于这一观点，历史学家们仍在争论和考证，见仁见智，尚无定论。

七、黄金与宗教

在人类历史上，黄金能享有至高无上的地位，与宗教有密切的关系。特别是在人类社会的早期，黄金并没有货币的价值，它对人类的意义更多地体现在永恒与不朽，体现在神圣与高贵上。而所有宗教与神学体系所宣扬的正是神灵的永恒与神圣，这一点与黄金与生俱来的特性是一个天然的吻合。因此，黄金的社会地位才能从人类最原始的自然崇拜、神秘崇拜上，随着逐渐兴起和壮大的神学与宗教体系，不断被强化和推高。

当今世界最大的宗教人群是基督教、佛教和伊斯兰教，其中基督教徒和佛教徒大约分别拥有20亿之众。有人做过一个统计，在基督教的《圣经》里关于黄金的描述多达400多次，其中《新约全书》提到黄金的地方就有118处，在希伯来语的《旧约全书》中还有大量有关黄金开采的信息。事实上，在大约公元前10世纪，《旧约圣经》的《六书》，包括《创世纪》在内的一些叙事性内容就提到了黄金，并且记叙了六个黄金产地。不过，这六处黄金产地的具体位置尚存在着不少的争议。

在《圣经》的《创世纪》中有这样的描述：“……有条河从伊甸园流出来，滋润那里的花园，河流从此分成四条支流。第一条叫比逊，它环绕哈腓拉的全部

乌克兰基辅大教堂的金顶

耶路撒冷的俄式金顶教堂

土地，在那里有黄金。并且那块土地里的金子很好，还有珍珠和红玛瑙。”

在基督教的宗教体系中，崇尚黄金的事例不胜枚举。其中最为引人入胜和经久不衰的传说之一，是上帝通过摩西的声音，命令他的信徒们建造一个木箱，用来存放他给犹太子民规定的《十诫》。木箱的盖子用纯金制作，上面装饰有两个黄金做的天使。这样上帝就可以来到人们中间，对他们讲话，安抚他们的心灵。(《圣经》第二卷《出埃及记》25:10~22）。有人相信，《圣经》所说的古代以色列国王所罗门丢弃的金矿就在非洲，并且与耶路撒冷建造第一座神殿有关。由东方来寻访耶稣的三贤人给初生小耶稣献上了黄金、乳香和没药这三种被认为神圣和高贵的东西。

在中世纪，国王登基加冕仪式要以圣膏和金皇冠作为标志，金皇冠代表来自天堂的永恒光芒，因此才能显示基督教的国王皇权是神授予的。结婚戒指用黄金的传统，也是因为黄金代表着地久天长。在正统基督教里，新婚夫妻在婚礼仪式上都要戴金冠，以示婚姻的庄严和神圣。

金佛像

在古老的印度教的教义中，上苍规定，人降生在世的四个目标之一是追求财富。除了正义、仁爱、自由之外，繁荣是印度人的一个天职。所以人类可以尽可能地获得最多的财富，只要不越过吠陀经（Vedas，印度最古老的宗教文献和文学作品的总称）设定的道德底线。印度教认为黄金是极为纯净的物质，它可以容纳人的灵魂。在传统的宗教绘画中，正义之神阎罗王手持一面火镜和一把金秤，用以衡量人死后进入另一个世界之前的灵魂。

金色是佛教中最神圣的颜色。在藏传佛教中这一点体现得更为明显。在西藏的寺庙中，我们看到的佛像至少是面部贴金或者用金彩绘，有些更是整尊金身。在西藏布达拉宫的灵塔殿，殿中央供奉着高 12.6 米的五世达赖喇嘛灵塔，塔身整体用金箔包裹，总共使用的黄金达 3721 千克之多。

金奔巴瓶

佛教喜欢黄金的历史可以追溯至它的诞生之初。佛教认为黄金象征太阳和火焰，是最为贵重的金属。这种思想可能来源于古印度教的说法，黄金具有与太阳神苏利耶（Surya）相当的神圣地位。佛教还认为，把黄金与其他金属合成合金是一种亵渎行为，因为它玷污了黄金的光泽。所以，佛教在使用黄金对佛像或寺庙进行装饰时，都要用纯金，只有这样才显示出信徒的虔诚。

中国的藏传佛教从清朝乾隆五十七年（公元

耶路撒冷大清真寺的金顶
（图片来源：fineartamerica.com）

伊朗的伊玛目礼萨圣陵清真寺
（图片来源：维基百科）

1792）开始，实行一种叫“金瓶掣签”的制度，用以确定活佛转世灵童的人选。金瓶，在藏语里叫“金奔巴”或“金奔巴瓶”。在大活佛，比如达赖喇嘛或班禅喇嘛转世时，要把几位候选转世灵童的姓名、出生年月日等，用满、汉、藏三种文字写在特制的签杆上，放入大清皇帝钦授的金瓶之中，供于释迦佛像前。然后召集各地喇嘛到大昭寺，连续诵经七日。再由清政府的驻藏大臣亲临大昭寺，焚香顶礼，从瓶内抽出签杆。签上姓名即为新的转世活佛，最后再报朝廷请封。很显然，之所以用金瓶来“掣签”，其目的就是要彰显这种仪式的庄严与神圣，彰显由此选定的转世灵童的权威。

中东地区的伊斯兰文明对黄金的喜爱几乎同印度人一样。黄金不仅是金属之王，也不仅是财富和奢华，同时还是穆斯林社会文化的一部分。阿拉伯人对黄金有着非常深厚的情感，千百年来，他们一直把黄金视为富有、权力和繁荣的象征，其文化渊源非常深远。尽管伊斯兰教反对偶像崇拜，但黄金就是穆斯林心中无形的偶像。就连清真寺的标志性造型“洋葱头”也普遍使用黄金装饰。在阿联酋的阿布扎比大清真寺更是极尽黄金奢华，这座举世无双的清真寺仅廊柱的装饰就用去黄金46吨。难怪有人说它是用黄金打造的新天方夜谭。

黄金不仅是阿拉伯人的首饰和装饰，在穆斯林诞生初期，黄金就是物资交换的重要媒介。早在拜占庭时期，黄金就被用作通用货币。随着伊斯兰教的兴起，黄金成为正式货币。在流通的金币上冲印了“安拉唯一，安拉永恒”的字句，金币上的标记图案也完全伊斯兰化了。在拜占庭时期，因为伊斯兰教反对偶像崇拜，金币上的人物、动物形象被全部删除。这也反映出伊斯兰教的唯一性。随着哈里发王朝的衰落，纸币引进到伊斯兰国家，黄金才退出了中东的货币领域。

穆斯林民族这些与黄金相关的宗教习俗一直延续到今天。像印度人一样，阿拉伯人也习惯于在婚庆、生子、生日等特殊日子赠送黄金作为礼品，也在母亲节、情人节等节日送黄金饰品。在穆斯林习俗中，孩子出生时要佩戴黄金做洗礼仪式，然后还要把黄金饰品和一小片古兰经诗句一起别在孩子的衣服上。在这种特殊场合，黄金承载着特殊的文化含义。因阿拉伯人习惯于在夏季结婚，所以在中东，每到夏季黄金销量都会上升。阿拉伯人的新娘在结婚前要沐浴净身，沐浴时要佩戴全套的黄金首饰——金戒指、金耳环、金项链和金手镯。

在阿联酋的迪拜、沙特的利亚德、叙利亚的大马士革，都有庞大的黄金市场，金店鳞次栉比，远远望去就是一片金色的海洋。这些蔚为壮观的场景就是黄金渗透到穆斯林生活之中的当代见证。

至于在古埃及和古希腊的宗教与黄金的渊源，前面已经介绍，在此无需赘述。

八、两个没有黄金的世界

本章的开始已经说过，在黄金与人类文明的联系中，生活在北美北极圈的因纽特人（Inuit，即爱斯基摩人）和澳大利亚的古利人（Kooris）是两个特别的例外。在这两个民族的历史上至今找不到任何与黄金有关的痕迹。考古学家和人类学家对这一奇怪的现象进行了多方考证研究，但始终没有找到令人信服的答案。

如果我们要追寻其中一些线索，只能从这两个民族的文化、社会、经济、宗教，以及他们所处的生存环境等方面入手。如果走进这两个民族的世界，你会发现他们有许多共同之处，其中最为显著的是“原始”和“与世隔绝”，所以有人把他们称为“第四世界”。

让我们先来看看澳洲古利人的情况。考古研究表明，在距今 4 万年前的远古时期，澳洲大陆已有古利人生活的迹象，并且断定，最早的澳洲土著人是从其他大陆迁徙而来的。在这块孤独的大陆上，人类文明的进化发展也走着截然不同的路线。虽然经过了数万年的沧桑变迁，但直到 18 世纪末欧洲移民进入澳洲时，古利人仍然生活在相当于其他大陆的中石器时代，在生活模式、经济模式和社会制度等诸多方面依然保持着原始部落的落后状况。

古利人以采摘果实和狩猎为生，属于游牧民族。他们终年迁徙，居无定所，在有水源和食物来源的地方搭建棚子或茅屋，或者用石头垒起石屋居住。在食物耗尽或无猎可狩时，他们会再次迁移，寻找新的食物来源或者狩猎地。这些澳洲土著人几乎终年裸体，有时或以树叶遮体，或以兽皮裹腰。

古利人早已学会了钻木取火，并且会把猎物烤熟再吃，也懂得用石器把谷物磨成面粉食用。不过他们使用的工具仍仅限于石器、木器、骨器等，因为他们不会制陶也不会制作任何金属制品。这大概是古利人与黄金无缘的原因之一。

尽管生活方式落后，澳洲土著社会已经是一个有组织的系统化社会。他们有自己的法律和婚姻制度，有自己的社会习俗、家庭模式、宗教信仰和文化艺术。他们多以氏族部落为单位组织经济和宗教方面的社会生活。每个部落都有自己的领地、图腾、宗教、语言和生活习俗。

古利人的宗教也十分独特，信仰原始的“泛灵论”（Animism），也就是“万物有灵”之说。这是一种在尚未开化的原始人类中普遍存在以及在精神尚未发育成熟的幼儿身上与生俱来的自然认识，是人类历史上最初的宗教形态之一。在这种宗教意识下，人们认为生命存在于任何可见的物体之中，不管是人或动物，还是山石、河流，甚至一草一木，都具有同样神圣的生命，而不存在凌驾于其他事物之上、或者主宰世界的神灵。

因此，古利人的基本理念是自然界的一切物质都是平等的，也不需要去顶礼膜拜任何事物。在古利人心目中也有图腾的崇拜。然而，从遗留下来的岩壁画、石窟画及纹身艺术来看，他们的图腾被想象成亦人亦兽的形象，更重要的是他们相信每个人都是图腾祖先的化身。所以，其实古利人崇拜的只不过是他们自己而已。在这样的宗教信仰理念之下，即使他们发现了黄金的神奇与独特，也不会拿这种在原始生活中与吃穿住毫无关系的金属当回事。这大概是古利人与黄金无缘的原因之二。

从社会经济角度看，在1788年以前，澳洲古利人还生活在自给自足、有食同享、有衣共穿的原始共产主义社会。澳洲大陆才是真正的地大物博、气候宜人，古利人过着伊甸园般的生活，吃穿都是随用随取，无需储备，无需积累，因此这里不需要任何物质交易。而且澳洲孤立的地理环境又进一步限制了他们与外部世界的交往。因此也就不需要任何形式的货币或者某种等价物，黄金自然在这方面也就没有用武之地。这可能是古利人与黄金无缘的原因之三。

总之，在古利人的世界里，黄金可能真的被他们视为粪土。

现在我们再来看因纽特人的情况。所谓因纽特人，更为普及的叫法是爱斯基摩人。但他们不愿被人们这样称呼，其原因是“爱斯基摩”（Eskimo）一词是北美印第安人对这个北极民族的叫法，意思是“吃生肉的人”。在历史上印第安人曾经与爱斯基摩人有过矛盾与摩擦，因纽特人认为这一名称是印第安人对他们的歧视性蔑称。在因纽特语中，“Inuit”的含义则是“真正的人”之意。

因纽特人主要分布在俄罗斯的西伯利亚、加拿大北部、美国的阿拉斯加以及格陵兰。这些区域基本上都在北极圈周围，气候严寒，环境恶劣，最冷的时候可以达到零下50摄氏度。人类学家认为，因纽特人属于蒙古人种，是在公元前3000年前后从亚洲北部出发跨过白令海峡迁徙到北美大陆的，然后他们就一直生活在这里。由于数千年与世隔绝，而且又是生活在环境极端恶劣的高寒地区，因纽特人逐渐形成了自己独特的文化。直到19世纪中期，他们的生活状态仍然相当于人类历史上的新石器时代。

与澳洲的古利人一样，传统的因纽特人过着近乎原始的生活，他们靠打猎、捕鱼、捕鲸、采集果实维持生活。因为靠天吃饭，每天为食物而奔波是他们的主题。

但是因纽特人属于半游牧民族，他们有自己的半永久性住所，这就是因纽特人举世闻名的圆顶雪屋。

与澳洲古利人不同的是，因纽特人不仅饲养动物，比如著名的爱斯基摩犬，而且能够制作复杂的工具，如雪橇、木筏、独木舟等，不仅限于弓箭、刀斧、鱼叉等；所使用的材料也不只是木头、骨头、石头、象牙等，还有铜。这可能是在他们的祖先从亚洲迁徙到北美时，也带来了亚洲人已经进化得较为进步的生活生产知识。在他们的祖先离开亚洲时，主宰北亚大陆的中国已经进入青铜器时代。由此看来，因纽特人并非对金属没有认识，这一点并不能作为他们与黄金无缘的一个原因。

因纽特人的精神文化大体上处于原始精神文化阶段，他们信奉万物有灵论和萨满教，其中萨满教的核心也是“万物有灵”，所以在宗教信仰上与澳洲的古利人非常相似。

另外，因纽特人深信天地间有许多超物质的灵魂在支配着大自然的一切；灵魂可以超脱于物质表象之外，可以进入或者离开人的身体或其他任何物体；即使物质被消灭，灵魂依然存在。原始宗教的形式多种多样，包括图腾崇拜、巫术等。在因纽特社会里，普遍存在对大自然的崇拜与畏惧、对死者的崇拜、对祖先的崇拜以及对偶像的崇拜。因纽特人的宗教事务由巫师负责，每个村落里都有巫师，他们是村里最重要的人物，巫师既有男性也有女性。在他们眼中，巫师是具有和神灵交流或影响神灵的特殊能力的人。巫师可以让自己的灵魂暂时离开身体，和神灵世界的神进行沟通，和一些小神灵接触，于是这些神灵便成为巫师的仆人，给巫师提建议出主意并提供帮助。这种说法在中国一些笃信鬼神的落后地区也非常盛行，并且如出一辙。巫师的重要作用是为人们找到引发灾难的原因，如生病、受伤的原因，并找到解决的办法。因纽特人认为，一切灾难的发生都是因为人们冒犯和触怒了神灵，所以巫师的任务是查明哪一个神灵被触犯了，以及被触犯的原委。然后，人们通过举行各种宗教仪式，去抚慰神灵，取悦神灵，以便得到神灵的宽恕，实现消灾避难的目的。有的因纽特人也相信神灵的保佑，最为普遍的神祇是造物主女神赛德娜（Sedna），她也是因纽特人的保护神。

从宗教活动的形式看，因纽特人的宗教仪式非常朴实简单，祭祀和祈求神灵的方式主要是在巫师带领下，通过唱歌、跳舞取悦于神灵，并且向神灵表达愿望。在这样恶劣的生存环境下，吃穿住就是天大的事，如果需要供奉神灵，能吃、能用的东西最能表达他们的虔诚。所以，即使他们发现了黄金，也会认为是好看不中用的物质。这可能算是因纽特人与黄金绝缘的原因之一。

还有一点是作为货币的需求，在这方面北美的因纽特人的社会经济情况与澳洲的古利人并无多大差别。因纽特人与欧洲人的接触发生在16世纪，此后才开始与外界进行一些有限的以物易物的贸易。而在因纽特人漫长的历史上，却找不到任何货币的踪影。无疑，这也可以作为因纽特人与黄金绝缘的原因之一。

最后，我们再来看看这两个民族有没有机会接触黄金，因为这是个先决条件。如果他们生活的环境中根本不具备这个条件，那么一切都是痴人说梦。在澳大利亚，古利人曾经长期生活的几个地方都是重要的黄金产地，比如昆士兰州、西澳洲等。所以好多古利人实际上一直与金矿为邻，只是对这些别人看来是财富的金属视而不见。而因纽特人的情况则有所不同，尽管他们生活的地方也有黄金，比如加拿大的魁北克省和美国的阿拉斯加州，但是黄金并不像澳洲那样容易获得。不过我们知道，因纽特人对付严寒环境的能力远比欧洲移民强得多。既然欧洲移民可以在那里淘到黄金，因纽特人也能做得到。所以只能说他们对此不感兴趣。

九、黄金小贴士

（一）金羊毛的传说

根据希腊神话故事，古希腊的玻俄提亚（Boeotia）国王阿塔玛斯（Athamus），娶了云之仙女涅斐勒（Nephele）为妻，婚后生了一双儿女，男孩叫佛里克索斯（Phrixus），女孩叫赫勒（Helle），生活过得美满幸福。后来阿塔玛斯喜新厌旧，抛弃了涅斐勒娶了一名叫伊诺（Ino）的女子。

伊诺是个恶毒的女人，想尽办法陷害前妻的儿女。涅斐勒看到自己的孩子遭受后母的虐待十分气愤，便祈求宙斯神降灾给这个国家以示惩罚。伊诺买通了祈求神谕的使者，假传神谕说必须将两个孩子献祭给宙斯神才能免除灾难。幸好这个阴谋被神的使者赫耳墨斯（Hermes）发现，他送给涅斐勒一只浑身长满金毛的有翼公羊（Aries），让她的两个孩子骑上公羊飞往远方。

佛里克索斯姐弟二人骑上这只神奇的金毛羊腾空而行。在经过一片大海时，姐姐赫勒看到无垠的海水头晕目眩，坠海而死。那片大海就以赫勒为名，后人称它为赫勒海（Hellespont），赫勒斯滂海峡便由此而来。弟弟佛里克索斯独自逃到黑海东岸的科尔喀斯（Colchis），科尔喀斯的国王埃厄忒斯（Aeetes）不仅热情款待了他，还把自己的女儿许配给了他。

按照赫耳墨斯的指示，佛里克索斯将公羊宰杀后献给天神宙斯，感谢宙斯保佑他逃脱。宙斯神把这宝贵的祭品升入群星之间，这就是白羊座。佛里克索斯又把剥下的金羊毛献给了国王埃厄忒斯感谢他的收留，国王将金羊毛钉在战神阿瑞斯圣林里的一棵大树上，为了防止他人的偷盗，又派了一条永不沉睡的大毒龙看守。由此又引出了更加著名的英雄伊阿宋与金羊毛的故事。金羊毛，不仅象征着财富，还象征着冒险和不屈不挠的意志，象征着理想和对幸福的追求。

（二）点石成金的传说

在希腊神话中，米达斯（Midas）是弗里基亚王国（Phrygian）的国王。因为他追逐并曾经获得过点石成金的魔力，被他碰触过的东西都会变成黄金，所以后来米达斯的名字成为讥讽富人、讥讽贪婪的代名词。

米达斯所统治的弗里基亚国遍地玫瑰，在他的王宫附近，有一座很大的玫瑰花园。有一天，酒神狄俄尼索斯（Dionysus）的老教长和养父赛伦诺斯（Silenus）喝得酩酊大醉，因此脱离了酒神的队伍，迷了路闯进了这座玫瑰花园，被几个农夫发现，带给了国王米达斯。米达斯认出了赛伦诺斯，热情地招待了他十天。到了第十一天，米达斯把赛伦诺斯送回到酒神狄俄尼索斯那里，狄俄尼索斯非常感激。于是作为回报，狄俄尼索斯答应帮助米达斯实现一个愿望，他想要什么都可以如愿以偿。米达斯希望赋予他“点石成金”的魔力，也就是他碰触过的东西都能变成金子，酒神答应了他的请求。

米达斯对自己拥有这种神奇的魔力欣喜若狂，迫不及待地想一试牛刀。他用手指碰了一下橡树枝和一块石头，橡树和石头顿时变成了金灿灿的黄金。高兴之余，米达斯一回到家就命令仆人准备了一桌大餐，想要好好庆祝一番。当他吃饭时，却发现被他接触过的食物全都变成金子，他想喝点酒，刚端起酒杯，酒杯和酒也很快变成了黄金。有的版本甚至说，他把自己的女儿也变成了黄金。

米达斯此时才明白，酒神给他的魔力是个祸根，是对他的贪欲的惩罚。他向狄俄尼索斯祈祷，请求酒神把他从饥饿中解救出来。狄俄尼索斯听到了他的祈祷，宽恕了他，并告诉他前往帕克托罗斯河（Pactolus）沐浴，这样才能使他失去点金术。

米达斯按照酒神的吩咐做了，当他接触河水时，点石成金的神力流到了河里，所以河里沙子也变成了黄金。据说，这就是帕克托罗斯河中蕴藏着丰富的金矿的原因。

其实，这个神话故事的寓意在于告诫世人，对于财富切不可贪婪。

在中国也有点石成金的类似故事。在西汉文学家刘向所著的《列仙传》中就记述了一则这样的故事："许逊，南昌人。晋初为旌阳令，点石化金，以足逋赋。"后来，晋朝人葛洪在他的《神仙传》里，也写到过这个"许真君"的故事。

意思是说，晋朝的旌阳县曾有过一个道术高深的县令，叫许逊。他能施符作法，替人驱鬼治病，百姓们见他像仙人一样神，就称他为"许真君"。一次，由于年景不好，农民缴不起赋税。许逊便叫大家把石头挑来，然后施展法术，用手指一点，使石头都变成了金子。这些金子补足了百姓们拖欠的赋税。这个故事只不过是反映了古人对统治者的苛捐杂税的无奈和祈求神灵的良好愿望。

而清代方飞鸿所著的《广谈助》中的一则"点石成金"的故事，可以说与上述希腊神话异曲同工。说的是一个人特别贫穷，一生虔诚地供奉吕祖。吕祖就是吕洞宾，相传是道教的祖师。吕洞宾被他的真诚所感动，一天忽然从天上降到他家，看见他家十分贫穷，不禁怜悯他，于是伸出一根手指，指向他庭院中一块厚重的石头。片刻间，石头便化成了金光闪闪的黄金，吕洞宾说："你想要它吗？"那个人拜了两次回答道："不想要。"吕洞宾非常高兴，说："你如果能这样，没有私心，可以传授给你成仙的真道。"那个人说："不是这样的，我想要你的那根手指头。” 吕洞宾听后顿时消失了。

（三）酎金

酎 (zhòu) 金，是汉朝时期诸侯献给朝廷供祭祀之用的黄金。据《史记》记载，在宗庙举行祭祀仪式时，这些黄金将随同酎酒一起供奉在祭坛上。酎是古代反复酿制而成的优质酒。在汉文帝时，规定每年八月在首都长安祭高祖庙，要献酎饮酎。届时，诸侯王和列侯都要按封国人口数贡献黄金助祭，每千口俸金四两，余数超过五百口的也要缴纳四两。酎金之制即由此产生。

另外还规定，有些地方可以以犀角、玳瑁、象牙、翡翠等代替黄金。诸侯献酎金时，皇帝亲临受金。所献黄金如分量或成色不足，还要受到惩处。汉武帝刘彻就曾经以献酎金不足为借口，削弱和打击诸侯王及列侯势力。有的被夺去爵位，还有更倒霉的被迫自杀。结果，酎金制度变成了汉朝政府用于巩固皇权，削弱地方诸侯力量的一种手段。

（四）金玺诏书

金玺诏书（Golden Bull 或 chrysobull），也叫“金色诏书”、“金皮诏书”或“黄金诏书”，是指中世纪至文艺复兴时期，由拜占庭帝国皇帝或是欧洲君主所颁发的诏书，以系上金质装饰来代表国王的印玺，故称作金玺诏书。

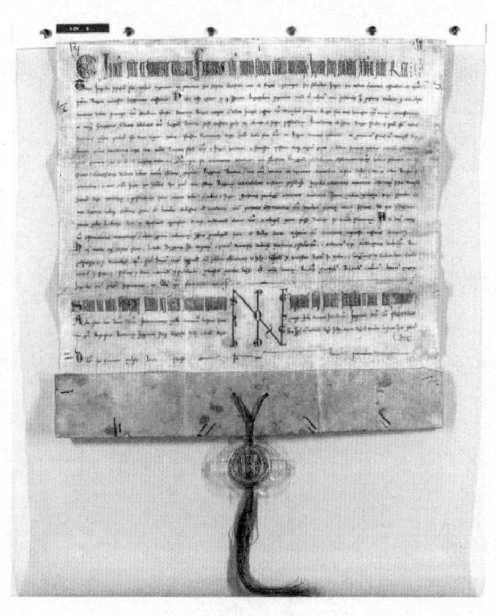

金玺诏书

8 世纪左右，君士坦丁堡政府的诏书仅为单方面发出的命令，并没有在会议上形成契约，这种做法对树立政府的权威十分不利，特别是当拜占庭帝国面对不断出现的外患，努力寻求一个抑制外来势力损害帝国的方法。12 世纪起，拜占庭政府开始在文件上系上金玺，以增强协商时宣誓立约的威信。后来，其他欧洲君王也模仿拜占庭诏书的做法，颁发金玺诏书，这样，金玺诏书的形式在西欧封建制度下得到广泛采用和认可，尤其是在颁布高级别的法令或者重要的政令的时候。之后诏书的方式不断变化，不仅限于系上一个金质的印信。历史上著名的金玺诏书有：

1222年匈牙利国王安德烈的金玺诏书。13世纪初叶，匈牙利发生了争夺王位的斗争，封建割据势力增长。1217~1218年匈牙利国王安德烈二世（Andrew II）率军参加第5次十字军东侵失败，王权进一步削弱。1222年，封建贵族强迫国王颁布《金玺诏书》，确认匈牙利贵族的地位和权利，限制国王的权力，这实际上是匈牙利版的英国大宪章。

另外还有1356年的罗马帝国皇帝金玺诏书，这应该是最有名的金玺诏书。

这份黄金诏书在1356年由罗马帝国皇帝查理四世（Charles IV）于纽伦堡发布，它确立了日后罗马帝国的皇帝将以选举方式产生，帝国境内有七位诸侯享有选举并监督皇帝的权力。金玺诏书从法律上确定了德意志侯国的分立体制，是侯国实行君主体制的法律根据。它进一步削弱了皇权，加剧了德意志的政治分裂。1806年神圣罗马帝国灭亡后，此诏书失去了它的意义。金玺诏书的原件现存于维也纳国立图书馆。

第四章　走进黄金的传奇

——黄金服务于人类，始于人类文明之初。黄金对人类的诱惑总是伴随着五花八门的神话与传说。沧海桑田，经久不衰。

一、美洲探险与黄金的传奇故事

“黄金是最为宝贵的金属，黄金就是财富。谁拥有它谁就能获得他在世上所需要的一切，同时可以利用它把自己的灵魂送入天堂。”

——克里斯托弗·哥伦布

哥伦布这番话的含义近乎直白，无需过多解释。尽管有些夸张，尽管带有模糊的宗教色彩，但是它彻头彻尾地反映了人们对黄金的崇尚、向往和追求。

在欧洲探险家们远涉重洋，探索新世界的征程中，尽管都高举着传播基督教义的大旗，但是其真正的初衷是寻找金银财宝。与其说是探险，倒不如说是探宝。可以说，美洲探险的历史，就是黄金探险的历史。

精美的印加金花瓶
（图片来源：thelifeofadventure.com）

早在哥伦布之前，由于受到马可·波罗传奇故事的影响和启发，西方探险家们就开始寻求通往亚洲的航海路线。13 世纪末，威尼斯商人马可·波罗的游记，把东方描绘成遍地黄金、富庶繁荣的乐土，引起了西方到东方寻找黄金的热潮。然而，奥斯曼土耳其帝国的崛起，控制了东西方的交通要道，对往来过境的商人肆意征税勒索，加上战争和海盗的掠夺，东西方的贸易受到严重阻碍。

到 15 世纪，葡萄牙和西班牙分别在国内完成了政治统一和中央集权化的过程，他们把开辟到东方的新航路，寻找东方的黄金和香料作为重要的收入来源。葡萄牙人在亨利王子的鼓动下探寻沿着非洲海岸通往亚洲的航海路线。据记载，1442 年，居住在亚速尔群岛、马德拉群岛和佛得角的航海家们紧随其后，他们通过海上易货贸易从西非的图阿雷格部落带回了黄金。在此后的年代里，究竟有多少黄金被带到葡萄牙的里斯本已经无从考究，但是有足够的历史事实可以说明进入葡萄牙的黄金为数可观。在 15 世纪上半叶，葡萄牙是欧洲仅有的几个没有金币流通的国家之一，而在 1457 年，葡萄牙恢复发行了克鲁萨多金币。

在 1453 年，君士坦丁堡的东罗马帝国被土耳其打败之后，地中海东部的传统贸易路线遭到了破坏。这里曾经是古丝绸之路的西端终点，通过这条通道，亚洲的丝绸、香料和黄金，包括苏丹人的黄金都曾经长期供应欧洲。尽管西非的黄金供应和德国银矿开采的兴起减缓了金锭和银锭的部分短缺，但这对填满欧洲人对黄金的欲望只是杯水车薪，所以一些人开始加紧寻求通往东方的其他通道。因为葡萄牙人确信已经找到了从非洲好望角直达亚洲的航道，并且认为从欧洲到达亚洲东方的最近路途就是他们控制的航线，所以拒绝了哥伦布的探险建议。西班牙女王伊莎贝拉经过长期的犹豫终于同意了哥伦布的请求。于是在 1492 年 8 月 3

日，哥伦布接受西班牙女王的派遣，带着给中国元朝可汗的国书（其实此时的中国已经进入明朝时代），率领三艘百十来吨的帆船，离开西班牙，向西进发。出发前，哥伦布被西班牙女王授予许多特权，并且双方达成协议，在探险过程中可能得到的黄金珠宝等财富，哥伦布有权分享其中的十分之一。这次远航把哥伦布带到了中美洲的巴哈马群岛、古巴和伊斯帕尼奥拉岛（现在的海地），但是哥伦布至死都一直坚持认为自己到达了亚洲。事实上，后来的意大利航海家、商人阿美利哥·韦斯普奇（Amerigo Vespucci，美洲新大陆以其命名为 America）证实，哥伦布发现的是一片新的大陆。

大量事实证明，从哥伦布踏上这块新大陆的那一刻开始，他就把传播基督教义和拜见中国的可汗抛到脑后去了，因为寻找黄金才是他至高无上的主题。在哥伦布的日记里详细地记述了他第一次遇见当地土著居民时的情景，字里行间清楚地暴露出他对黄金的渴望：

“……我留意想搞清楚他们是否有黄金，我发现他们有几个人鼻子上穿有小孔，从孔中垂下一个（黄金）小挂件。通过手势我明白了，往南走有一个王国，它有大量的黄金。”

哥伦布相信，继续往西就是亚洲大陆。可是根据他的航海日志，他并没有往西寻找亚洲大陆，而是“决定向西南前进，去寻找黄金和宝石。”于是，哥伦布到达了古巴，他很快就发现这个地方令他大失所望，并没有发现他想要的黄金珠宝。然而在海地北岸的探险又点亮了他的希望。他们不仅从海地土著人那里得到了黄金鼻钉和金手镯，还发现了一条充满金沙的河流。哥伦布把它命名为里约德奥罗（Rio de Oro）意为“黄金之河”。紧接着，哥伦布派往海地内陆的一个小分队也发现了砂金。带着这些令人振奋的黄金消息，哥伦布起航返回西班牙，向国王斐迪南（Ferdinand）与王后伊萨贝拉（Isabella）禀报他的成果。在写给国王和王后的第一封信中，哥伦布写道：“对于西班牙来说，这里是最好的金矿区域，对于与这个大陆以及属于大可汗的其他地方的贸易，将有非常大的利益。”哥伦布这里所说的金矿应该是指海地的砂金矿，因为在前哥伦布时期整个美洲的所有黄金都来自砂金矿床。哥伦布把他从海地得到的黄金珠宝展示给国王和王后，使他们相信海地很快就能成为一个生产黄金的西班牙领地。

在返回西班牙六个月之后，也就是1493年9月，哥伦布再次踏上去往新大陆的航程。这次他带了至少1200多名移居者，其中包括工匠、农民，当然还有矿工。

在此后的二十多年里，西班牙征服者为了寻找黄金，疯狂肆虐中美洲的整个安的列斯群岛。西班牙统治者通过鼓励农民移民到新大陆从事农业开发，虚情假意地要保护土著人，但成效甚微。其原因是那些农民远涉重洋，不远万里来到这里，并不是为了种地的，他们也是冲着黄金而来的。

在新大陆被发现的三十年内，殖民者对财富的掠夺伴随着对土著人的欺辱、奴役和屠杀，这场浩劫使这个新大陆的经济几近崩溃，直到16世纪下半叶大量的黑奴引进才有所改善。为了拯救黄金下降的产量，西班牙的查尔斯五世于1529年从当时德国的一个矿山挑选了80名熟练矿工送往海地。不幸的是这些矿工大部分病死他乡，国王的这次派遣也以失败而告终。

令西班牙人高兴的是，黄金在新大陆的土著人中不具备货币价值，这更加方便了他们对黄金的追寻。即使在古印加帝国的秘鲁，当地人把黄金与太阳紧密联系在一起，赋予黄金某种宗教上的意义，称黄金为“太阳的汗珠”，但他们也并没有把黄金用于任何交易。西班牙人和印加人对黄金截然不同的态度，使双方都感到困惑不解。在意大利出生的西班牙历史学家彼得·马特（Peter Martyr）于1530年出版的哥伦布第二次航海记录中，生动地记述了这一情景：“一位土著老人用重量大约一盎司的两粒黄金只交换了一个小铃铛。他看到西班牙人对这么大的两块黄金面露喜色时，顿感惊讶。并且比划着诚实地告诉西班牙人，其实这些黄金没什么用处。”所以，西班牙人很快了解到，这些土著居民认为黄金没有什么价值，除非它被工匠们做成他们喜欢的某种物件。但是对于西班牙人乃至16世纪时期的所有欧洲人来说，不论黄金物品多

印加人的黄金礼器
（图片来源：维基百科）

么漂亮，它们也不是因为美丽而被人们重视，重点在于它的价值。黄金代表着权利，它意味着在探险后能荣归故里，衣锦还乡；能过上奢华的生活；也是向贵族靠拢的权利。据统计，从1504年开始，西班牙把美洲大陆所有财富的五分之一带回欧洲据为己有，有力地支撑了其雄心勃勃的扩张和殖民政策。

从新大陆流入西班牙的财富的波动情况，与西班牙征服行动的各个不同阶段密切相关。随着西班牙对巴拿马和哥斯达黎加的入侵，运往欧洲的财富也在1511~1515年间达到了一个高峰。这些地方经过数百年的积累，产生了大量的黄金首饰和装饰品，并且已经出现了应用失蜡法制造的黄金制品。在1519~1521年间，西班牙人开始对墨西哥进行征服掠夺，大量的黄金制品再次源源不断地落入征服者的手中。

1531年西班牙臭名昭著的征服者弗朗西斯科·皮萨罗对秘鲁的野蛮入侵，给西班牙带来了第三次黄金掠夺高潮。这里是古印加帝国的中心，印加人至少有两千年以上的黄金历史，他们已经掌握了诸如空心铸造、焊接等先进的黄金加工技术。

事实上，西班牙人在秘鲁发现的大部分黄金，严格地说并不完全是印加人创造的财富，有许多是来自更早的奇穆文明（Chimu）。虽然墨西哥的大部分黄金物品未能逃过征服者的洗劫，但秘鲁的一些黄金却幸免于难，原因是这部分黄金被埋藏在偏远的沙漠之中的墓葬里，直到20世纪才被发现。而凡是落入皮萨罗及其同伙手中的黄金都遭受了同样的命运，付之一炬，熔为金锭！这些价值连城的珍宝包括印加帝国皇帝的金轿子，以及在库斯科太阳神祭祀花园中按照一比一的尺寸，用黄金和白银制作的动物、植物。据记载，为了熔炼这些黄金，皮萨罗用9个熔炉连续工作了4个月才完成。最后他们得到了纯度达到22.5K（93.75%）的黄金13420磅（6087.3千克），白银26000磅（11793.5千克）。皮萨罗的168名追随者个个摇身一变，顿时成了腰缠万贯的富翁。仅一个小小的步兵，每人就可以分得45磅黄金和90磅白银。其中许多人在回到西班牙之后选择了退役，享受掠夺来的财富，这可是真正的“金盆洗手”！这些人暴富的故事不胫而走，发财的梦想激励着成千上万的西班牙人乃至其他欧洲人络绎不绝地踏上通往美洲大陆的征程。

到16世纪30年代末，随着殖民者对新大陆财富的不停搜刮，土著人积存的黄金制品越来越少，一些颇有远见的移民开始从简单的掠夺转向黄金开采。到16世纪中期，秘鲁、墨西哥以及智利和哥伦比亚，先后成为重要的黄金产地。但是在1545年和1548年在玻利维亚和墨西哥相继发现了非常丰富的银矿床之后，银矿开采很快成为南美西班牙领地的重要经济支柱。据估计，在1500~1650年，从美洲殖民地运往西班牙的黄金大约为181吨，而同一时期运回西班牙的白银则多达16000吨。

也许是因为白银的丰富更显得不那么珍贵，也许是黄金的价值本身就比白银高贵，也许是黄金的传奇故事更加令人刺激兴奋，更加吸引人类的热情，总之，西班牙人追逐黄金的风潮一直持续了几百年，黄金的诱惑像一个力量无穷的磁场，驱使那些殖民者不惜一切代价深入更加广袤的美洲大陆。在1540~1543年，西班牙探险家费尔南多·德索托（Hernando de Soto）和弗朗西斯科·巴斯克斯·德·科罗纳多（Francisco Vázquez de Coronado）到达了现在美国东南部和西南部的大部分地区。他们的目的也很明确，就是为了寻找黄金。弗朗西斯科·科罗纳多为了寻找传说中的“七个黄金城”，一直深入到美国堪萨斯的东部，但最后不得不接受一个令他沮丧的现实：所谓的“七个金城”只不过是一些简陋的印第安村落。而德索托在美国佛罗里达的探险也是无功而返。在此之后，西班牙放弃了对北美东海岸大部分地区的征服，只保留了佛罗里达作为战略上的领地。其原因也只有一个，西班牙人认为这些地方没有多少黄金。

但是，英格兰人却并不这么认为，当西班牙人在南美捞的盆盈钵满的时候，他们绝不甘心落后，绝不能让西班牙独享新大陆的财富。与西班牙人不同的是，英国的伊丽莎白一世从她登基的那天开始就重视贵金属和其他金属的开采，他们从德国引进了技术，提纯英国的金币，鼓励在英国开发矿业。所以英国人在美洲的黄金探险从一开始就瞄准了金矿开采，大概他们知道现成的黄金已经被西班牙人搜刮得差不多了，只能另辟蹊径。同时，与美洲大陆相比，英国本土就是一个弹丸之地。英国人认为在英伦三岛不可能找到大规模的金矿床，希望还是在新大陆。再说，自己已经从德国人那里学到了先进的开采技术，这是西班牙人所不具备的优势。可是，英国人也许是太过绅士了，对财富的反应也比较迟缓。直到

1576年才派出马丁·弗罗比舍（Martin Frobisher）带领第一支美洲探险队前往新大陆。但是这次探险并非奔黄金而去，其目的主要是为了另行开辟一条通往亚洲北部的贸易走廊。当探险队从加拿大北部的巴芬岛回到英格兰时，带回了一些被认为是金矿石的闪闪发光的黑色岩石样本，其实可能是一种白铁矿石。然而这些矿石得到了在英格兰工作的德国科学家的肯定。据说不知出于何故，德国科学家认为，在熔炼这些矿石的时候，要用金币和银币对矿石进行“腌制”？熔炼的结果可想而知。于是，在1577年马丁的第二次探险中，他们带回了至少200吨这种“金矿石”。直到马丁的第三次探险，他带去了几个英格兰康沃尔郡的矿山技术人员，才发现了以前的错误。

尽管如此，英国人对美洲大陆的探险并未受到任何影响。后来，在英国已经发展起来的非官方公司也参与到其中。他们的足迹遍及加拿大北部的纽芬兰、美国的新英格兰地区。英国著名的探险家、航海家沃尔特·雷利爵士（Walter Raleigh）也带着黄金梦，于1584年前往北美洲探险，并在美国的弗吉尼亚建立英国殖民地。1595年他率领一支探险队前往南美洲寻找黄金，他首先在特立尼达登陆，并声称该岛为英国所有。然后，他航行到委内瑞拉的奥利诺科河河口，溯河而上，历时15天，然后转回并考察了圭亚那和苏里南的海岸地带。但这次探险是失败的，在途中补给没了，黄金也没找到，雷利爵士只能带着失望无功而返。

在16世纪的下半叶，英国人由于受到西班牙无敌舰队的攻击，把大部分财力、物力和人力都集中在了与西班牙人的争战之上，无暇顾及对美洲的探险和移民。

在北美的英国移民虽然没有找到他们梦寐以求的矿藏，却发现了另一座能让他们致富的“金矿”——烟草。从1614年烟草第一次由特立尼达引进到北美，到17世纪末，每年有5万磅烟草运往英格兰，再以很高的价钱销往欧洲各地。所以可以说，烟草是新大陆上长出来的黄金，它造就了英格兰移民的第一批富翁。对于这段历史，美国罗德岛开发的奠基人罗杰·威廉姆斯（Roger Williams）曾经有过一段精彩的评述：“伟大的上帝把他的黄金给了西班牙人，而把他的土地赏赐给英格兰。”

二、牛顿与黄金的传奇故事

英国科学家艾萨克·牛顿

伟大的物理学家、数学家艾萨克·牛顿（Isaac Newton，1643~1727年）对自然科学的贡献众所周知，家喻户晓，但这位科学巨人对黄金的贡献却往往鲜为人知。

对牛顿了解较多的人也许知道，牛顿完成他在经典力学、数学、光学等领域的主要工作之后，他的后半生几乎是在英国的皇家造币厂度过的。在此期间，牛顿对黄金的冶炼、铸造进行了全面深入的研究，统一和完善了金币制造的标准，建立了金币的检验制度，对金本位制度的建立也做了许多卓有成效的工作，另外还查办了一起惊天动地的假币制造案件。只是由于他前半生取得的成果太大了，遮盖了他后半生的工作和成就。正如《影响世界进程的一百人》的美国作家所评述的那样："牛顿在自然科学上的任何一项贡献，都能使他单独在这百人精英俱乐部中享有一席之地"。

1696年，牛顿在剑桥大学三一学院的同学也是挚友的查尔斯·蒙塔古（Charles Montagu）在出任财政大臣之后不久，便邀请牛顿到伦敦皇家造币厂工作。牛顿欣然接受老朋友的邀请，担任了造币厂的督办。当然他还同时担任剑桥大学研究员和卢卡斯数学学院首席教授的职务。

造币厂督办虽然是皇家委派的官员，但实际上是个闲差。然而，对别人是闲差，对于牛顿来说就不一样了，他把这份差事当做科学研究一样对待。他上任伊始就对造币的生产、技术管理进行了全面的调查，并向财政部提出了详细的报告，他还建议给督办扩大权限。

作为一位科学巨匠，牛顿对技术工艺有一种天然的兴趣和极高的感悟。牛顿很快就掌握了造币生产中各个环节的技术情况，以及各个工艺使用的机器设备，还学会了黄金的试金分析方法。牛顿在造币厂曾经使用过的马弗炉（火法试金的一种设备）至今保存在造币厂博物馆里。

当时用于制造金币的黄金一般为 22K，也就是黄金的纯度为千分之 916.6，其余成分为白银和铜。这其中还有千分之 3.5 的允许误差。而这个误差正是以后数年牛顿所要面临的问题。

在 1699 年时任皇家造币厂厂长去世后，牛顿被提升为新任厂长。一方面是由于他本身的名望和地位，另一方面是由于他在造币厂的出色表现，因为厂长很少从造币厂内部提升，大多是从外部任命。

新官上任三把火，当上厂长后的牛顿所做的第一件事是恢复和重建货币制造的标准和计量标准。

在蒸汽机发明以前，金币制造全靠手工，随意性很大，金币的质量在很大程度上依赖于金匠的手艺。结果导致同一面值的金币、银币的厚度不一、重量不同。这就给那些精明的银行家和冶炼厂留下了可乘之机，他们把厚重的金币囤积起来，从中牟利。还有些不法之徒甚至从金币边缘切下或削下部分黄金，再把金币拿出去继续使用。这种做法在当时的英国还有个堂而皇之的名目叫做金币“剪裁”。在遗留至今的金币中，人们发现很多被“剪裁”的例子，有的甚至连金币的图案和文字都被剪掉了。为了遏制这一现象，“剪裁”金币者会被处以绞刑，但再严厉的刑罚也无法彻底战胜人类的欲望。从金币诞生那天起，这种偷窃行为就没有停止过。

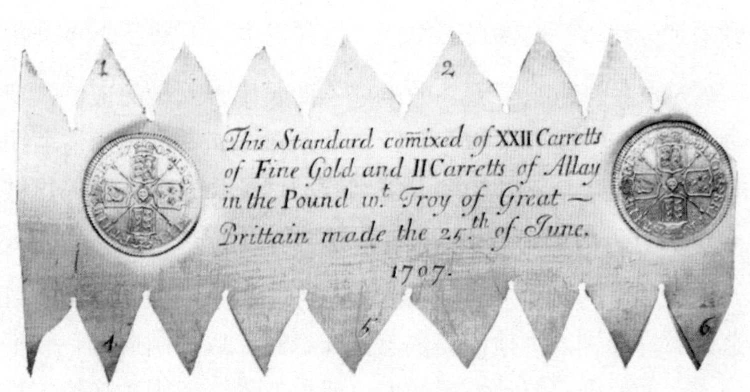

牛顿于 1707 年首次引入的标准金板（Gold Bulletin）

因此，牛顿坚

持所有的金币必须统一标准，按照规定的厚度和重量制造。在牛顿的主持下，英国于1701年首次引入了金币审定制度。通过分析金币抽检样品的结果与法定的试验标准金板进行比较，确定每批金币的质量。审定由陪审团进行。

在1707年，苏格兰并入英国之后，牛顿立即给爱丁堡造币厂送去了有关冶炼和铸造作业的指导意见，并派代表督查他们的造币生产。

1710年，发生了一件令牛顿十分恼火的事情。陪审团提出，造币厂的金币纯度低于标准千分之一。这实际上是对牛顿的方法和标准试金板提出了质疑。作为一名科学家，牛顿的反击方式是用事实说话。他亲自上阵，反复试验测定。牛顿一口气对1707年、1660年和1688年的标准检验金板重新进行了分析测定。证明这些金板的纯度实际上都高于规定的标准。最后得到了评审团的认可，造币厂的声誉得到了维护。

牛顿在造币厂做的另一件大事是协助查办了一起假币制造案件。

在牛顿刚到造币厂出任督办后不到一个月，财政部就收到一份举报，说造币厂有舞弊行为。控告造币厂制造假币，并把金币的模具提供给犯罪分子使用。

牛顿也被上诉法院传唤。指控材料越来越多，涉及的人员达到十七八人。牛顿不得不进行调查，以便查清这些矛盾重重的指控和证词。他约谈了至少六七个涉案人员，发现许多事实不清，疑点很多。可是，上诉法院竟莫名其妙地勒令牛顿要加强造币厂的保安工作，可是这根本就不是督办的职责。

对此牛顿进行了精心的策划，他收集了大量的证据，截获了造假币的作案工具。最后挖出了作案数年、社会关系盘根错节的金币造假团伙，把犯罪分子一网打尽，绳之以法。其中7人被判绞刑处死。这次大案的侦破严厉打击了假币制造的犯罪活动，1697年因此罪行被判刑的有19人，1698年下降到8人，1700年为0。

通过这次案件，牛顿为建立防范假币制造做出了多方面的贡献。牛顿了解到，造假者需要别人为他们提供工具和材料；假币制造者一般不会用假币直接去蒙骗商人，而要把它们卖给中间人；假币的最终使用者是整个犯罪链条中最易暴露的环节却很少定罪，更不会判死刑。牛顿建议对使用假币罪进行分级，以便对他们治罪。他起草设计了关于造币的工具和金属管理控制的法律。1706 年，牛顿为造币厂争取到了长期的公共基金，用于造币厂的警卫保安工作。

后来证明，举报造币厂造假舞弊的人其实本身就是一个造假币的要犯之一。他举报造币厂有几个目的，一是想通过打击其他造假者，减少竞争对手；二是想在造币厂谋个职务，打进造币厂内部，为他以后犯罪提供方便。结果机关算尽，本想贼喊捉贼，恶人先告状，结果是引火烧身，自取灭亡。

另外，根据加拿大不列颠哥伦比亚理工大学的数学家阿里·贝伦基（Ari Belenkiy）的一项研究，牛顿还充分发挥他的科学才智，曾经为英国经济节省了大约 1000 万英镑。

皇家造币厂生产的硬币每年都要接受质量检查。这一检查始于 13 世纪。当皇家造币厂铸造出硬币时，每批硬币的一些样品被放在一个货币检查箱里，然后对其称重，以确定这些硬币偏离规定标准的程度。同时如上所述，在牛顿的主持下，英国于 1701 年首次引入了金币审定制度。这样做至关重要，因为如果硬币的重量超过自身的面值，精明的金匠会从皇家造币厂买来硬币并将其熔毁，然后再按照重量卖给皇家造币厂从中获利。

贝伦基对牛顿担任皇家造币厂厂长之前和之后该厂生产的硬币进行了比较，分析了牛顿为防止一些金匠利用货币漏洞获利采取的措施。结果发现，牛顿使标准差从 1.3 格令 (约合 85 毫克) 下降到了 0.75 格令 (合 49 毫克)。但遗憾的是，没有任何历史记录详细记载当年牛顿究竟是如何做到了这一点。但贝伦基认为，牛顿也许利用了他刚刚提出的“冷却定律”，以此减缓硬币的冷却速度并降低可变性。不管牛顿使用了什么方法，贝伦基通过计算得出结论：牛顿的改进措施使皇家造币厂在他担任厂长期间为国家节省了 41510 英镑 (大致相当于现在的 300 万英镑)。然而贝伦基认为这个数字被远远低估了，因为后来的 4 任厂长也采用了他的方法，他们节省下来的钱是以上数字的两倍。这就是说牛顿可能为英国节省了相当于现在的 1000 万英镑。（Newton saved the UK economy ￡10 million，29 May 2012，by Jacob Aron，《New Scientist》，Magazine issue 2867）

还有研究表明，牛顿为英国金融货币体系的金本位制奠定了基础。在 1717

年9月的货币报告中，牛顿建议将黄金价格定为每金衡盎司（纯度为0.9）3英镑17先令10便士，把黄金的价格固定下来，这就是金本位的雏形。所以有人认为，1717年以后英格兰已经是一个事实上实行金本位的国家。

三、失落的黄金之城——艾尔多拉多

艾尔多拉多（El Dorado），西班牙语，意为用金包裹的人物，最早起源于南美印第安部落穆伊斯卡（Muisca）部落首领的名字。据传说，作为成年礼的一种仪式，部落首领的继承人要用金粉覆盖自己的身体，潜入到瓜达维达湖中进行沐浴。另一种说法是，在部落新酋长继位加冕和祭拜天神时，要用金粉涂满全身，然后驾乘独木舟前往神圣的瓜达维达湖朝拜。族人身上也要披戴闪闪发光的金器和装饰品站在湖岸观礼，礼仪结束后，还要把带来的金银、宝石、翡翠纷纷抛入水中向神灵致祭。还有一种更加壮烈的传说是“牺牲祭”，说是部落每年要选择一个甘心献身的人，然后把他从头到脚用黄金包裹起来，由族人送到湖心，沉入湖底，以祭天神。

后来，这个多版本的故事变成一个传说——瓜达维达湖底有大量的黄金珠宝！艾尔多拉多也变成了“失落的黄金之城”的同义词。从西班牙征服者踏上南美这块土地伊始，这个传说就吸引了不胜枚举的探险家们远涉重洋，历尽千辛万苦，寻求自己的黄金之梦。

但不幸的是，迄今为止，既无证据说明这个黄金之城确实存在，也没有任何探险家在通往艾尔多拉多的路上有所收获。

在这个传说中，艾尔多拉多是一个地方，是一个王国，一个金光四射、遍地黄金的帝国。

1541年，西班牙探险家弗朗西斯科·奥雷亚纳和冈左罗·皮萨罗从现在的厄瓜多尔首都基多出发，深入亚马逊盆地，寻求传说中的黄金之城。奥雷亚纳也因此成为沿亚马逊河全程航行的第一人。

英国的沃尔特·雷利也是黄金城的朝圣者之一，他两赴南美的圭亚那寻找黄金城。1617年，他派自己的儿子瓦特·雷利，逆奥利诺科河流而上进行了一次探险。但沃尔特因年事已高，只能待在特立尼达岛上的营地里。最后，这次探险成为一次灾难，瓦特在一次战斗中被西班牙人所杀。沃尔特谴责前来报丧的幸存者遗弃他儿子，这位幸存者最后悲愤自杀。

沃尔特返回英国后，被国王詹姆斯下令斩首，罪名是违抗不得与西班牙人发生冲突的禁令。

黄金城的传说之所以经久不衰，其原因正如伦敦大学考古学院的一位教授指出的那样：因为“我们宁愿相信它是真的”。“我坚信，人们永远不会停止对黄金城的追寻”。

美国作家埃德加·艾伦·坡在1849年所作的诗《艾尔多拉多》中描绘了一个可怕但又富有哲理的场景：

“爬上月亮山之颠，走进阴森的谷底，

漂流、骑行、带着勇气，

如果你想要寻找艾尔多拉多的秘密”。

对于这个令人充满遐想的美丽传说，人们后来还找到了一个有力的物证。1969年，三个农民在哥伦比亚帕斯克市（Pasca）附近的一个叫拉萨罗堡的村庄，发现了一只保存在陶罐中的金筏。这只金筏用含有少量铜的黄金做成，考古学家认为这是通过失蜡法铸造而成的。金筏的筏体形如竹筏，长19.5厘米，宽10.1厘米；上面铸有数个人物造型，其中一

在哥伦比亚发现的穆伊斯卡金筏
（图片来源：维基百科）

个最高的形象代表首领，带有鼻环、耳环和头饰，站在金筏中央。围绕首领四周的是保卫他的士兵，有的还手持旗帜。金筏所描写的正是传说中穆伊斯卡部落首领就职仪式的场景。

在南美还有一个白色金城的故事。传说中的金城，即白色的金城（Ciudad Blanca，西班牙语白城）。所传金城的地点位于洪都拉斯的莫斯齐底亚地区（Mosquitia）。据传此处是印第安人供奉的羽蛇神的出身之地，因而遍地是黄金，还有精心雕琢的白色石器。自从1526年西班牙征服者在给国王查理五世的一封信中提到了这一传说以后，探宝猎金者便不停地涌向南美大陆，但始终未能有人获得成功。

据英国《每日电讯报》报道，2012年6月来自美国休斯敦大学的一个研究小组公布了一个惊人的发现，他们找到了“白色金城”存在的迹象。他们运用现代化的航空激光测量技术，对传说中的区域面积达60平方英里的范围进行了测量，找到了人造建筑的迹象，但未公布其他细节。

四、派提提城的黄金宝藏

在南美众多的寻宝故事和传说中，最为诱人的当属“派提提城黄金宝藏”的传说，它的流传更广，因此招致的探险和考古活动更多，持续时间更长。

这个故事还得从西班牙征服者进入新大陆之前说起。

古印加帝国的首都库斯科（Cusco），也是印加人的宗教中心。其中有一座供奉造物主和太阳神的神殿，神殿面向南方的外墙全部用黄金贴面装饰，以便反射阳光，让神殿看上去金光四射。据记载，这面墙上总共镶有700多块金板，每块重达2千克。神殿的神坛供奉着一只象征太阳的纯金大盘，上面镶有各种珍贵的宝石，这是印加帝国最为神圣、最为崇高的神器。

在西班牙人用武力占领了库斯科之后，皮萨罗的队伍洗劫了整个城市。他们把神殿墙上的金板全部剥了下来，得到了1.5吨黄金，并且从神殿搜刮出数百件黄金物品。其中包括可以容纳两个人的黄金祭坛，以及一个用黄金做成的人造花园，上面还有一棵白银做的玉米秆和黄金做的玉米穗。在神殿正中心的位置，有一个用石头做成的八边形围堰，用印加文字表记为“敞开的中心神石”，上面曾经堆有 55 千克纯金，这些当然也被西班牙人拿走了。

这些稀世罕见的黄金珍宝的命运非常悲惨，它们不但被西班牙征服者熔为金锭，而且在运往西班牙的航海途中遭遇了海上战斗，所有黄金都不幸沉入海底，再也无人发现其踪迹。

尽管那个太阳大金盘没有被熔掉，但随后便从人类的视野中消失，其下落也成了千古之谜。

而这座被印加人视为至高无上的神殿后来也被殖民者改造为圣多明哥修道院。

围绕着神殿的故事，又滋生出各种传说和猜测。最为流行的一种说法是神殿中一些极为重要的物品，如太阳金盘，被印加人藏了起来。这些东西又被通过印加人的秘密地道运了出去。

关于传说中的秘密地道，根据 1600 年一位西班牙修道士的讲述：“这些著名的地道，印第安人把它叫做秦卡纳（Chinkana），是几代印加国王所修建的。地道很深，从一个叫做萨克塞怀曼的城堡开始，沿着圣克里斯托堡教区所在的山脚，经过市中心，直到神殿。”。修道士见过的所有印第安人都告诉他，印加人修建这样规模浩大的地道是为了在战争发生时，驻扎在城堡里的国王和军队，能够通过秘密地道前往太阳神殿去朝圣、祭祀。

起初人们对这种说法不太相信，但在 17 世纪的一次探险之后，许多人便对此深信不疑了。当时，西班牙的一支探险队被派往寻找传说中的城堡和地道，但只有一个人幸存下来，其他人都葬身山林。令人感到惊讶的是，这个幸存者竟然是从神殿旧址（已被改建为圣多明哥修道院）的主祭坛下面的一个洞口出来的，更为神奇的是他还带回了一只纯金的玉米穗。

许多人认为，这个人的经历证实了秘密地道和秘密财宝的真实存在。此后，人们对这个神秘的地道和它可能隐藏的金银财宝的探索几乎没有中断过。

1814 年，一位西班牙军官向人们展示了据说是从地下找到的宝藏，他还把一个官员蒙上眼睛，带到了库斯科的地下世界。当这位官员的遮眼布被揭去后，他看到了用白银做成的硕大动物，上面镶满了宝石，以及金砖、银砖和许多其他财宝。

在 20 世纪 50 年代，对圣多明哥修道院的地基进行加固后，联合国教科文组织（UNESCO）的一份报告指出，太阳神殿下面有四种不同的暗洞，这份报告间接证明了地道入口的存在。

1982 年，一位探险家声称，他曾经进入到库斯科的地下秘道。

1993 年，人们决定进行一次深入调查，调查组首先选定修道院的主祭坛，看看它下面是否有洞口。修道院的神父告诉调查组：“地道确实存在，但它不仅通到原来传说的萨克塞怀曼，而是一直到达厄瓜多尔的一个地方，叫基若。”

2000 年 8 月，另一个调查组采用探地雷达等先进仪器，对修道院的地下进行了探测研究，发现了在地下 4~5 米深的地方有一个两米宽的空洞。调查组认为这就是地道的入口。

上面这些仅是这个传说的一部分。因为据传太阳神殿中的珍宝和印加帝国的财富，一部分被藏在了库斯科的秘密地道中，还有一部分是通过骆驼队送到了库斯科东面森林中的一座山城，印加人称它为“派基秦”（Paikikin），传到西班牙人那里就变成了“派提提”（Paititi）。这就是所谓的“派提提黄金城”传说的起源。

同样，寻找派提提黄金城的诱惑驱使一批又一批的探险家和考古工作者，连续不断、前赴后继地深入到秘鲁广袤的森林和山区，不少人为之献出了身家性命。

最先对金城进行探险的是西班牙征服者皮萨罗的一个副官。他从他的几位印第安妃子处听说了金城的故事，于 1538 年带领了大约 600 名队员，向东前进了 150 公里，遇到了一个土著部落的顽强抵抗，最后只好返回库斯科。

1600 年，在西班牙一位传教士写给当时的教皇克莱门特八世的一份报告中，生动地描述了黄金之城的情况。说这座城市富有黄金、宝石、白银，坐落在热带雨林之中，当地人叫它派提提。

另一位值得一提的探宝人是西班牙人佩德罗·博豪奎。这个人本是一个身无分文的穷兵，1659 年在智利退役之后，他把自己装扮成一个贵族，声称他身体里流淌着印加王室的血液。然后，他把自己封为库斯科南部一个印加王国的皇帝。他在自己建立的这个王国归化了大约一万多印第安人，并宣布所有的西班牙人都获准进行狩猎。其实，他做的这一切都是为他探寻派提提金城所做的铺垫。令博豪奎失望的是他派出的探险队一无所获，空手而归。于是，他失望地丢下他的王国，独自回到了西班牙。不久，他被投入监狱并判为死刑。博豪奎认为，西班牙人感兴趣的是黄金，而不是自己。所以他承诺，如果把他放了，他就会把派提提金城的位置说出来。但博豪奎想错了，法官们没有相信他的话，拒绝了他的请求。这并不是法官们不想要黄金，而是不相信他真的知道金城的秘密。许多寻宝人听到这些消息后，竟纷纷到大牢里探视博豪奎，请求他说出派提提金城的秘密。博豪奎一一回绝了这些不速之客。1660 年，他在利马被绞死。博豪奎可能什么秘密都不知道，如果他掌握了金城的机密，他为什么要抛弃他的王国，回到西班牙，而不继续追踪呢？所以他并不是不想告诉那些探宝人，而是真的“无可奉告”。

在 1681 年，另一位传教士也记述道，秘鲁北方的印第安人告诉他，派提提金城就在库斯科东面的森林山区。这些人说，他们是在西班牙征服者到达之前逃到山林的，带来了大量的金银财宝。

尽管一次次探险和考察都是同样的结果——无功而返，尽管不断有人对派提提金城的存在提出质疑，但是人们对它的探索几乎从未停止过。不但欧洲人对它感兴趣，美洲人、亚洲人也被它的神秘所吸引。不仅财宝猎手们趋之若鹜，考古学家、历史学家、地质专家也对派提提金城的研究饶有兴致。秘鲁本土的一位学者型探险家卡洛斯·纽兹旺德从 1950 年代开始独自研究派提提金城，他至少进行过 27 次探险，几乎贡献了自己的毕生精力。

在《维基百科》中列出的从 1925~2011 年进行过的重要探险活动就有 12 次之多。可以看出，人们对派提提金城的热情仍然没有减退。甚至有人预言，如果有人能找到这座传说中的神秘之都，其考古成就将会是南美考古的最大发现之一。如果能找到印加人隐藏在金城中的那些黄金，其数量将可以与埃及图坦卡蒙法老墓中的黄金相媲美。

五、“七个黄金城”的传说

“七个黄金城”的故事也叫“西波拉的七座金城”。这并不是一个古老的传说，是哥伦布发现美洲大陆之后才出现的一个故事，并由此引发了西班牙征服者在新大陆的几次探险活动。

这个故事的记载最早出现在 1539 年。当时，有四个在一次海难中幸存下来的西班牙人回到当时的新西班牙（墨西哥）后，声称从土著人那里听到一些传言，说是在墨西哥北方数百公里有个地方叫西波拉（Cibola），那里有七座城市，个个都充满了金银财宝。根据这个传说，墨西哥总督安东尼奥・门多萨（Antonio de Mendoza）组织了一个由修道士尼泽（Marcos de Niza）带领的探险队，前去寻找西波拉的七座金城。尼泽还找到了最初听到传言的海难幸存者伊斯特凡尼科作为向导。

在探险队到达一个叫万卡帕（Hawikuh）的地方时，修道士派伊斯特凡尼科到前面侦察一下。不一会儿，伊斯特凡尼科遇到一个僧侣，这个人也说从当地人口中听到过七座金城的故事。

伊斯特凡尼科大概是太急于找到金城，或许他想独享金城的财富，或许是想抢个头功。总之，他不等修道士和探险队到来，独自一人继续前行。最终，他真的找到了传说中的西波拉。但不幸的是他命殒于当地部落祖尼人的刀下，他的随行僧侣则不得不亡命而逃。

尼泽返回墨西哥城后说，在伊斯特凡尼科死后，他们继续前行探险。最后，在远处看见了西波拉，但没敢进城。尼泽说西波拉比墨西哥的古城特诺奇蒂特兰（Tenochtitlan）还要大。他们远远看到，这个城里的人使用黄金和白银做的盘子餐具，用绿松石装饰房屋，有硕大的珍珠、翡翠以及不可名状的宝石。

门多萨总督听到尼泽讲述的经历之后，毫不迟疑地组织了一支军队，他要占领僧侣去过的那个地方。按照总督的命令，探险家弗朗西斯科・科罗纳多（Francisco Vάsquez de Coronado）带着部队再次向西波拉进发，这次的向导是修道士尼泽。

当科罗纳多到达传说中的西波拉之后，他发现情况与尼泽的生动故事大相径庭，这里根本没有什么财宝，也没有什么雄伟的金城。相反，他亲眼看到的只是七个非常原始的印第安村落和生活方式极为简单的印第安人。

当科罗纳多的探险队队员和士兵们看到这些印第安村落时，认为自己被尼泽欺骗了，大家群情激愤，谩骂、谴责顿时爆发。但历史没有记载科罗纳多是否对尼泽进行了惩罚。

至此，人们对“七座金城”的追寻也画上了句号。但是西班牙还是用武力占领了这个地方，作为他们继续掠夺南美财富的一个基地。

然而，修道士尼泽在西波拉到底看到了什么？如果他什么也没有看到，为什么要制造如此大的一个骗局？在“七个金城”的吸引力迅速减退之后，这些疑问反而成为后人研究的问题。现在的历史学家认为，可能是印第安人的土坯房子中混入了云母，在阳光的照耀下呈现出了金碧辉煌的景象，迷惑了西班牙人，从而产生了这样的传说。

大概是科罗纳多并没有死心，因为他没有就此返回墨西哥，而是继续北上数百英里，到达了现在美国的堪萨斯州境内。

在近30年后的1849年，心有不甘的探宝人对这块神秘的地方又进行了一次探险，结果同样是无功而返。

六、莱茵黄金的传说与诱惑

莱茵黄金的传说是一个德国的神话故事，最早见于公元13世纪的一部名为《尼伯龙根之歌》的史诗，但其中的故事毫无疑问来源于更早的民间传奇。

这个传说的故事梗概是，在德国莱茵河流过的尼伯龙根地区，在莱茵河底，住着三位莱茵河仙女。她们日夜守卫着河底的一块岩石，因为在那块岩石上镶嵌着一块具有魔力的金子。只要这块黄金安静地待着那里，世界就平安无事。

在尼伯龙根部落里有一名邪恶的侏儒阿尔贝里希。一天，他从石丛后面向莱茵仙女们游来，他很想从仙女们那里得到一份爱情。但是，阿尔贝里希得到的却是仙女们的嘲笑和鄙视，这令他十分恼怒。不过这时，阿尔贝里希看到了那块在岩石上闪闪发光的魔力黄金，莱茵河的仙女们向他透露了其中的秘密——“谁要是能够把这块黄金制成了指环，谁就能统治世界，但他必须放弃爱情”。于是，阿尔贝里希诅咒了爱情，成功地偷走了这块神秘的黄金，并且用它打成了一只指环。

为了制止阿尔贝里希的邪恶行径，拯救诸神，拯救世界，诸神之首沃坦在火神罗格的帮助下，收回了指环和其余的莱茵黄金。但为了支付修建诸神圣殿的费用，沃坦将指环送给了巨人兄弟法弗纳和法索尔特。巨人兄弟为了争夺指环反目成仇，结果法弗纳杀死了法索尔特，自己则变成一条龙守护着莱茵黄金（注：沃坦即北欧神话中的奥丁，罗格即洛基）。

莱茵黄金的被盗使世界引起了骚乱，夺回莱茵黄金的任务落在了勇士齐格蒙德和他的儿子齐格弗里德身上。收回莱茵黄金的过程不仅使诸神难堪，而且最后还导致他们的寓所瓦尔哈拉神殿的消失。

1876年，德国著名作曲家瓦格纳把这个神话传说改编成一部四幕歌剧《尼伯龙根的指环》。这个神话在欧洲流传甚广，影响久远。据说，德国法西斯纳粹首领希特勒对瓦格纳的歌剧非常着迷，以至于深信德国神话中的英雄都是真实的历史故事。

而它也深深影响了奇幻文学之父,英国著名作家约翰•托尔金,著名的小说《指环王》（后改编为电影）就借鉴了这个神话的基本脉络。

人们在津津乐道地谈论莱茵黄金故事的时候，也有人开始研究莱茵河里是否真的有黄金。事实上，莱茵河确实有黄金，只不过是一些很微小的颗粒。1847年在莱茵河的一条支流开挖运河之前，斯特拉斯堡有人声称在一个砂金采场挖出了一块狗头金，其实是一块含金的卵石。

据记载，古代高卢人曾经开采过砂金，其中莱茵河就是其来源之一。早在公元677年，高卢的阿尔萨斯公爵曾经颁布过在莱茵河淘洗砂金的授权令。采金生产从整个中世纪一直到美洲大陆的发现。此后，美洲进口的黄金冲击了莱茵河的黄金生产。在1750~1850年间，莱茵河沿岸的黄金生产又有所复兴，小规模的采金活动从瑞士的巴塞尔到德国的曼海姆，延绵250公里。但一年最多能生产出15千克黄金。19世纪50年代，一位法国化学家对莱茵河的黄金进行了详细的调查，记录了矿砂的厚度、黄金和其他贵金属的含量，以及矿砂的分布情况。

迄今为止，在莱茵河流域采出的黄金大约有35吨。这再一次说明神话往往是与现实交织在一起的。

到了20世纪90年代，德国的地质工作者应用现代手段对莱茵河上下游进行了科学的考察，其中在明斯特山谷的一个矿样，黄金品位高达25克/吨。

七、“王水”和它的传奇故事

王水的英文Aqua Regia来源于拉丁文aqua regia。“aqua”原意为“水”，“regia”原意为“王”或者“皇”，传到中国后翻译为“王水”。王水是浓盐酸和浓硝酸按体积比为3:1的比例组成的混合物，是一种腐蚀性非常强的液体。它是少数几种能够溶解金的物质之一，一般用于蚀刻工艺和一些检测分析之中。

王水的发明或发现归功于古波斯著名化学家、炼金术士贾比尔·伊本·哈扬（Jabir ibn Hayyan）。大约公元800年左右，贾比尔发现了盐酸。当他把盐酸与硝酸混合在一起时，发现这种混合体能够溶解黄金。于是这种具有强烈腐蚀能力的液体诞生了，并且被命名为王水。

关于“王水”也有一段传奇故事。

德国物理学家马科斯·冯·劳厄（Max von Laue）和詹姆斯·弗兰克（James Franck），分别是1914年和1925年的诺贝尔物理学奖得主。

在第二次世界大战期间，他们因为反对民族主义和德国的法西斯暴政，以及维护学术尊严和科学自由的行为，激怒了德国纳粹政府。纳粹当局要没收他们的诺贝尔奖牌，还下令盖世太保追杀他们。为了逃避纳粹的迫害，他们辗转来到丹麦，请求丹麦同行，1922年物理学奖得主尼尔斯·亨利克·戴维·玻尔（Niels Henrik

David Bohr）帮忙保存奖牌。

1940年，纳粹德国占领丹麦。受人之托的玻尔急得团团转，同在实验室工作的一位匈牙利化学家乔治•德海韦西（George Charles de Hevesy，1943年化学奖得主）帮他想了一个好主意：将奖牌放入“王水”中，纯金奖牌便溶解了。于是，玻尔将溶液瓶放在实验室架子上，前来搜查的纳粹士兵果然没有发现这一秘密。战争结束后，溶液瓶里的黄金被还原成金块送到斯德哥尔摩，再按当年的模子重新铸造成两块诺贝尔奖牌。在1949年两块奖牌完璧归赵时，当时弗兰克就职的美国芝加哥市还专门举行了一个隆重的奖牌归还仪式。

八、黄金奇闻趣事

（一）黄金厕所

列宁于1921年在《论黄金在目前和在社会主义完全胜利后的作用》一文中曾经说过：“我们将来在世界范围内取得胜利以后，我想，我们会在世界几个最大城市的街道上用金子修一些公共厕所。这样使用黄金，对于当今几代人来说，是最‘公正’和富有教益的，因为他们没有忘记，怎样由于黄金的缘故……”（《列宁全集》人民出版社，第2版第42卷248页）。受到列宁这段论述的启发，香港恒丰金业科技集团于2001年建造了让世人瞠目的黄金厕所。

香港恒丰金业科技集团的黄金厕所

这座黄金厕所的抽水马桶、浴缸、洗脸台、刷子、卫生纸盒、镜框、吊灯、砖块和门全部用24K黄金制成，一共使用380千克黄金，6200枚钻石及珍珠。地面铺有木化石，墙面为黄金珠宝浮雕壁画。这个金厕的所有自动冲洗、烘干设施，件件都是黄金和珠宝的结合。这个厕所被吉尼斯世界纪录列为“最豪华的洗手间”和“全世界最昂贵的座厕”。

（二）黄金汽车

据报道，许多世界名牌跑车都有用黄金装饰的豪车。还有一些非知名汽车制造商为了促销也用黄金大做文章。2011 年 9 月 19 日，印度的塔塔汽车公司制造了世界上第一辆黄金珠宝汽车。这辆车共用去 22K 的黄金 80 千克，白银 15 千克以及大量宝石。这款被称为 Nano Gold Plus 的黄金珠宝车价值 460 万美元。

印度塔塔公司制造的黄金珠宝车

用 1 吨黄金装饰的迈巴赫跑车

然而，用黄金打造豪车当属英国著名文具供应商、商业巨子西奥·帕菲提斯（Theo Paphitis）。2011 年，他将自己价值 83 万英镑的迈巴赫 62 跑车，用将近 1 吨的黄金进行了装饰。从外表上看去金光四射；在车的内部，不但方向盘、地板、座椅、顶棚等是一色的黄金，就连仪表盘、空调通风口、导航仪等都用黄金装饰。这辆豪车的身价一下变为 3500 万英镑，成为当时世界上最贵的豪车。但可惜的是由于重量的大幅度增加，这辆车的最高时速仅有 75 公里 / 小时，同时油耗量也大大增加。

（三）黄金脚模

据英国《每日邮报》2012 年 3 月 6 日报道，为纪念阿根廷球星梅西夺得个人第四座金球奖，日本知名珠宝商“Ginza Tanaka”制作了梅西的左脚纯金模型，并在日本上市，标价5亿日元(折合成英镑约为350万英镑)。

在东京举行的金左脚模型发布仪式上，梅西的哥哥罗德里戈称："这是一件非常特殊的艺术品，你甚至能看到脚上的每条细纹，这是一件令人印象深刻的作品。"与金左脚模型一同推出的还有迷你版的金左脚模型。

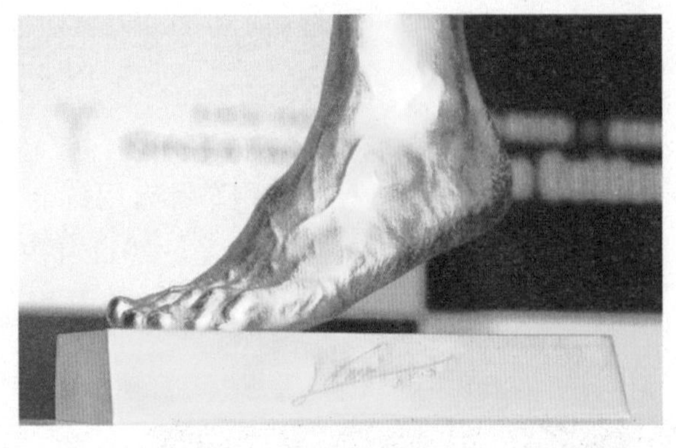

纯金脚模

《每日邮报》称，阿根廷球星的违约金高达2.1亿英镑，而梅西的金左脚却仅仅值350万元，要知道在2012年赛季梅西一共收获91粒进球，其中有81粒进球是来自左脚，由此可见这个价格的确有点低了。

（四）黄金T恤衫

这则消息同样来自英国《每日邮报》，2013年一名富有的印度男子斥资1.4万英镑（约合14万元）打造了一件纯金衬衫，希望借此引起异性的注意。现年32岁的达塔（Datta Phuge）是一名放债人，来自印度城市宾布里·金杰沃德（Pimpri–Chinchwad）。受他委托，一个由15人组成的金匠团队每天工作16小时，耗时2周才完成了这件衬衫。此外，剩余的黄金还被打造成配套的腕饰以及戒指。

（——新华社 2012-1-6. http://news.xinhuanet.com/tech/2013-01/06/c_124188351.htm）

黄金T恤衫

第五章　走进艰辛的淘金世界

“日照澄州江雾开，淘金女伴满江隈（wēi）。美人首饰王侯印，尽是沙中浪底来。”

——《浪淘沙》唐·刘禹锡

这是唐朝著名诗人刘禹锡描写古代淘金劳作的一首诗，它给我们生动地描绘出一幅色彩鲜明的晨江淘金画面：一轮火红的太阳冉冉东升，朝晖轻轻地拨开了笼罩在江面上的晨雾，江中的沙洲渐渐显露出柔和秀美的轮廓。成群结伴的淘金姑娘们，正散布在江湾辛勤地淘沙漉（lù）金。诗人感慨道，标志着上流社会富贵奢靡的黄金首饰和功名权势的金印金章，都是这些劳动者经过千辛万苦从沙中浪底淘漉而来啊！刘禹锡在另一首词中也曾经感慨地说过：“千淘万漉虽辛苦，吹尽黄沙始到金。”看来，这位诗人对黄金采矿确实知之较深。

然而在现实中，许多采金的场面并没有像诗人描绘的那样诗情画意。在刘禹锡描写的采金场面已经逝去将近1800年的今天，在人类已经进入航天、电子、互联网世界的今天，我们仍然能看到的采金情景却是：采矿场一片狼藉，烈日当空，采矿者蓬头垢面，汗流浃背。2009年1月美国《国家地理杂志》刊登了一篇题为《黄金的代价》的报道，向世人展示了在非洲的加纳、刚果，亚洲的蒙古、印尼，以及美洲的秘鲁等地，人们采金的另一种鲜为人知的艰辛画面。根据联合国的统计，目前在全球仍有1000万到1500万人从事手工采金，他们仍然采用几个世纪以来几乎没有任何改变的原始简陋的开采方法。这些人用汗水甚至是生命产出了占世界总产量25%的黄金，并养活了大约1亿人。

不过，我们要真正了解淘金世界，就必须从这个神秘世界的源头出发。我们已经沿着历史的长河，了解了它的过去；顺着文明的足迹，了解了它的传奇。现在，让我们按照黄金进入人类社会的脉络，走进黄金开采的艰辛世界。

一、大地里的黄金

要说清楚黄金的开采，我们应该先了解地球上的黄金究竟来自何方，也就是说黄金矿藏是怎样形成的。

这个问题的答案还得从地球形成之初说起。根据天文学家和地质学家目前通行的解释，大约在46亿年前，地球与太阳系的其他行星一样，都是从太阳星云团中分离出来而形成的。在初始阶段，温度较低，星云团中的轻重元素浑然一体，并无分层结构。原始地球一旦形成，便会在引力作用下不断吸纳太阳星云物质，使其体积和质量不断增大，同时因放射性元素衰变等原因使其温度不断升高。当原始地球内部的物质温度达到熔融状态时，比重大的元素（如铁镍等）加速向地心下沉，成为铁镍地核；比重小的元素上浮形成地幔和地壳，更轻的液态和气态成分，则通过火山喷发溢出地表形成原始的水圈和大气圈。

随着这些物质的冷却，密度较大的黄金沉降到了地幔中。地幔是在地壳下面处于熔融状态的岩石。在大约6500万年前，也就是地质学上所说的白垩纪时期，地幔中处于熔融状态的岩浆温度进一步升高，开始沸腾、激烈流动。岩浆的活动使地壳中产生了巨大的构造应力，从而使地壳的某些地方发生断裂破坏，而地幔中的部分岩浆则沿着这些断裂的裂隙上升，甚至到达地表。在上升过程中，岩浆会冷却、沉积在这些断层的裂隙里面，形成不同形状的矿脉。同时，岩浆还会取代裂隙周围的其他物质进一步形成矿脉。与黄金一起进入裂隙的通常有石英和其他比重较大的金属物质。这就是岩石中含金矿物形成的基本过程。一旦岩石中的黄金含量（品位）达到一定程度，可以供人类开采，就成为有工业价值的金矿床，这种类型的黄金矿床就叫“岩金矿”或者“脉金矿”。岩金矿又可分为岩浆热液型、变质热液型、火山热液型等。现在我们知道，黄金的确是太阳的产物或者与太阳有密切的关系，这似乎与古代炼金术士和古典哲学家们的猜想和假说有些不谋而合，但究其实质却有本质上的不同，所以只能说这只不过是一种巧合而已。

那么，砂金矿又是怎样形成的呢?

应该说，砂金矿都是由岩金矿次生而形成的。在岩金矿形成之后数千万年漫长的地质年代中，有些岩金矿或者含金岩体，长期暴露在大自然的风云雨电和四季变化的侵蚀之下。我们知道，黄金几乎不易与其他物质形成化合物，通常以自然金的形式存在，所以在岩石中黄金也是以大小不同的颗粒分布在其他矿物之间。在风化、侵蚀等自然的物理化学过程的作用下，含金矿石会破碎、分解，最后变成沙粒，甚至泥土。这样，原来包含在矿石中的黄金就会脱离其他矿物，形成自然状态的黄金颗粒，如果有较大金块就是所谓的“狗头金”。这些自然状态的黄金颗粒，再经过雨水冲刷带到山脚下和河流中。

在水流携带着黄金和其他物质流动的过程中，如果遇到河面变宽、河道转弯、水流变缓等情况，黄金和其他一些比重较大的物质，就会沉淀下来。日久天长，黄金颗粒会不断地被水流带来，河道的这些地方的黄金就会富集起来，最终形成砂金矿床。

根据砂金矿床形成的方式不同，地质学家们又把砂金矿床划分为冲积型砂金矿、阶地砂金矿、残积砂金矿、坡积砂金矿、海滨砂金矿等。

自然黄金一般以薄片状、鳞片状或者天然金属结晶的形态存在，并且由于黄金与许多金属有亲和性，很容易形成合金，所以自然金都会含有不同程度的其他金属，如银、铜、铅、锌等。另外，黄金经常与其他金属矿物共生或伴生，成为这些金属的副产品。百分之九十的自然金是与银、铜、铁等金属形成的合金，很少一部分是与几十种其他金属的合金。银金矿是自然存在的重要合金，一般含银可达18%到36%。据地质学家统计，迄今发现的含金矿物仅有16种，其中8种含金矿物与碲有关。除了天然的合金以外，只有方金锑矿、碲金矿以及银金碲矿属于金的重要矿石。尽管合金通常与砷、铜、铁、银以及其他金属的硫化矿物共生，但常常被包裹在其中。在许多不同种类的矿石中，石英与黄金的关系非常密切，而且共生现象十分普遍。

尽管在地壳和海水中广泛分布，但由于含量极低，黄金仍属于一种相当稀有的金属。比如在地壳中，黄金含量大约为3~6ppb（ppb，十亿分之一），每吨岩石中平均含有黄金5毫克（5ppb），也就是十亿分之五！在土壤中，黄金的含量与地壳基本相当。

经过科学家测定，大陆上河流湖泊的天然水中黄金的含量范围基本为小于十亿分之0.01到十亿分之2.8（0.01~2.8ppb）。检测如此微小的含量在技术上有非常大的难度，但是随着分析技术的进步，现代的分析精度已经完全达到了这一级别。

二、大海里的黄金

海水中含有黄金的事实是在1872年，由英国化学家爱德华•松斯塔特（Edward Sonstadt）首先发现的，所以人类认识到海水中含有黄金的事实已有100多年的历史。松斯塔特还对海水中的含金情况进行了测定，他指出海水的含金量大概为0.065毫克/立方米（65ppt）。

后来又有许多人进行了类似的研究测定，得出的结论五花八门，真可谓千差万别，最高的数值竟高达4000ppt（ppt，万亿分之一）。之所以出现这种情况，主要原因是当时的分析检测和化验手段落后，技术精度尚未达到较高的水平，所以很容易出现误差。

另外，不少研究人员还进行了大量的尝试，企图找到从海水中回收黄金的有效途径。其中包括德国化学家，诺贝尔奖获得者弗里茨•哈伯（Fritz Haber）。德国人想从海水中回收黄金，以便偿还因为第一次世界大战欠下的战争债务。但是令人失望的是，哈伯发现海水中的黄金含量比他们的期望低得多。因而哈伯得出的结论是，海水中的黄金含量大约为 0.004 毫克 / 吨，并认为以当时的技术和黄金的价格来看，从海水中提取黄金不合算。

尽管如此，人类从海水中获取黄金的追求从未停止过。1961 年，南非兰德大学的菲利克斯 • 赛巴（Felix Sebb）教授声称开发了一种离子浮选机，可以有效地从海水中回收黄金。但此后始终未能看到这项技术付诸应用实践的任何报道。

1966 年，有人对过去 75 年来所申请过的专利进行了调查研究，结果发现尚未有真正能够应用于工业实践的可行技术。

1969 年，美国矿山局研究人员的报告进一步肯定地指出，人类尚未找到从海水中回收黄金的办法。他们用先进的放射性同位素跟踪技术，对一种溶剂萃取原子吸收法进行了检验，并且对海水中的黄金含量进行了更为准确的测定。美国矿山局给出的结论是，海水中的黄金含量为万亿分之十一（11ppt），这一结论与以前其他科学家公布的结论非常接近。

按当时的金价计算，美国矿山局的分析认为，每吨海水中的价值为 0.001 美分。所以即使海水中的黄金含量在不同的海域会有所不同，假若再增加 50 倍，其价值也只有 0.05 美分 / 吨，所以根本不足以进行任何经济性开发。

随着技术进步和检测手段更加精确，科学家们得出的结果也趋于稳定，目前被大家认可的数字是，海水中含金范围在 5~50ppt，平均为 13ppt。研究人员还发现，有一些海岸附近的海水含金量较高一些。其原因可能是，尽管海水中金属元素的含量本来应该是均匀的，但因为河流中的金属含量的不同，直接影响了入海口处附近海水的金属含量，从而导致了这种差异的存在。比如，由于阿拉斯加和西伯利亚的一些河流富含黄金，所以白令海附近的海水中的黄金含量就会偏高。

多年以来，海水中的黄金含量被高估和扩大了，根据最新的研究结果，大海里蕴藏的黄金总共大约有 1510~1780 万吨 （品位：11~13ppt）。随着科技的不断进步，这一数字肯定还会进一步修正，但愿它不是进一步减少。

三、世界黄金资源探秘

如上所述，地壳中的黄金与其他金属一样，只有极其微小的一部分（大约百分之0.0002）可以富集成为具有工业价值的矿床。矿床实际上是一些异常的地质现象，并且大型矿床极为稀少。按照国际标准，黄金储量大于1200吨的矿床为超大型金矿床（中国的规模划分是20吨为大型矿床，50吨为特大型矿床，100吨即为超大型矿床），但这类金矿只占全球资源总量的1%左右；57%的超大型金矿床是在20世纪90年代发现的。西方把黄金储量100吨以上的金矿床定义为大型金矿床或者世界级矿床，这类矿床加上超大型金矿床占目前金矿床总量的86%。然而迄今发现的金矿床中，储量在6吨以上的占99%。全球的金矿资源有75%赋存在最富的50%的金矿床中。

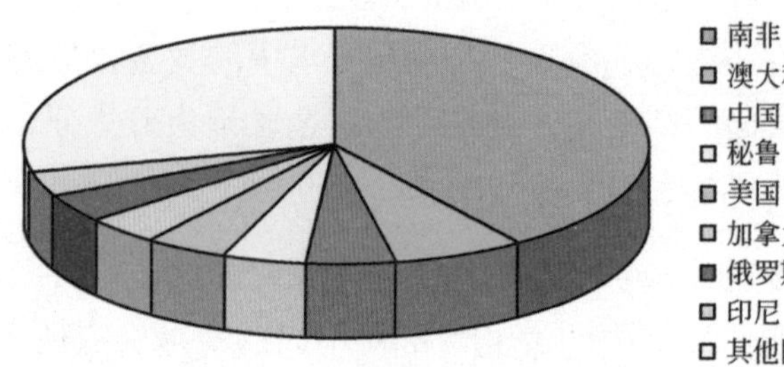

全球黄金资源分布情况

根据美国地质调查局公布的数据，估计全球的黄金储量有9万多吨。世界黄金资源的分布特点是，尽管分布比较广泛但是极为不均匀，高品位资源和大型矿床的集中程度较高。迄今发现的金矿资源有70%集中在8个国家中，其中南非的黄金资源占全球总量的40%。

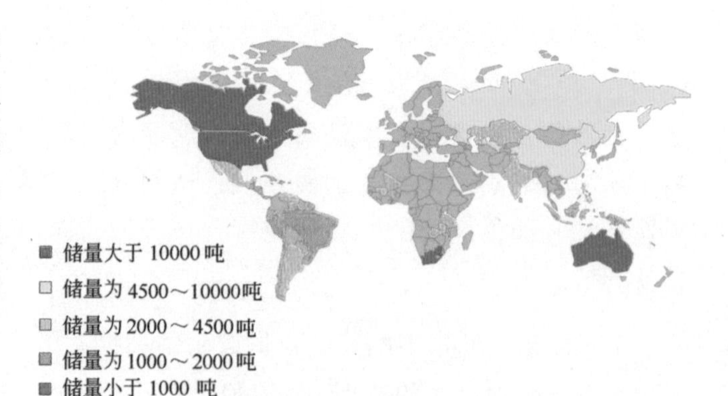

全球黄金资源分布示意图

根据不同的分类方法，全世界的黄金矿床至少可以分成七八个大类，但最主要的有五种类型，它们包括了全球三分之二以上的黄金矿床。

四、揭开黄金开采的面纱

本章的题目叫“走进艰辛的淘金世界”，黄金开采究竟是怎样的艰辛，让我们看看如下一些数字，便会有一个基本的概念：

根据英国伦敦黄金市场协会的资料，2012 年全球黄金生产中的平均开采品位为 1.5 克 / 吨。如果考虑到黄金生产各个环节不可避免的损失，每生产 1 盎司黄金（31.1035 克），需要开采大约 35 吨金矿石。这些矿石必须从地下几百米甚至几千米深的地方运送到地表，再经过破碎、磨矿、选矿、冶炼等一系列过程才能将黄金提取出来。在一些大型露天金矿，开采矿石的品位更低，开采 1 盎司黄金，需要开挖大约 250 吨矿石和废石，因为开采金矿石还必须把覆盖在矿石上面的废石剥离掉。以中国的情况为例，2012 年我国共生产黄金 403.047 吨（中国黄金协会数据），黄金矿石的平均品位按 1.5 克 / 吨计算，全年一共要开挖金矿石 4.5354 亿吨，相当于大约 4000 公里的单轨铁路隧道的掘进工程量！

黄金开采的完整过程应该包括地质勘探、开采、矿石加工或者选矿、冶炼等重要环节。下面就让我们从地质勘探开始，大致了解黄金生产的基本过程，从而揭开黄金生产的神秘面纱，看看黄金到底是怎么来的。

（一）黄金地质勘探

黄金的地质勘探与其他金属矿物的勘探没有什么区别。地质勘探又分为地质调查、普查、详查、勘探和开发勘探五个阶段。但在实际应用中有时候会把几个阶段结合起来，比如勘探和开发勘探。

勘探工作的第一步是大范围的地质调查，这是现代地质工作的基础。其基本任务和目的是采用各种现代化手段，如测绘（包括航测、遥测）、地球物理勘探、地球化学探矿等综合性方法，查明不同区域的地质情况，比如岩层和岩石的构造、性质及其分布和发展规律等，为资源开发提供依据。

第二步是矿产勘查，又叫普查找矿，简称找矿。顾名思义，普查找矿就是在区域地质调查的基础上，在具有成矿远景的地区内——专业术语叫做“勘探靶区”，寻找可能存在的黄金矿藏资源。这一阶段采用的勘查技术手段除了物理探矿和化学探矿外，还包括开挖探槽、探矿浅井、钻探和开掘探矿坑道等。

然后，地质工作者再对已经确定的靶区进行详查、勘探，以便调查清楚黄金矿床的工业价值，并且要查明黄金矿体的赋存条件，通俗地说就是矿体的形状大小、厚度、倾角、埋藏深度，矿石的品位，以及矿体上下左右的岩石（围岩）情况，以及水文地质情况、断层和裂隙情况等，为开采设计做准备。

（二）黄金的采矿

我们知道，黄金矿床主要分为“砂金矿”和“岩金矿”两大类。所以黄金矿的开采也有两大类型。

砂金矿的开采工艺相对简单一些，并且砂金矿的采矿工艺与选矿工艺之间的联系非常密切，所以我们把砂金矿的采矿与选矿一起介绍。

上面已经介绍过，在砂金矿里，黄金是以自然金颗粒混合在沙石中，所以只要将沙石和黄金颗粒分开，就能得到黄金。简单地说，砂金开采只有两个主要环节，一是把含金的沙石开挖出来，二是把黄金从沙石中选别分离出来。而砂金的采矿方式，即开挖方式，又因砂金矿的选矿方式的不同而有所不同。它的开采方式可以简单地分为固定选矿条件下的开采和采金船式的开采。通俗地讲，固定选矿条件就是把砂金选矿的设备安置在岸边或者采矿场附近的某一地方，然后把含金矿砂从采矿场地开挖后运送给选矿设备。古代的黄金开采大都是采用这种方式，只是所用的开采工具和选矿设备不同而已。

采金船开采曾经是开采砂金矿的重要手段之一。采金船又称淘金船、选金船、挖金船，是一种集采矿作业和选矿作业为一体的水上联合工厂，是一种非常有效的砂金开采设备。如图所示，采金船的核心组成部分是挖掘系统、选矿系统和排尾系统，当然还有必不可少的供水、供电、移动等辅助系统。采金船建造在工程平底船上，生产作业时一直漂浮于水面上。它的挖掘系统也有几种不同的方式，最常见的是链斗式挖掘系统。平底船的前端装有斗架和斗链，斗链上装有一系列挖斗，这些挖斗在斗链的驱动下可以将采金船前方的矿砂挖掘起来，并运输到船上。采金船的选矿设备一般安装在平底船的中部，用于处理挖掘上来的矿砂。同样，采金船上的选矿设备也有许多种类，比如，最常见的溜槽、离心选矿机、跳汰机、水力旋流器等重力选矿设备。平底船的后部装有排弃尾矿的排尾皮带，它的任务是把选矿后的尾矿源源不断地排放到采金船的尾部。所谓尾矿就是经过选矿处理、已经把有价值的东西提取以后剩下的矿砂。所以，采金船可以在含水量较大的砂金矿实现连续作业，也就是前面不停地挖掘，船上不停地选矿，后部不停地排尾。采金船的开采能力是按照挖斗的容积划分的，一般最小的挖斗为 50 升，最大的可以达到 300 升以上。

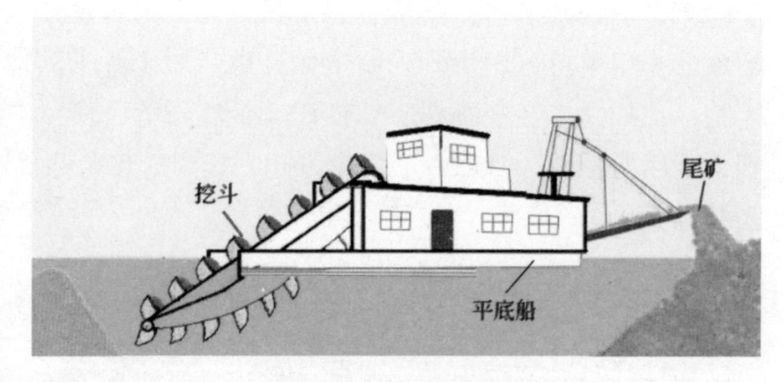

采金船作业示意图

用采金船开采黄金最早出现在新西兰，据记载是 1870 年。这一情况鲜为人知，因为在现代黄金开采中，新西兰的黄金开采实在是不值得一提，所以它的采金历史也早被人们抛在脑后。在 19 世纪末，采金船先后被应用于美国、加拿大、苏联、澳大利亚、加纳、马来西亚等国家的黄金开采，并且对这些国家的黄金开采发挥了举足轻重的作用。在 20 世纪 80 年代到 90 年代的十多年时间里，我国的采金船开采技术得到了广泛的应用，自行设计制造了一系列先进的采金船，同时还引进了当时世界上规模最大的采金船。在砂金开采的高峰期间，我国的采金船总数超过 200 多条，主要集中在黑龙江、吉林、四川、山东等省区。现在我国的砂金资源基本枯竭，砂金开采只限于规模很小的民营企业和个体采金人的活动，采金船也已成为逝去的历史。不仅中国如此，全球的砂金资源也已经十分有限，砂金开采只有在一些工业比较落后的非洲和拉美国家还可以看得到，而且也是以小打小闹的群众性开采为主。采金船正在迅速退出黄金开采世界的历史舞台。不过，采金船不单单可以用于开采砂金矿，也能用于开采其他可以通过重力选矿回收的矿物，比如锡矿、金刚石、钛铁矿、金红石等。所以在其他场合下，我们仍能看到采金船的身影，但是由于用途不同，其构造和名称也不尽相同，可能叫采锡船、采钻船等。

现在，让我们再了解一下砂金的选矿。砂金的选矿方法基本上采用重选法，即重力选矿法。我们常说的"砂里淘金"就是指最简单、最原始的重选法。应该指出的是，这种方法是六七千年前古代人类的一项重要发明。实际上，我们现代人的砂金开采方式与古人并无本质上的区别。淘金的道理与淘米一样，就是利用了物质之间密度的不同，通过水流将较轻的物质冲走，剩下较重的物质。所不同的是淘米是为了将米中的沙粒淘出，留下干净的米；而淘金则是为了淘去砂石，留下黄金。淘米利用了米与砂石之间的密度差别，淘金则利用了砂石与黄金之间的比重差别。砂石的密度一般为1.6~3.0，而黄金的密度则高达19.3，所以看起来淘金是一件很容易的事情。

原始的淘金方法

最原始的淘金工具是溜槽和淘金盘。溜槽实际上就是一个人造的带格子的水槽，将含金矿砂放入后，用水冲洗。根据考古资料，古代人最早是用河边的一些石板来制作溜槽，后来学会了用木板。古人很早就使用了带格子的溜槽，其中有的还铺上动物皮毛、席子等，以便于捕收黄金颗粒。沉积在皮毛上的金子，抖下来后还要用淘金盘进行淘洗。

现代砂金开采常用的重选设备有溜槽、摇床、跳汰机、离心选矿机等。下图所示为几种典型的现代淘金工具。

现代淘金溜槽

中式淘金盘

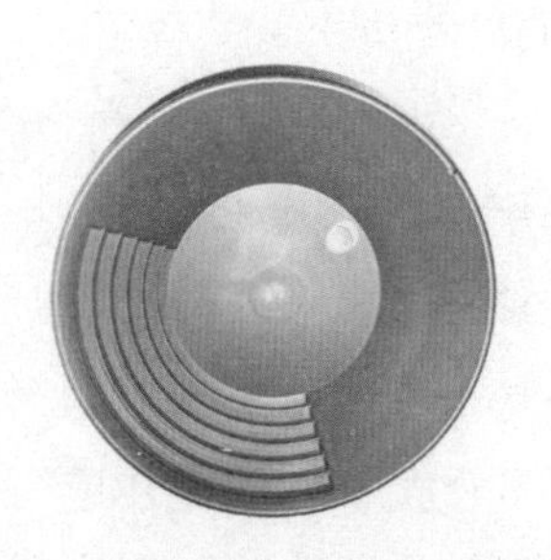
欧美淘金盘

岩金矿的开采也分为露天开采和地下开采，从采矿角度看，金矿的开采方法与其他金属矿的开采大同小异，并无太多特殊之处。因此我们对采矿方面的知识，只作基本概念性介绍，以便读者对其有一个大致的了解。有兴趣的读者，还可以进一步阅读比较专业的书籍。

所谓露天开采就是从敞露地表的采矿场把有用矿物开采出来的过程。露天开采适合于埋藏较浅和矿体比较厚大的矿床的开采，这种方法也是人类最早使用、最为原始的开采方式，最初是开采矿床的露头（露出地表的部分矿体）和浅部富矿。露天开采的一项首要任务是把覆盖在矿体上面的表土和岩石剥离掉，将矿体暴露出来。剥离岩土的量与采矿量的比值称剥采比，是衡量露天开采非常重要的经济技术指标之一。根据地形，露天开采又分为山坡露天开采和凹陷露天开采。露天采场内的矿岩通常划分为一定高度的分层，每个分层形成一个台阶，剥离和采矿作业都在这些台阶上进行。矿石的运输也是通过修筑在这些台阶上的道路，由汽车运到地表的选矿厂。目前世界最深的露天矿采深度已经达到

露天开采示意图

800 米以上。

相比之下，地下开采要比露天开采复杂得多。我们要开采地下的黄金资源，首先要有一系列通达矿体的通道，这些通道叫做矿山的开拓系统。根据矿体在地下的埋藏条件，或者赋存条件，矿山的开拓系统主要有竖井开拓、斜井开拓和平硐开拓三种最基本的形式。如图所示为地下开采的两种典型情况。示意图的左半部分表示通过竖井进行开拓的地下开采系统，右上部分表示通过斜井进行开拓的地下开采系统。在现代采矿技术中，还有一种全新的斜坡道开拓体系。这种方法黄金矿山应用较少，特别是在中国，所以在此不做介绍。必须说明的是，这里所展示的都是经过简化的示意图，而大多数矿山的实际开采系统远比图中所示情况要复杂，看起来也十分枯燥。比如，为了保证开采工作的顺利进行，在地下还必须开凿其他一些井巷，如通风井、溜矿井、不同开采水平之间的联络天井、联络巷道等等。

另外，根据矿体赋存特点和开采条件，在采场（或矿块）的开采中，又有许多不同的采矿方法。在专业上，采矿专家按照开采后采空区的处理方式（更专业的说法是地压管理方式），把这些采矿方法分为三大类，即空场采矿法、充填采矿法和崩落采矿法。在具体应用中，大概能有几十个衍生出来的采矿方法。

右侧图则是平硐开拓的开采系统示意图。矿山的开拓系统既是人员、设备、

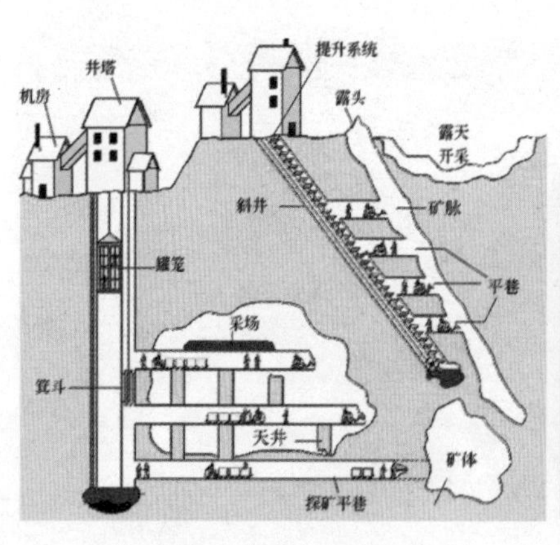

地下开采示意图

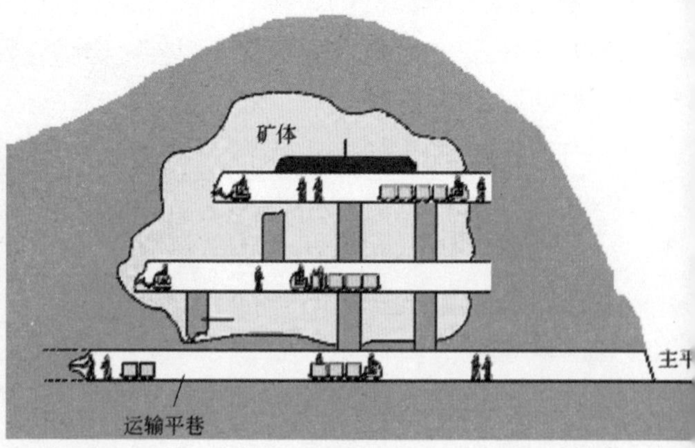

平硐开拓示意图

材料以及风、水、电供应到达矿体的通道，又是矿石和废石的运输体系。

值得一提的是，迄今为止，在世界所有矿山中，开采深度最深的是金矿。在2011年，南非安格鲁阿善提黄金公司的埃姆庞能金矿（Mponeng）的开采深度已经达到3777米。根据南非矿业协会的统计，在2011年，南非60%以上的黄金产量来自2500米以下的深部地下矿床。

（三）黄金选矿和冶炼

关于砂金矿的选矿我们已作过介绍，在此不再赘述。相比之下，岩金矿的选矿要复杂得多，但核心问题同样是要把黄金从岩石里分离出来。下面，就黄金选矿中最有代表意义的氰化工艺作一简略的介绍，以便读者对黄金的回收过程有一个基本的概念。

首先，我们要把开采出来的含金矿石用破碎机破碎成12厘米以下颗粒，再用球磨机等设备把这些矿石颗粒研磨到0.074毫米以下。然后根据含金矿石的不同性质，可以采取直接氰化或者经过浮选再氰化的办法，使黄金与氰化物反应形成络合物。下一步就是利用活性炭的吸附能力把金氰络合物吸附到活性炭的表面。吸附了黄金的活性炭叫做“载金炭”。载金炭上的黄金可以通过化学方法将其“解吸”到溶液中。最后，通过电解的办法把溶液中的黄金沉积成金泥，就可以进行熔炼，从而得到人们梦寐以求的黄金。不过，这时我们得到的只是纯度不是很高的粗金锭，西方的专业术语叫“多尔金”（dorébar），为了提高纯度还需进一步精炼。对于一些不太正规的黄金生产，也可以把吸附有黄金的载金炭直接焚烧，技术上叫“炭灰熔炼法”。

另外，如果岩金矿石中含有颗粒较大的自然金，也采用重选工艺进行回收。

下图是一幅形象的示意图，简单展示了从勘探到黄金冶炼的基本情形，可以帮助我们更加直观地了解黄金生产的大致过程。

还有一种黄金提取方法也值得我们有所了解，这就是所谓的混汞法。这是一种古老的提金方法，它是利用液态金属汞对矿浆中金、银颗粒进行选择性润湿，并与之生成汞齐，与其他金属矿物和脉石分离。然后再将汞齐置于蒸馏器中加热使汞蒸发，粗金、银就会留在残存物中得到提取。但是由于汞易于挥发，会对环境造成严重污染，1996 年我国已经明令禁止混汞法的使用。

关于古代的黄金产量，迄今尚无可以查证的历史记载，只能根据当时黄金的使用情况以及开采情况做出某种估计。截至 2000 年，在过去六千多年的历史中，人类一共从地下开采出黄金 16 万多吨。从产量上看，黄金开采的历史可以 1848 年开始的加利福尼亚淘金热为分界线，划分为两个明显的时代。据估算，前一时期，即从黄金首次被人类所认识到1848年，数千年累计生产的黄金仅有 1 万吨左右。所以，世界上所有黄金的 90% 是在 1848 年以后的 150 年内生产的。

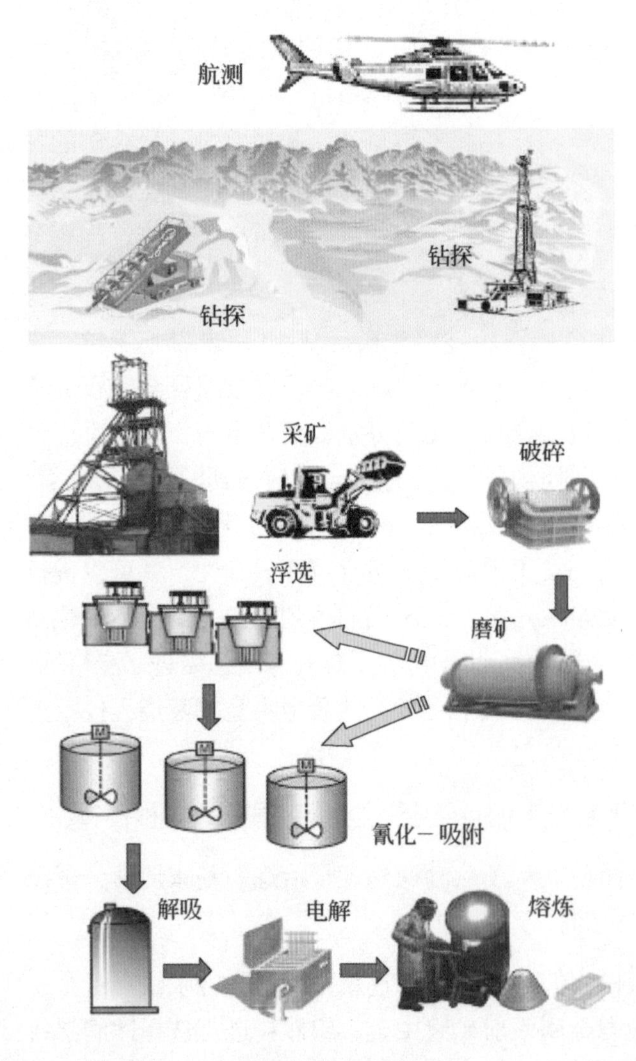

黄金开采示意图

在人类开采黄金的早期，即古埃及时期，全世界的黄金产量大约仅为 1 吨左右，最多不超过 3 吨。当时的黄金主要产自非洲北部和中部，如埃塞俄比亚、埃及、苏丹、加纳，以及古阿拉伯地区,如伊拉克、沙特阿拉伯，还有黑海周围的河流流域等地。

此后从古罗马时期一直到公元 300 年，世界黄金主要产自西班牙、葡萄牙以及非洲大陆，据估计年产量可能为

5~10 吨。这里有一个证据，可以说明当时的黄金已经比较丰富：根据史料记载，公元前 58 年，凯撒大帝从古代法兰西领地掠取了大量的黄金，用来支付罗马帝国的债务。

到了中世纪时期，世界黄金产量又下降到 1 吨以下。

在上述几个时期，南美的黄金开采从未间断。自 15 世纪中叶起，西非的象牙海岸成为了重要的黄金产地。世界黄金年产量达到了 5~8 吨。在 16 世纪初西班牙征服了墨西哥和秘鲁，开辟了另一个黄金来源。到 17 世纪，仅西非和南美的黄金产量就达到 10~12 吨。巴西在 16 世纪已经发现黄金，但直到 18 世纪才有了一定规模的开采。到 18 世纪末期，俄国的黄金产量也形成了相当的规模。这时全世界的黄金产量增加到 25 吨。在加利福尼亚淘金热之前的 1847 年，俄国的黄金产量达到 30~35 吨，而世界黄金产量也达到了 75 吨。

世界黄金开采历史上一个极为重要的转折点，是 1848 年在美国加利福尼亚州爆发的淘金热，它标志着一个崭新的黄金时代的到来。19 世纪 40 年代以前，全球的黄金产量始终超不过 100 吨。进入 19 世纪 50 年代，由于 1848 年开始爆发的加利福尼亚淘金热的推动，黄金开采规模发生了天翻地覆的变化，使世界黄金产量在 1852 年猛增到 280 吨。此后，在 1850 年在澳大利亚的新南威尔士州发现黄金，引发了又一次淘金热，为世界黄金产量的进一步增加注入了新的燃料。1856 年，澳大利亚的黄金产量创下 95 吨的历史纪录。世界黄金产量很快增加到 300 吨。

目前，全世界的黄金生产主要来源于脉金开采，曾经在美国、澳大利亚、俄罗斯以及中国风靡一时的砂金开采已经成为昔日的故事。只有南美、非洲、亚洲的一些经济落后的地区还有一些小规模的开采活动。世界黄金开采还有一个特点是，容易开采的黄金资源越来越少，所以现代黄金开采的发展趋势是规模化、现代化、自动化、甚至数字化和智能化。

五、追溯淘金热的火热年代

说到淘金，我们必须要说一下淘金热，这是世界黄金史上一个不可或缺的话题。否则，就犹如一个外地人来到北京，而没有去看天安门一样。

据说“淘金热”（Gold Rush）这个词，是时任《美国杂志》和《民主观察》主编约翰·路易斯·奥沙利文（John Louis O’Sullivan）在1845年创造的。所谓淘金热，就是指在某一时期、某一地区发现黄金后，引起大量移民涌入进行黄金开采的热潮。可以毫不夸张地说，淘金热不仅改变了世界黄金开采的历史，也改变了世界上很大一部分人的生活，促进了某些地区工业和相关产业的发展。

1848年爆发于美国加利福尼亚州的淘金热，促进了美国西进运动的扩展。在黄金梦的吸引下，美国西部人口急剧膨胀，旧金山、洛杉矶等城市规模迅速扩大。西部各州的农业、工业蓬勃发展，不断走向富裕。19世纪末在阿拉斯加州黄金的发现，所引发的美国第二次淘金热，则促进了美国社会对这一地区的重视和开发。

同样，发生于1851年的澳大利亚淘金热，也使澳大利亚的人口迅速膨胀，并且吸引了世界各地移民的大量涌入。淘金热改变了澳洲原来单纯依赖羊毛等农牧业产品的经济结构，大大地促进了澳大利亚工矿业的发展与繁荣。

而1885年的南非淘金热，则彻底改变了世界黄金生产的格局。金矿的发现，使南非一举成为世界第一黄金生产大国。它不但有力地推进了南非经济的发展，也促进了比勒陀利亚、约翰内斯堡等现代城市的迅速崛起。

下面，让我们一起走进这几次淘金热的故事中，走进当年那些热血沸腾的场景，看个究竟，探个原委。

（一）美国淘金热

喜欢美国喜剧大师卓别林的人，都知道《淘金记》这部著名的喜剧。这部电影的名称原文就是“淘金热”（The Gold Rush）。它比较真实地还原了美国淘金热的一些情景，讲述了淘金历程的辛酸、淘金场面的凄凉、淘金人的贪婪、淘金人的冒险、淘金人的争斗和淘金人的幸运。它是淘金热的一个很好的缩影，但要了解淘金热的全部，我们还得从头说起。

美国淘金热的故事是这样开始的：1848 年 1 月 24 日，一个新泽西木匠詹姆斯·马歇尔（James Wilson Marshall），在一次偶然的机会，在加利福尼亚科罗马（Coloma）附近的美利坚河的河床里发现了一些小金块。

当时马歇尔正在一个叫约翰·萨特的木材加工厂工作，当他到河边察看刚建好不久的水车锯的水流时，他发现水中有一颗闪闪发光的东西。当马歇尔确信他发现的肯定是块黄金的时候，他兴奋地对身边的工人们喊道："嗨，伙计们！我向上帝发誓，我想我发现了一座金矿！"没错，马歇尔的确发现了金矿。

在马歇尔发现黄金之后不久，美国与墨西哥打了两年的战争宣告结束，美国以 1500 万美元的代价，将加利福尼亚纳入自己的版图，使其正式成为美国的一个州。有人曾经做过这样的假设，如果马歇尔更早一点发现这里的黄金，墨西哥可能不会轻易放弃这块黄金宝地，在历史上声势浩大的淘金热就可能会发生在墨西哥。因为这里以前是西班牙征服者的领地，美国加州的许多地名都来自西班牙语，比如旧金山（San Francisco）、洛杉矶（Los Angels）等。但是不幸的是，历史是不可假设的。

这时正值美国内地的经济发展遇到了困难，正在大力提倡西部开发，美国人把它叫做"西进运动"。美国的报纸媒体铺天盖地的宣传和鼓噪，在这场西进运动和淘金热中发挥了推波助澜、火上浇油的作用。当时的《纽约论坛报》是这样鼓动人们的："离开内地这个压力锅吧，年轻的人们！你们要与这个国家一起成长！" 马歇尔发现黄金的故事正是新闻媒体所要寻找的一个好题材。尽管马歇尔和木材厂的老板萨特都尽力保守发现黄金的秘密，但是隔墙有耳，这一消息还是不胫而走，逐渐传播开来。1848 年，旧金山的两家周报《旧金山报》和《旧金山星报》分别报道了马歇尔在加利福尼亚州发现黄金的消息。

但是当消息传到美国东部时，起初人们并不太相信。1848 年 12 月 5 日，美国总统詹姆斯·波尔克(James K. Polk)在国会的一番讲话，彻底打消了人们的怀疑。他说："那块地方的黄金的丰富程度是如此出乎寻常，以至于公务员的真实报告都不能使人相信。" 波尔克总统所说的公务员是指一名陆军上校理查德·梅森

（Richard B. Mason）。其实，梅森在提交报告时还提供了一个装满黄金的茶叶盒作为实物证明。结果一夜之间，梅森的报告迅速登上全美各地的报纸，并且几乎每个报纸的每个版面都有淘金热的故事。这样，马歇尔在加州发现黄金的消息不但在美国成为人们街谈巷议的热门话题，并且迅速传向世界各地的每个角落。人们坚信，黄金梦就在加利福尼亚，它几乎是触手可及的。为了一夜暴富，人们都发疯似地涌向美国西部。结果不到一年，就有近十万名狂热的淘金者加入到加利福尼亚的寻梦队伍。旧金山的人口以爆炸的方式急剧增加，这个在1848年只有1600人的偏僻小城市，到第二年人口数便达到25000人。一年之内竟增加了15倍！

当时的《旧金山人》报道说："从旧金山到洛杉矶，从海滨到内华达山脚，整个美国都在回响着贪婪的喊叫'黄金！黄金！黄金！'。正在耕种的农田被弃之荒芜，正在修建的房屋被弃之半程，除了制造铁锹、铁镐之外，其余的都被丢在一边"。

人们为了寻找黄金，准确地说是寻找黄金之梦，可以抛弃一切东西。有的放弃了生意，有的放弃了资产，有的放弃了家庭，一窝蜂地涌向他们向往的淘金热土加利福尼亚。更有甚者，有的传教士也抛弃了他们的教堂，士兵也离开军营，美国海军"安妮塔号"军舰上一夜之间只剩下6名水兵。在旧金山港口的许多船员也义无反顾地加入了淘金队伍，在离开他们的岗位之前，竟然卖掉了轮船的锚，以换取铁锹和镐头。这些历史记载，很容易让人联想到非洲大草原动物大迁徙的壮观场面。

不幸的是，《加利福尼亚人报》的上述报道也因为淘金热而成为最后的哀叹——因大部分职员离职前往淘金，报社被迫停刊关门。淘金人不但来自美国本土的东部和中部，还有的来自墨西哥、智利、秘鲁，甚至远至欧洲大陆。

在美国俄勒冈州，在1848年夏季，有一半的成年男子——约3000多人，抛下即将收获的谷物南下加利福尼亚。与此同时，有4000多墨西哥人北上加利福尼亚。梅森在他的报告中写道，在加利福尼亚通往矿区沿途，因为人们都奔向矿区而去，"一排排工厂被闲置，一片片麦田被牛羊啃食，一幢幢房屋变成'鬼屋'，一块块农场被荒芜"。

从旧金山到内华达山脉，采金矿点星罗棋布，帐篷营地随处可见，土地、河床被挖得满目疮痍，一片狼藉。

这个时候的美国新闻报纸也几乎疯了，他们为了招徕读者，为了吸引广告，在淘金热面前放弃了起码的职业操守，极尽夸大、鼓噪之能事，什么话都能说，什么话都敢说。有的报纸说："那里黄金简直多得无法计量，这让我们想起了阿拉丁的财富"，"这块刚刚划归美国的领土就是一座金城，这块土地就是一座巨大的金矿。黄金是随手捡到的，那可是24K的纯金啊！"所有报纸一边倒地致力于报道撞上黄金大运的故事，根本不理睬大量的淘金人空手而归的事实和他们的经历。

被全世界大多数华人称为"旧金山"的San Francisco，其名称也与淘金热密切相关。按照习惯，这个城市应该译为"圣弗朗西斯科"（海外华人也称之为三藩市），这种叫法在中国的一些正式文件，包括地图，也经常使用。据记载，在19世纪60年代，至少有10万之众的华人劳工被派往美国，参加横跨美国的太平洋铁路的建设，其中有很大一部分人居住在加利福尼亚州。此时正值淘金热的高峰时期，不少华人也加入了淘金大军。据美国财政局统计，1862年加利福尼亚有大约两万华人矿工。开始时华人把圣弗朗西斯科称为"金山市"，而澳大利亚的墨尔本在发现金矿后被称为"新金山"，为了加以区别，而改称圣弗朗西斯科为"旧金山"。这就是旧金山的华语称谓的由来。同时，内华达山脚下一块淘金热的核心区，后来按照南美黄金城的传说被命名为"埃尔多拉多县"（El Dorado County）。

在淘金热的初期，由于砂金埋藏在浅层地表，所以淘金非常容易，一部分人的确淘得了财富。在头几年，淘金人每天的平均收入高达美国东部工人日工资的20倍。然而，在几万人的淘金队伍中，能通过淘金致富发迹的还不到百分之一，真正发财致富的是为矿工提供采矿设施和生活补给的商人、房产主和地主。中国人常说"水贵如油"，这只是一种比喻而已。但在加利福尼亚淘金热的年代，"水贵如金"却是铁的事实。据说，在某些偏僻的矿区，一盎司饮用水的价格确实高于一盎司黄金的售价！因为淘金人都在梦想着、期待着，喝下这一盎司水，在下一锹沙子里就可能会挖出几盎司的黄金。不但水贵如金，吃的也十分金贵，在旧金山，一片面包要卖到50~75美分，而在美国东部只用5美分。

1853年，淘金热达到历史高峰。加利福尼亚的黄金产量在1848年仅有7.5吨，在三年后的1851年就增加到近77吨。从1799到1965年，仅加利福尼亚州就累计生产黄金3301吨。美国也理所当然地成为世界上最大的产金国。在1851年到1855年之间，美国的黄金产量占全世界的45%左右。

淘金热不仅为美国创造了财富，也改变了美国人口的地域分布，同时它深深地影响了美国的文化与社会，甚至价值观。在淘金热的年代，人们目睹了乞丐变成王子的现实版故事，人们也期望这种一夜暴富的故事发生在自己身上。美国社会现在的乐透彩（lottery）和赌博，就是为了满足人们这种心态和愿望的一种补充机制。

淘金热也进一步锻炼和检验了美国人的冒险精神，它造就了原始粗犷、富有传奇色彩的美国西部文化；它催生了牛仔形象的诞生；它给后人留下了令人感叹不已的凄美故事，给文学艺术家们留下了无尽的创作源泉。

（二）澳大利亚的淘金热

如果说加利福尼亚淘金热的起因是偶然发现了黄金，那么澳大利亚的淘金热则是有目的而为。大家知道，在欧洲人来到这块大陆之前，澳洲土著人已经在此生活了4万余年，但是人们没有发现任何使用黄金的证据。从1788年开始，英国把澳大利亚当作一个流放犯人的地方，以缓减人满为患的英国本土监狱的压力和负担。早期的犯人移民就有发现黄金的故事和传言，但当权者怕犯人们或者士兵和职员都放下工作去寻找黄金，因而极力封锁这些消息。

据相关研究资料证实，澳大利亚最早的黄金发现于1814年，是由被遣送到澳洲的英国犯人在修建跨越蓝山通向巴瑟斯特（Bathurst）的公路时发现的。

但因为犯人们知道，如果说出去可能会遭来监管的鞭打，结果没有向外界披露这一消息。不过，有据可查的黄金发现是在 1823 年，但这次发现并未引发淘金热。原因同样是当时的当权者担心，人们一旦知道澳大利亚富有黄金，就会涌向金矿，因此造成混乱和动荡。所以再一次压下了发现金矿的消息。

但是沉默的当局和犹如偷鸡摸狗的寻金人未能把他们的秘密坚守多久。特别是在美国加利福尼亚淘金热使成千上万的澳大利亚新移民加入了加利福尼亚的淘金大潮之后，当局担心更多的澳大利亚移民会离开澳洲奔赴美国淘金，因此造成澳洲的劳动力危机。于是，澳洲当局的官员们改变了主意。新南威尔士州州长相信，只要在澳洲也能找到黄金，就可以扭转这种局面。于是他说服了英国政府，专门派遣了地质专家前往澳洲助阵。新南威尔士州政府还承诺，任何人只要能在澳洲发现金矿，便给他一笔丰厚的奖励。

当时有许多单打独斗的私人探矿者，或者叫寻金人。他们像独行侠一样，成年累月与自己仅有的行囊为伴，浪迹于荒野深山，追寻那近乎飘渺的黄金梦。爱德华·哈格莱夫斯（Edward Hargraves）就是其中之一，而且是最幸运的寻金人之一。1851 年 2 月 12 日，黄金梦真的眷顾了哈格莱夫斯，他在巴瑟斯特附近的古永小镇（Guyong）发现了黄金。尽管历史上都把澳洲淘金热起点归因于哈格莱夫斯的发现，其实，当时连他自己都对这样的发现并不满意。他可能觉得自己只是找到了一块黄金，而不是一座金矿，因此放弃了继续勘探。而他的三个同伴，威廉·汤姆、詹姆斯·汤姆和约翰·李斯特并不死心，他们在这个区域继续搜寻。在 1851 年初春，他们终于在一条叫做“夏山溪”的小河流找到了 4 盎司黄金。但是他们犯了一个错误，他们带着发现的黄金兴高采烈地到悉尼向哈格莱夫斯炫耀。结果，哈格莱夫斯带着黄金向政府领取了 1 万澳元的奖金，还独享了发现黄金的荣誉。汤姆兄弟和李斯特觉得自己的成果被人窃取了，于是把哈格莱夫斯告上了法庭。可是，直到 40 年后的 1891 年才讨回公道。

后来，哈格莱夫斯根据《圣经·列王记》中的对盛产黄金和宝石之地俄斐的描述，把他发现黄金的地方命名为俄斐。不过，随着黄金资源的枯竭，俄斐镇也变成了一个被废弃的遗址。

与美国加利福尼亚淘金热的情形如出一辙，在古永小镇发现黄金的消息如同兴奋剂一样刺激着澳洲新移民的神经。他们生怕错过了发财的良机，不顾一切地涌向矿区。当澳大利亚新南威尔士州发现黄金的消息传到世界各地时，不少正在去往美国金矿区的人们改道奔向了澳大利亚，使涌向美国的淘金浪潮放慢了脚步。

在淘金大军中的许多人对采金一无所知，对矿区的生活毫无准备。他们并不知道，矿区并不是遍地黄金的天堂，而更像是苦难和历险的地狱。淘金人像动物一样划定各自的采矿领地，不过他们使用的是沟渠。他们就在起伏不平的矿区上立起帐篷，有的用木材、树皮建造起简陋的工棚。他们吃住的这些地方与难民营并无二致。个别发了财的淘金人可以把自己的家人接来一起生活，并且可以修建起较为舒适的住所。但这种情况只是凤毛麟角的个案。成千上万的淘金者聚集在如此拥挤不堪、恶劣无比的环境之中，垃圾遍地，蝇虫滋生，河水污染，结果导致疾病流行肆虐。到1852年，在澳洲这块英格兰领地上的所有人几乎都去淘金了，而一些内地的城镇，包括墨尔本，基本上被都人们抛弃了。墨尔本有80%以上的警察辞职前去淘金，其他部门也受到了类似的影响。

当一艘带着8吨黄金的货船在1852年到达伦敦时，《伦敦时报》感叹道："这里是又一个加利福尼亚，但是好像是更大规模的加利福尼亚。"淘金热也刺激了英国非犯人的正常移民，就连大名鼎鼎的作家狄更斯（Charles Dickens）也在他自己创办的周刊《家常话》中，不断提供有关澳洲金矿区和英国年轻人在澳洲发财的信息。在1852年，第一波海外淘金者的高潮到来，包括中国、欧洲的大量移民蜂拥而至。当地政府疲于应付，其中首要的问题就是人手不够。

眼看着人们都去了新南威尔士，维多利亚州也不甘落后，他们也出台了同样的奖励政策。任何人如果在墨尔本为中心200英里的范围内找到黄金，将奖励200英镑。实际上在此之前就有人发现了黄金，一个叫做唐纳·德喀麦隆的牧羊人，在一个牧场附近发现了黄金，但像其他人一样，不愿意告诉别人。可消息还是传到了一个探矿者的耳中，他前去证实真伪，结果，这位探矿者也像哈格莱夫斯一样，借用别人的发现，把自己名字写进了最早发现黄金的记录。但是，维多利亚州真正的淘金热高潮是1851年在巴拉腊特(Ballarat)和本迪戈(Bendigo)发现黄金之后。

澳洲淘金热不像美国淘金热那样混乱，因为英国殖民者在这里已经建立了比较完善的法制体系。还有一个事实是，在澳洲的淘金队伍中，有相当多的人是在服刑流放期间，所以行为有所收敛。与加利福尼亚淘金热相同的情况是，因淘金致富的人寥寥无几，淘金人的钱大都装进了商店和酒店老板，以及地产业主的腰包。

淘金热是澳洲历史的转折点，它引领了澳洲东部的繁荣和发展，为澳洲现代工业的发展奠定了基础。寻金人给澳洲带来大量的技术和工艺，吸引了更多的移民，人口增长也扩大了市场规模。淘金热的发展促进澳洲的城市建设和农牧业的进一步开发。淘金热后澳大利亚的人口增加到 54 万，仅 1852 年就有大约 37 万移民倾泻般地涌入澳洲大陆。从这年开始，英国政府停止了有计划地往澳大利亚运送犯人的做法，因为他们突然觉得，白送犯人一张船票，还把他们送到一个被世人梦寐以求的黄金宝地，这似乎太愚蠢了！

昆士兰是加入澳洲淘金热行列的第三个州。1858 年 7 月，在一个叫做加努纳（Canoona）的小镇发现黄金的消息被公布以后，又一次引起一片混乱。原来在维多利亚的数千名淘金人听到这个喜讯之后，纷纷放下手中的活计，或变卖财物，或倾其所有，凑足盘缠，直奔昆士兰。但昆士兰没有那么多的黄金供上千人开采，结果，绝大多数人是满怀希望而去，充满失望而归。直到 10 多年后的 1867 年，一名叫詹姆斯·纳什（James Nash）的寻金人在布里斯班北部 160 公里处的一个小村庄附近发现了黄金，昆士兰的黄金时代才真正到来。

在 1871 年圣诞节前一天，12 岁的土著小孩丘比特·莫思曼在塔山脚下的一条小溪里偶然发现了黄金。丘比特一直跟随着一个探金小组在这一带探查金矿。据说是一阵闪电惊吓了他们的马匹，在出去找马的时候，丘比特不但找到了惊魂不定的马匹，而且在小溪里发现了金块。

随着第一批淘金者的到来，淘金热迅速爆发。其中一个营地还被命名为莫思曼，大概也是想借用土著小孩的名字，沾点儿好运。这块营地没用多久就变成了一个拥有商店、铁匠铺、面包房、酒馆、肉铺的小镇。25 年后，这里的人口增加到两万，改名为查特斯堡（Charters Towers）。这里发现的黄金是澳大利亚有史以来最富的金矿，最高品位高达每吨 34 克。1882 年，昆士兰又发现了一座重要的金矿——芒特摩根金矿（Mount Morgan）并一直开采持续到1981年。

西澳是加入淘金热最晚也是最重要的一个州，实际上应该是澳洲黄金史上的第二次淘金热。西澳的黄金正式发现于1892年，采金人威廉·福特和亚瑟·拜莱（William Ford, Arthur Bailey）首先报道了在库尔加迪（Coolgardie）发现黄金的情况，并声称采出554盎司（17.2千克）黄金，因此获得了20英亩土地的奖赏。这一金矿区的黄金开采一直持续到1963年，先后共产出黄金50万盎司（15.55吨）。库尔加迪被澳洲人认为是西澳黄金之父，从此标志着西澳州进入了它的黄金年代。

这时，在澳大利亚东部的淘金热已经降温，特别是维多利亚一些金矿区已经开始衰败，所以大量的淘金人又带着新的寻金之梦向西进发。但是，人们低估了西澳州恶劣生存环境的挑战。尽管东部矿区的生活条件也很艰苦，但最起码气候宜人，有水可喝，有食可取，有树木可以遮阳避雨。而西澳则是一望无际的沙漠，时至今日西澳的许多地方仍然是令人生畏的不毛之地。在这里，淘金人面临的最大困难是缺水和高温。尽管如此，黄金的诱惑还是让人们无所畏惧，勇往直前。不可思议的是，在10年后，库尔加迪竟然变成了一个有16000人的城市，并且修通了铁路，这不但方便了物资运输和人们出行，而且物资价格大大降低。库尔加迪的经济也迅速发展，目前已成为西澳州第三大城市。

1893年，有三个幸运的爱尔兰寻金人在卡尔古利（Kalgoorlie）实现了他们的黄金梦，从此揭开了西澳黄金开采的新篇章，奠定了澳大利亚现代黄金开采的基础。在附近的库尔加迪矿区的淘金人借着近水楼台之便，捷足先登，大量转移到卡尔古利。紧接着，来自南部各州和东部一些经济落后地区的寻梦人也纷纷涌向西部。到1903年，卡尔古利的人口已经增加到3万。在此后的几年内，又在附近不同地方陆续发现了许多金矿点。后来，经过地质学家研究发现，卡尔古利地区黄金矿资源为1080万吨，占整个澳大利亚黄金储量的80%以上，相当于全球黄金储量的6%。

在19世纪90年代，澳大利亚的黄金开采中心从东部转入西部，西澳洲由此一举成为澳大利亚现代黄金工业的摇篮。迄今为止，仅从该地区的“金色一英里”矿区采出的黄金就达1300吨。到1903年，澳大利亚的黄金产量已经达到119吨，这一纪录一直保持到1988年才被刷新。

谈论澳洲淘金热，绝不应该遗漏澳大利亚历史上的尤里卡栅栏事件（The Eureka Stockade）。一是它直接与黄金有关，二是1854年发生的尤里卡栅栏事件，被认为是英国殖民统治下澳大利亚民主与独立运动的开始。

在1851年维多利亚州发现黄金之后，英国殖民当局强行推出了一项采金许可证制度，规定所有采金者必须持有许可证。而且不论采金人有无所获，都必须每月缴纳30先令（1.5英镑）的许可证费，对无证或不缴纳费用的采金者，还要课以罚金乃至监禁。州政府还派出警察巡查监视。其实，问题的核心并不在于是不是要持证采金，而是政府在巧立名目榨取淘金者们的血汗钱。每月1.5英镑对于大多数淘金者来说可是一个不小的数目，当时在英国本土的苦力一个月才能挣到10多个英镑，无疑当局的这一政策引起了淘金工人的强烈不满。

10月6日，一名淘金工人在巴拉腊特的尤里卡旅店外被害，引起工人与当局的冲突，最后发展为更大的骚乱，尤里卡旅店被焚，一些淘金工人被捕。11月11日，淘金工人召开大会，成立了改革同盟，有些淘金工人当场烧掉采金执照，以示抵抗到底的决心。淘金工人组织向政府提出了废除许可证制度、工人享有公民选举权、取消对议员候选人财产资格的限制、释放被捕工人等一系列要求。

殖民当局不但拒绝了工人们的要求，还派军队进驻巴拉腊特，继续核查许可证，结果导致冲突再起。采金工人被迫组织武装队伍，他们筑起栅栏，宣誓用战斗来保卫自身的权利和自由，还在栅栏围墙上升起了“南方十字” 蓝色旗（注：取自“南十字星座”），并宣布建立“维多利亚共和国”。

12月3日清晨，274名士兵和警察开始围攻尤里卡栅栏里的反抗者。殖民当局只用了25分钟的时间就攻占了尤里卡栅栏，淘金工人的斗争以失败告终。战斗中有28名淘金工人被杀害，还有多人受伤。

（三）南非的淘金热

南非人自豪地把自己的国家称为黄金之国，而南非的金融首都约翰内斯堡又被人们称为“金城”或“黄金之都”。其实，把任何与黄金有关的美名赋予南非都不过分。因为毫不夸张地说，没有南非的黄金，世界黄金就不会是今天这个格局。而没有黄金，也不会有南非的今天。约翰内斯堡也完全是随着南非黄金工业的发展而发展起来的。

南非的黄金开采历史至少可以追溯到500年前。据考证，当时黄金已经被用于商业和装饰，非洲人与阿拉伯人的黄金交易十分活跃。到了17世纪，已有相当数量的黄金经海路出口。

南非黄金开采的现代史始于19世纪中叶，以著名的威特沃特斯兰德矿区的发现为标志，揭开了这一历史时期的序幕。但是，对于究竟是由谁、在哪一年首先发现的黄金，却有着几种不同的说法。一种说法是，1834年卡里尔·克鲁格在一次狩猎中发现了黄金，并把样品带回到开普敦。另一种说法是，1852年英国人约翰·亨利·戴维斯在一个叫帕尔迪克拉尔的农场首先发现了黄金，并且据说有比较可靠的证据。然而，为大多数人公认的说法是，1886年由澳大利亚人乔治·哈里森在开采建筑石料时发现了黄金，从而导致了威特沃特斯兰德矿区黄金资源的开发。

在美国加利福尼亚和澳大利亚多处发现黄金的事实，让狂热的淘金人相信，在世界其他地方一定还有黄金宝藏待人开发。探险者们几乎不会放过任何一个角落。南非也是寻金人很早就涉足的一个地方，只是当时他们的地质专业知识有限，所以在南非的寻金活动进展非常缓慢。后来的地质学家发现，南非的金矿区是一种独特的类型，它主要以脉金的形式存在，就是著名的含金砾岩型金矿床。

其实，在南非也有发现砂金的历史。早在1881年，一名叫汤姆·麦克拉伦（Tom McLachlan）的人就在詹姆斯顿（Jamestown）发现了砂金。可是，因为这个地方地处南非的炎热低地，是一个烟瘴弥漫、五毒肆虐，令人望而却步的地方，最终也没有多少人敢于冒险闯入这个人间地狱。直到1883年6月20日，奥古斯特·罗伯茨（Auguste Roberts）在一条叫租地河的地方发现黄金后，南非的淘金热才拉开序幕。

1884年6月21日，一位叫格雷汉姆·巴伯（Graham Barber）的人给南非总理写了一封信，向政府报告他的两个堂兄弟在一条流入卡普峡谷的小溪发现了具有开采价值的黄金。于是，政府总理委派当地官员前去调查，并要求政府专门负责黄金的官员提交一份报告。在这次调查之后，政府宣布巴伯顿(Barberton)为城镇。巴伯顿是南非的普马兰加省（Mpumalanga）的一个小镇，位于马可洪伊瓦（Makhonjwa）山脚下的卡普峡谷（Kaap Valley），在约翰内斯堡东360公里处。

巴伯顿也是得益于淘金热而发展起来的城镇。开始时，这里只不过是一个简陋的帐篷营地，但是1885年在巴伯顿附近的山上发现了黄金之后，小镇的情况得到迅速改善。还有14个淘金者在此结成联盟，成立了最早的金矿开采公司——舍巴黄金矿业公司（Sheba Reef Gold Mining Company）。

随着大量的资金流入巴伯顿，南非最早的股票交易所在德兰士瓦省开锣迎客。小镇的建筑楼宇拔地而起，各种文娱沙龙、酒吧、歌厅如雨后春笋、日新月异，规范的旅馆酒店纷纷开张。可惜巴伯顿的好景不长，正在这座新兴的小镇欣欣向荣、蒸蒸日上的发展之际，其他地方发现黄金的消息陆续传来，撕破了它的美好蓝图，使它的建设戛然而止，半途而废。

1886年一名叫乔治·哈里森（George Harrison）的寻金人，在一个农场附近帮助别人修建房屋时，发现一种白色的砾石中夹着一层含有黄金的矿物。他把这块矿石破碎后，从中获得了将近1盎司黄金。

尽管后来证明哈里森发现了世界上规模最大的金矿床，但是他从来没有因此发财。哈里森甚至放弃了南非黄金发现者的荣誉，包括给他的10英镑奖金。其中一个重要的原因是，这种形式的金矿床大部分埋藏在地下，直至数千米的深部。即使在浅部，也不像砂金矿那样容易开采，它需要花钱投入，它需要过硬的技术。即使在现代，对这类资源的开采也绝非易事。所以尽管哈里森的发现再次吸引了众多的淘金人涌向这里，可是真正能有所作为的只是那些有一定资金实力的人，其他人只好“望金兴叹”。

在这种情况下，南非的淘金热显然不会有美国和澳大利亚那样人山人海的战斗场面。但是，与美国加利福尼亚淘金热所不同的是，南非的淘金热一直高热不止，持续百年。从1886年以后，威特沃特斯兰德盆地的金矿区域不断向外延伸，规模不断扩大，每隔几年或者十几年就有重要的资源发现。迄今为止，在全人类所拥有的16万多吨黄金中，大约有近40%开采自南非的地下。

目前，数以百万计的南非人的生活依赖于黄金工业。黄金工业是南非的第一大工业产业。在1980年前后，其直接雇员曾达到52万之多，从业人员仅次于农业。黄金开采业给南非国民经济每年直接创造高达17%的国民生产总值。尽管由于金价等原因，进入21世纪以后南非黄金矿业发展受到了制约，它给国民生产总值的直接贡献仍然有4%，综合效益为10%左右。黄金是南非最主要的出口产品之一，在20世纪80年代，黄金出口所创造的外汇收入占国家全部外汇收入的50%，目前南非仍有20%的外汇收入来自黄金。

黄金工业给南非整个经济带来的社会效益也十分明显。比如，黄金工业每年要消耗南非15%的电力；有些省的许多学校、医院、道路、住房等公用设施都是由黄金公司和财团出资兴建的。全国至少有5个省，20%以上的经济总量来源于黄金工业。

所以，南非的许多黄金公司，如南非金田公司、约翰内斯堡投资公司、通用矿业公司（现重组为金科公司）等都有百年以上的历史，其中南非金田公司成立于1887年，即威特沃特斯兰德矿区黄金资源被发现后的第二年。并且，这些公司大部分属于当时在非洲从事钻石生产而发家的欧洲人。当时的南非与欧洲国家相比还很落后，所以开发矿业需要大量的资金，正是这些钻石商人为南非早期黄金开发提供了强大的资金后盾。另外，技术进步也为南非黄金工业的腾飞提供了有力的支持。特别是1887年苏格兰医生弗里斯特兄弟和麦克阿瑟发明了氰化提金工艺后，使黄金选矿的效率大大提高。而在此之前，从矿石中提取黄金的主要办法是采用混汞技术，可是混汞工艺的选矿回收率只有65%左右。

1898年南非取代美国成为世界第一产金大国，此后南非一直保持着世界头号采金大国的地位，一直到2007年让位于后来居上的中国。

（四）育空淘金热

我们已经讲了几个淘金热的故事，所有这些故事的过程和结局都可以套用俄国文豪托尔斯泰那句名言的模式加以描述——淘金热的起因和发展过程几乎都是相同的，而追寻淘金梦的人们的命运却各有不同。

育空淘金热（Yukon gold rush）有时也被称作阿拉斯加淘金热、克朗代克淘金热或者育空－阿拉斯加淘金热，是人类黄金开采历史上最后一次大规模的淘金热。育空淘金热发生于1897年下半年，与1892年发生于澳大利亚西澳州的淘金热遥相呼应，此起彼伏。与前几次淘金热相比，这次淘金热的特点是金矿区的环境最为恶劣。前几次淘金热都是发生在气候比较温和宜人的地域，而这次育空和阿拉斯加都属于高寒地区，并且地形复杂、层峦叠嶂。即使在200多年后的今天，阿拉斯加和育空的野外生存条件也没有多大的改善，仍然极具挑战性，特别是在寒冷而漫长的冬季，完全可以用令人生畏来形容。

从19世纪80年代开始，淘金者就在加拿大育空省的克朗代克河（Klondike）流域探金淘金。克朗代克河是育空河上游的一条支流。这个地方在美国西北部的阿拉斯加州和育空省的边界线不远之处。

激动人心的故事发生于1896年8月16日，一个风和日丽的夏日。

一个名叫乔治·卡尔迈克(George Carmack)的美国淘金人与他的印第安人妻子，以及他的两位印第安人亲戚（一个是他妻子的兄弟，另一个是他妻子的侄子或外甥,西方人对这种社会关系分得不清),在克朗代克的河畔淘金已有一段时日。其中的三个男人一直顺着这条小溪搜寻，不停地把河床上的沙土挖掘上来，然后淘洗，看看有无黄金。实际上他们是淘金的先遣队，他们的角色是黄金探矿者。他们在这里日复一日、不厌其烦地重复着这种简单枯燥的工作，可是一直收效甚微，直到8月16日这个幸运降临的日子。历史并没有记载到底是三人中的哪一位首先发现了黄金，有些研究者还专门对此进行了考证，最后还是说不清，至今仍众说纷纭。但是毋庸置疑的历史事实是，他们确确实实在这里发现了黄金。

在当时黄金的价格大约是每盎司16美元。几天之后这三个人就成了名副其实的暴发户。他们觉得应该向政府申请他们发现矿地的所有权，他们还要尽量保守发现黄金的秘密，至少在合法的获得这块黄金宝地的开采权之前不能告诉别人。

实际上，这三位淘金人发现的是世界上最大的金矿区之一。与在此之前发生的其他几次淘金热一样，发现黄金的秘密从来不能保持多久，正所谓“没有不透风的墙”、“隔墙有耳”、“草中有人”。其他淘金者也很快来到了这里，有些人也发现了大量的黄金，足以使这些人一夜暴富。不过这里几乎与世隔绝，有效地阻碍了消息向更远更广的地方传播，直到他们把淘得的黄金带到旧金山和西雅图。

1897年7月16日，艾克沙修号(Excelsior)客轮进入美国旧金山港，它带来了从克朗代克满载而归的第一批淘金人。仅隔了一天，波特兰号（Portland）又把另一批淘金致富的幸运儿带回到西雅图。

其中有位叫克拉伦斯·百利的人，原本是美国加利福尼亚州的一名果农。当他从加拿大回到旧金山时，带回了价值13万美元的黄金。另一名叫尼尔斯·安德森的人则带着相当于11万2千美元的黄金回到了西雅图。这只是其中的两个例子，乘坐这两艘船带着大包小包黄金回到美国的淘金人至少超过100人。要知道，在1897年，一个人如果在纽约有一份收入不错的职业，每周才能挣到10美元。那么，要赚得13万美元，他得工作250年！所以仅靠薪水，他一辈子也不会成为克拉伦斯·百利那样腰缠万贯的有钱人。

这两艘船靠岸时的照片展示了当时数千人迎接这些衣锦还乡的淘金人的壮观场面。许多人目睹了淘金者们带着大包小袋的黄金凯旋般走下甲板的情景，报纸杂志不失时机地刊登了关于从育空归来的淘金人发现黄金和暴富的长篇故事。于是，在育空发现黄金的消息再次以爆炸式的方式，迅速传播到世界的每个角落。全世界无不为之激动不已。

在这次淘金热浪潮中，新闻媒体再次扮演了摇唇鼓舌、推波助澜的角色，用现在的通俗语言说就是尽展“忽悠”本色。报纸上充斥着夸大其词的报道和不靠谱的宣传，连篇累牍的文章其中心意思只有一个：育空的克朗代克遍地是黄金，你要做的就是赶紧去阿拉斯加，然后越过边界到达金矿区去捡黄金！

黄金梦的诱惑使大量的美国人放下自己手头的工作，直奔育空。于是，来自美国和加拿大的淘金人犹如动物大迁徙一般，蜂拥进入育空的金矿区。在六个月之内，前往育空的寻金人达到10万多人。而最终到达金矿区的人只有约3万人，因为漫长而艰难的旅程使成千上万人的淘金梦半途而废。据美国和加拿大的专家估计，直接参加这场淘金热的人有20万到30万之多。当时，这些涌向育空的淘金者被人们称为“受惊的动物”（stampeder）。

这里有一个特殊的背景需要交代一下，就是当时美国正处在始于19世纪90年代初期的经济萧条的煎熬之中。到1897年，成千上万的人失去了工作。去育空淘金成了许多失业者的救命稻草，他们倾其所有，把仅有的积蓄都拿来作为去往阿拉斯加和育空的盘缠。这些人相信值得去撞一下大运，因为更多的人认为这并不是一种冒险。

报纸杂志开始介绍有关去往矿区的旅行知识，还出版了介绍找金矿和淘金方法的书籍。其实，这些书刊专拣淘金人爱听的话说，即在育空找黄金易如反掌，淘金如探囊取物。大多数书籍的作者甚至不知道育空地处何方，也不知道阿拉斯加是山还是川。而许多介绍淘金知识的人并不知道自己在说些什么，不管道听途说还是捕风捉影，只要能把书兜售出去就行。

许多淘金人不明白他们在育空所要面对的是什么情况，他们对当地可以置人于死地的寒冷气候毫不知情，对那里极其恶劣的生存环境一无所知。

幸好加拿大政府还算有一副清醒的头脑，他们知道在加拿大西北部的育空省生活条件是如何糟糕，他们知道在育空的金矿区没有商店，也没有地方可以买到食品，离金矿区最近的港口也在一千多公里之外。所以政府很快出台了一项法律，强行规定凡是来加拿大淘金的人必须带足一年以上的物资。这就意味着每个淘金人需要准备差不多一吨重的东西。

通往矿区不但没有铁路，有些地段甚至连可以允许马和马车通过的道路都没有。淘金者们必须徒步闯过这些地方，还要把随身携带的物品运过去。这些地方的物价高得令人不可思议。

淘金者到达育空金矿区的路线最早是从美国阿拉斯加西部的育空河口乘船逆流而上。而陆路则是一条被称为“横穿加拿大”的艰难路径。后来人们发现了另一条比较容易的路线，即从美国的西海岸到达阿拉斯加的斯卡圭（Skagway，有些文献译作“史凯威”），然后穿过契尔库山口（Chilkoot Passes）进入加拿大，继续北上到本尼特湖（Bennett Lake）乘船，经育空河到达克朗代克金矿区。后来的研究者们把淘金人的路线画在地图上，结果发现，几乎没有一条轻松的路线。

当时的北美到处都是人迹罕至的荒原，要么就是连绵的山峦和陡峭的悬崖，能有一条羊肠小道就是上帝的恩赐。

美国阿拉斯加州的斯卡圭和戴依（Dyea）是距离金矿区最近的两个海港，但仍有约800公里的路程。而当时的阿拉斯加州基本上是一个无人居住的天涯海角。西雅图则是当时美国距离育空金矿区最近的大城市，竟也有3200多公里之遥。

1897年7月26日，美国的第一批数百名淘金人乘船抵达斯卡圭这个小渔港，随后更多的船只载着更多的淘金人涌入斯卡圭。这些淘金者非常幸运，因为他们到达这里的时候正是夏季，气候温暖。随后他们发现了第一个问题是，在斯卡圭没有可以居住的地方，绝大多数人不得不用布料搭建临时的住房。这里还没有什么商店，物资因奇缺而价格昂贵。数日之内，上千人挤入这个小镇，他们不但要吃住，更重要的是要找到去往金矿区的路线。这些人迫不及待，恨不得马上到矿区实现他们的淘金愿望。因为在淘金大军中的许多人竟然不知道自己最终的目的地在哪里，只靠一些鼓噪淘金的宣传册引导，但是这些材料并没有提供多少有用的信息，而是极尽夸张之能事吹嘘一夜暴富的淘金梦。

艰难通过契尔库山口的淘金人

大多数淘金人是来到斯卡圭才得知加拿大政府有一项关于物资准备的规定。所以他们开始在这里抢购生活必需品和淘金所需物资，结果导致物价再次飞涨。并且不时发生抢劫和殴斗事件，小镇原有的警察根本不足以控制这种局面。专门给淘金人提供旅行用品的公司、商铺一夜之间应运而生，这些商人比淘金人想得还周到，为他们准备了一切，淘金和旅行所需的用品一应俱全，其中包括露营设备、衣物、食品、采金工具等等。美国的许多城镇都因此大发横财，其中就包括西雅图。在加拿大育空金矿区附近的道森市（Dawson）曾经是克朗代克河汇入育空河的三角洲上的一个小镇，一度成为一个人口数万的城市。随着淘金热的降温，道森市的人口也迅速下降至几千人。

淘金者们很快发现在阿拉斯加他们必须首先与恶劣的生活环境作斗争，因为冬天很快就到了；他们很快得知，到加拿大的金矿区还有数百公里的路程要走；他们必须带着自己的行囊翻越崇山峻岭，他们还要自己建造船只，以便在育空河上航行；总之他们发现，最后的一千多公里的路程也是最为艰险的历程。当他们准备好所需的补给后，这些淘金者面临的噩梦般的旅程才刚刚开始。他们面临的第一道难题是必须翻越一座高山，同时还要把他们携带的近一吨重的补给运过山口。据有的淘金者给家人的信中叙述，要用两周的时间才能把他们的家当从斯卡圭运到山脚下。有些人经过三十多次的往返，才将这些补给全部运过山顶。有些人在这些高山险路面前选择了放弃，他们把补给卖给他人，然后打道回府。

当淘金者们历尽千辛到达本尼特湖后，一个新的问题出现了。因为这里本来就像月球一样荒凉，根本没有任何船运服务，他们只能自己砍伐树木建造船只。因为这里地处高寒，树木本来就稀少，结果在短短的几个月内，周围的森林都被砍光伐尽。

宜人的秋天很快过去，严酷冬天随即来临。有不少淘金者还在建造他们的船只，育空河就开始结冰了。育空和阿拉斯加素来以严寒闻名于世，冬天的气温经常会降到零下六十摄氏度。如此寒冷的天气，如果没有非常好的防寒准备，几分钟内就能把人冻成一具僵尸。

在这支淘金大军中有一名重量级的人物，这就是后来成为著名作家的美国人杰克·伦敦（Jack London）。1897 年 3 月杰克·伦敦也踏上了淘金之旅，但他并没有因淘金而致富，而是因为撰写了他到阿拉斯加和加拿大淘金的苦难经历而一举成名。杰克·伦敦的著名短篇小说《白色的寂静》（The White Silence，也译作《寂静的雪野》），实际上是育空淘金热的真实写照。在这部短篇小说中，他描述了这个冰封世界的严寒和寂静，反映了人与自然抗衡的残酷和生命的脆弱——在金矿区的严冬一片茫茫雪海，那里没有医生，生病受伤的人只能祈求上苍的保佑或者等待死神的降临。

到冬季行将结束时，本尼特湖区四周出现了一个拥有一万多人的临时城镇。熬过严寒的淘金者们急切地等着湖冰的融化，以便能够继续他们前往金矿的行程。在1898年3月28日，育空河终于可以行船了。据说，这一天有七千艘船只开始驶向克朗代克。一时间，本尼特湖出现了百舸争流、千帆竞发的壮观景象。但是这段长达800公里的水路绝非一帆风顺。在20多天的航行中，他们不但要逆流而上，而且不可避免地要渡过激流险滩，还可能遭遇狂风暴雨。途中丧命者不计其数，有的葬身鱼腹，有的被风暴吞噬，有的死于疾病。还有些从灾难中幸存下来的人则变成了一无所有的流浪汉。走陆路的人也有不少死于饥饿、事故、寒冷和疾病。

道森是育空淘金热的大本营。在最后的幸存者们到达道森后，道森也很快由一个寂静的小镇变成了一座喧闹的城市。各种店铺、旅馆、饭店、酒馆和各种服务很快应运而生，可是物价也在不断飙升。有一位精明的淘金人把一头奶牛带到了道森，他的牛奶每公升竟能卖到接近10美元的价格。淘金没有让他致富，而出售牛奶却让他大发其财。这位淘金人的成功经验引来许多人纷纷效仿，他们在美国内地购买补给运到道森，再将这些补给以极高的价格出售给淘金者从中获利。

更为糟糕的是，对于那些憋着最后一口气到达育空金矿区的淘金人，等待他们的并不是美好的黄金梦变成现实，而是失望地发现无金可淘，因为凡是被认为有黄金的大河小溪的上上下下早就被当地人画地为牢，登记成了他们的私有矿地。另外，这些金矿区被人们吹上了天，其实很多地方干脆是子虚乌有。结果有些淘金人彻底放弃了最后的黄金梦，又一批人扫兴而归。而不甘心的人则选择留下，继续等待机会。其中有的成了其他淘金人的雇工；还有的留在了当地的城镇另谋生计。也许这也是一种严酷的讽刺与真实的比拟，踏上淘金历程的人本身也在不断地被淘汰，也在经受着一场物竞天择的洗刷，犹如大浪淘沙！

育空地区的黄金不像在美国加利福尼亚和澳大利亚昆士兰发现的黄金那样都在河床和河滩的浅部，而是埋藏在三四米深的地下。更为糟糕的是加拿大地处寒带，地下有一个终年不会融化的永久冻土层。矿工们必须想办法把冻土层化开才能把含金的矿砂挖出来，而且淘金工作只能在天气暖和的时候进行，冬天根本无法工作。所以，能在这里淘金发财的人不能简单地用“幸运儿”来形容，这也是他们历经千辛万苦后受之无愧的回报。据专家考证，在育空淘金热真正发财的淘金者大约有4000多人。后来，有些人在此组建了公司，购买了土地，引进大型的机器设备，在这里进行大规模的黄金开采。其中有的公司的开采活动一直持续到1966年。历史记录表明，在克朗代克河附近和道森地区周围，仅仅四年时间就开采出570吨黄金，当时的价值达5100万美元。

由于人口增长过快，道森人满为患，为了满足急剧增长的需求，城市设施建设只求快，结果“豆腐渣工程”遍地，城市卫生一塌糊涂。火灾、瘟疫成了家常便饭。发了财的淘金者挥霍无度，赌博、酗酒、殴斗比比皆是，道森市一片乌烟瘴气。当地的土著居民成了淘金热的受害者，为了给淘金者们让出路，他们被迫迁往一个所谓的保护区，结果许多人在失去了他们赖以生存的领地之后，因冻饿死于他乡。

到1899年，浩浩荡荡的育空淘金热潮已经接近尾声。当1899年8月从美国传来了在阿拉斯加州西部的诺姆（Nome）发现金矿的消息后，数以千计的淘金者从道森和克朗代克涌向了诺姆，在一周内就有8000人从道森转向诺姆。从而彻底宣告了育空淘金热的终结。诺姆是阿拉斯加州最西端滨临白令海峡的一个三角洲，所以在白令海的无冰期可以通过船只直接到达。这极大地方便了淘金者的交通和物资运输，只要能装到船上的都可以从当时比较发达、距离最近的城市西雅图运过来。甚至包括整间的房屋、窄轨火车等都可以运到矿区。尽管这些情况比克朗代克要好许多，但是这并不意味着淘金者们可以有轻松的日子，他们仍然要与恶劣的生存环境和条件作斗争，仍然要忍受物资短缺、物价奇高的困扰。在当地，找块木头都不容易，一切都靠外部运输进来。而西雅图到诺姆的海上路程则长达4000多公里（约2200海里）。

尽管如此，在1900年4到5月间，来自美国本土西雅图的客轮还是把两万多寻金人带到了诺姆的黄金海滩。1902年，在阿拉斯加的中心地带、育空河与塔纳纳河交汇处的塔纳纳河谷（Tanana Valley）发现了黄金。紧接着第二年又在不远处的费尔班克斯（Fairbanks）再次发现黄金。

淘金热也使阿拉斯加原来荒无人烟的地方出现了许多社区和村镇。阿拉斯加州的淘金热被认为是育空淘金热的延续，一是因为在时间上两者前赴后继，衔接非常紧密；二是二者在空间上此起彼伏，都处于育空河流域；三是参与淘金的生力军几乎是同一拨人。所以，人们习惯于把二者称作同一次淘金热潮。阿拉斯加的淘金热在规模上远不如以前那么声势浩大，淘金者们的表现也不像前几次那么狂躁盲目，或许人们已经习以为常、麻木迟钝了，或许人们已经变得成熟老练、精明稳当了。不过，阿拉斯加的淘金活动从20世纪之初一直持续到20世纪40年代，由于二战爆发和金价下跌而被迫停止。在此期间不同的地方陆续有新的黄金矿区被发现，淘金区域呈星罗棋布之势。

六、现代黄金开采巡礼

1848 年开始在美国加利福尼亚爆发的淘金热，是世界黄金开采历史上一个极为重要的转折点。它标志着一个崭新的黄金时代的到来。近代世界黄金的主要特征是黄金开采范围广泛、产量迅速增加、黄金在国际经济和金融中的地位得到加强。

19 世纪 40 年代以前，全球的黄金年产量始终不超过 100 吨。进入 19 世纪 50 年代后，由于 1848 年开始爆发的加利福尼亚淘金热的推动，黄金开采的规模是过去几百年，甚至人类黄金开采历史上都无法比拟的。在 1851 年，仅从加利福尼亚州采出的黄金就达到 77 吨。到两年后的 1853 年，美国加州的产量又增加到 93 吨。全世界黄金产量也在 1852 年猛增到 280 吨。此后，在澳大利亚爆发的一系列接力赛般的淘金热，为世界黄金产量的不断增加注入新的活力。特别是在 19 世纪 90 年代末，在澳大利亚西澳州卡尔古利地区黄金资源的发现，使澳大利亚的淘金热犹如火上浇油，越烧越旺。澳大利亚的黄金开采中心由此从东部转入西部，西澳州很快成为澳大利亚现代黄金工业的摇篮。1903 年，澳大利亚的黄金产量达到 119 吨，这一纪录一直保持到 1988 年才被刷新。在淘金热的有力推动下，世界黄金产量很快增加到 300 吨。1904 年更是一举突破 500 吨大关，达到 526 吨。

而 19 世纪末发生在南非的淘金热，则揭开了南非黄金开采历史的第一页，同时也将世界黄金生产推向一个更高的台阶。1898 年南非取代美国成为世界第一产金大国，此后南非长期保持着世界头号采金大国的地位。从 1884 年南非最早的黄金开采纪录开始到现在，世界上所有黄金的 40% 来自南非的地下。

与此同时，1896 年在加拿大北部的育空省发现了砂金资源。这些新的黄金资源的发现，导致了北美第二次淘金热的兴起。这股势头一直持续到 20 世纪，使得 20 世纪的世界黄金年产量在其他地方的淘金热开始降温的时候，仍能保持在 450 吨的水平之上。

应该说，现代世界黄金工业始于 20 世纪 70 年代初。其中一个非常重要的原因是从 19 世纪末开始在全球流行的“金本位”制度的终结。所谓“金本位”，通俗地说就是以黄金为基准确定货币价格的一种制度。金本位制的实行使黄金价格被人为地固定在 35 美元 / 盎司，结果抑制了黄金产量的增长。从 1971 年开始金本位被彻底放弃，从而使黄金在人类社会活动中的地位发生了重要的变化。另外一些明显的标志是，全球黄金市场迅速开放，允许黄金价格自由浮动，允许民间自由买卖；黄金的开采技术也发生了根本性的革命。

黄金价格的放开，犹如给世界黄金工业注入了兴奋剂，现代淘金热由此酝酿爆发。具备现代黄金工业特征的淘金热与前几次淘金热的特点大不相同。首先，它不仅仅是以前那种以小规模开采的单打独斗为主的声势浩大的“群众运动”，而是以规模较大的现代开采方式为主导；其次，黄金开采的主要生产过程以机械化为主。大规模的开采就决定了现代淘金热的一个重要特征是大规模的资金投入。这一情况在进入 20 世纪 80 年代时达到了顶峰。据统计在这一时期，全世界每年用于黄金勘探的投入达到 15 亿美元。1980 年国际黄金价格创下 850 美元的历史纪录，黄金价格的高涨进一步刺激了投资者的欲望，使得 1987~1989 年的三年内用于黄金勘探的投资累计达到 70 亿美元。

这次淘金热的另一个特点是范围更加广泛，而不是仅限于一个地区或者一个国家，它几乎波及五大洲的每一个角落，所以是一个全球性的热潮。在拉丁美洲，寻找黄金梦的人达到大约一百万；在非洲的加纳、几内亚、扎伊尔，在亚洲的中国、印尼、马来西亚、菲律宾，直到大洋洲的巴布亚新几内亚，不时有新资源、新矿山的报道和激动人心的消息。

技术进步也是这次现代淘金热的一个重要支柱。从19世纪末到20世纪初，泡沫浮选技术已经开始应用于工业实践，氰化提金技术得到了完善和普及。到20世纪70年代，炭浆法提金工艺的开发与普及，使黄金开采的效率大大提高；而堆浸技术的发明和应用，则使许多原来不能开采的低品位矿石得到了充分的利用。在美国内华达州发现的卡林型金矿床，以及相应的微细粒浸染型金矿石的选矿冶炼技术的开发，使得在智利、巴布亚新几内亚等地方的类似金矿资源获得生机。在南非、澳大利亚研究开发的细菌生物氧化技术，在处理含砷金矿石方面取得重大突破，并且于20世纪90年代之初投入工业应用。同时，计算机技术在黄金地质勘探、矿山规划设计、采矿、选矿、自动控制以及生产管理等各个环节的应用，为世界黄金工业的进一步飞速发展插上了翅膀。

进入20世纪80年代，国际金融界专门为黄金工业设计的新型的融资手段——黄金借贷也应运而生，从而为黄金开采找到了更有效、更强大的资金后盾。

所有这些，都为20世纪90年代世界黄金工业的腾飞奠定了良好的基础。70年代末到80年代初的勘探投入，在进入90年代时开始得到回报。仅以西方国家黄金产量为例，1980年的产量为962吨，到了1990年已经增加到1744吨，几乎翻了一番，并且这一增长势头一直带入到新的世纪。尽管世界黄金产量的增长速度在2000年有所放慢，但仍然达到2573吨的历史最高纪录。

随着现代淘金热的不断升温，世界黄金工业的格局也在迅速发生变化。进入21世纪以后，黄金生产的区域重心也在不断发生变化和转移。随着南非黄金产量的不断下降，南非这个世界头号产金大国的霸主地位日益削弱，南非黄金产量占世界黄金产量的比例从1980年以前的70%左右，下降到1990年的34.6%。到了2000年，这一比例已经进一步下降到18.4%。另一方面，一些新的产金国不断兴起，除了我国在20世纪90年代进入世界五大产金国的行列之外，印尼和秘鲁在1999年的黄金产量也分别达到154吨和128吨，成为第六和第八产金大国。

世界黄金生产的总体特点并无大的变化，产金大国 20 强的黄金产量始终占全球产量的 85% 左右，其中南非、美国、澳大利亚、俄罗斯、加拿大这些传统产金大国，一直稳居世界产金大国行列长达近百年之久。

七、中国黄金开采一瞥

尽管我国使用黄金的历史至少有 4000 多年之久，并有出土文物为证，但黄金开采的历史实证并不多见，比如黄金开采的遗址、工具等，而只能靠一些史料文献的文字记载进行推测和判断。有兴趣的读者如果去查询这方面的资料，你会发现，这真好像是“只看到有人吃猪肉，没看到猪跑”!

从现有的史料看，春秋时期(公元前 770~476 年)的《管子·地数》篇中有“上有丹砂者，下有黄金；上有慈石者，下有铜金”的说法，这应该是当时古人对采金经验的总结。而最早见于史籍正式记载的为《隋书·辛公义列传》(由唐代政治家魏徵主编，成书于唐太宗贞观十年（公元 636 年）)，其中有“山出黄金，获之以献”的描述 。另外在《尚书·禹贡》、《山海经》、《周礼》、《管子》等历史典籍中也都有黄金地质和开采方面的史实。通过这些记载我们可以知道，在战国时期，中华民族的祖先已经懂得了一些寻找黄金矿床的简单方法，真正意义上的开采也始于这一时期。

有专家认为，中国黄金生产始于商周、兴于汉代、衰于两晋南北朝，复兴于唐宋。毫不例外，我国古代的黄金开采也是始于砂金的淘洗开采，古代称为“河金”或“麸金”。而岩金的开采大约始于唐宋之间。据《唐六典》记载，当时著名的砂金产地有柳州、澄州、沅州等。其中，西汉是中国历史上使用黄金最多的时期，据考证，西汉拥有的黄金大约为 248 吨。但是始终困扰历史学家们的一个疑问是，找不到西汉时期黄金开采的证据。有的学者认为西汉的大部分黄金来源于与西方和中东的丝绸瓷器等商品的贸易。

到了元朝（公元 1271~1368 年），元世祖即位之初，下令整顿矿业开采和冶炼，并明令禁止金、银、铜、铁的出口。元代金矿产地分布在山东、辽宁、浙江、江西、湖广、河南、四川、云南等8个省区。大概是元朝这个只懂得弯弓射雕的游牧民族对黄金开采知之甚少，只好放开让百姓去干，所以在元代对民间开采黄金不加任何限制。官府只要能够从中收税抽成，又何乐而不为呢？

在明朝建立初年，明太祖朱元璋对矿业不屑一顾，他不主张开发矿业的理由是为了保护有限的地下资源。这个土皇帝的想法如此超前，竟然与21世纪的可持续发展理念不谋而合！到了明仁宗上台之后（1425年），这位被认为是明朝历史最仁慈宽厚的皇帝，对矿业实行了彻底开放的政策，百姓可以自由开采黄金。仁宗皇帝只在位一年就驾崩西归，离开了拥戴他的百姓。在此后的195年间，随着明朝皇帝像走马灯一样频繁更替，矿业开发的政策也变化无常，像拉风箱一样时开时合。所以整个大明期间，黄金开采始终没有得到正常发展。

我国古代的黄金开采在清朝，特别是清朝中期，得到了较大的恢复。但在乾隆年间，对金矿的开采规定也出现过反反复复的变化。这大概与乾隆皇帝独断乾纲、随心所欲的性格有关。

在1840年爆发的第一次鸦片战争中，西方列强不但洗劫了中国数不尽的黄金财宝，还让清政府背上了沉重的债务。为了偿付战争赔款，清政府开始强化黄金开采。19世纪末期，黑龙江、吉林、河北、山东、四川、湖南等地先后都有黄金开采。其中据记载，在光绪8年（1882年），黑龙江漠河一带的采金人多达千余人。到光绪22年（1896）年，漠河金矿的年产黄金达7万余两（约2.2吨），工人达3万之众。在维新改革思想的推动下，洋务运动如雨后春笋一样迅速发展，随之西方的开采技术开始引入中国。1889年，我国从国外引进了当时最先进的黄金选矿机械并应用于湖南平江县。随后又在1896年引进了西方的黄金冶炼技术，应用于广西桂县、山东招远和平渡，在广东增城等地也得到了推广使用。在清王朝的收官之年1911年，我国的黄金产量达到48万两（15吨），这是新中国成立之前的一个历史纪录，直到1977年这一纪录才被改写。

在民国时期，官僚资本介入黄金开采领域，民间小规模开采也得到广泛发展。黄金开采主要集中在辽宁、吉林、黑龙江、山东、江西等地，其中黑龙江所占比例最大。据统计，从1912年到1942年的30年间共生产黄金121吨。

我国古代究竟生产了多少黄金？目前这仍是一宗历史遗案，不同的资料给出的数据大相径庭，相同的是，依据都是推测！外国的经济学家推断，在公元 500 年前，中国共生产黄金 170 吨。我国历史学家和黄金专家们研究认为，在公元 500 年之前我们已拥有黄金 200 吨以上。

新中国成立以后，我国的黄金开采工业如同其他行业一样，逐步开始恢复和重建，但受到整个国家经济条件的限制，长期在较低的水平徘徊。从 1976 年开始才走上稳定发展、逐年上升的轨道。特别是进入 20 世纪 80 年代以后，在国家政策、国家经济、技术革新等诸多因素的推动下，中国黄金开采工业的发展完全可以用日新月异、突飞猛进来形容。1995 年，中国黄金产量首次突破 100 吨大关；2003 年再上一个台阶达到 200.6 吨；2007 年则达到 270.5 吨，首次超过南非这个百年冠军，加冕成为世界黄金工业的新科状元；2009 年又超过 300 吨创下 313.98 吨的历史新高。按照中国黄金协会 2011 年的统计，目前我国的十大黄金生产省区分别是山东、河南、福建、内蒙古、云南、陕西、湖南、贵州、吉林等。

八、黄金小贴士

（一）淘金热与牛仔裤

说起淘金热，我们不能不说牛仔裤，因为它是淘金热中诞生的一个“明星”产物。

在黄金梦的驱使下，出生于德国的犹太小伙子李维·史特劳斯（Levi Strauss）也于 1853 年来到旧金山。他原本打算加入淘金者的队伍，但一时没有找到合适的机会。为了糊口，他只好从“第三产业”做起。

犹太人与生俱来的商业头脑使李维·史特劳斯发现，矿工们整天和沙子石头打交道，衣服非常容易破损，人们迫切希望有一种耐穿的衣服。于是，他利用处理积压的帆布试着做了一批低腰、直筒、臀围紧小的裤子，卖给旧金山的淘金工人。由于这种裤子比棉布裤更结实耐磨，马上受到广大淘金矿工的欢迎。这些帆布产自意大利，叫做 “热那亚布”（genoese）。后来人们把这种布料做的裤子也叫做

“Genoese”，简化成英语后又变成了“jeans”，这就是牛仔裤的现代名称。

眼看着牛仔裤的生意并不比淘金差，李维·史特劳斯索性开了一家专门生产帆布工装裤的公司，并以自己的名字“Levi's”（李维斯）作为品牌。Levi's 的另一种淘金神话从此开始，写入了美国西部的淘金史册。

随后，牛仔裤的布料从帆布改为蓝色斜纹棉布，就是我们所说的“劳动布”，并且为了便于淘金工人装载金块，还特别增加了后袋，打上铆钉、护皮、甚至护铁，以加强其耐用度。

到了 20 世纪 30 年代中期，美国中西部的农业区几乎人人都穿着牛仔裤，从此牛仔裤开始步入流行服装的行列。第二次世界大战期间，美国当局把牛仔裤指定为美军的制服，大批的牛仔裤随盟军深入欧洲腹地。战后大量士兵返回美国，他们非常认可这种美观、实用、耐穿，价格又便宜的裤子，竟然使积存的牛仔裤销售告罄，有些地方甚至限量发售。在欧洲，本地的工作服制造商也看中商机，纷纷争相仿效美国的原装货色，从而使牛仔裤在欧洲各地迅速普及、流行起来。美国好莱坞的影视娱乐业对带动牛仔裤的国际流行风潮也起了不可低估的作用。20 世纪 50 年代期间的著名电影如《无端的反抗》、《天伦梦觉》等，片中的主角都穿着舒适、大方的牛仔裤。在那些大牌明星引导潮流的影响下，牛仔裤在当时成为一种时尚的标志。20 世纪 60~70 年代，摇滚乐的广泛流行和嬉皮士的生活方式对青少年的影响，更使牛仔装大行其道。这时，牛仔装也进入上流社会，名门贵族也竞相穿起了牛仔裤。其中英国的安娜公主，埃及的法赫皇后，摩洛哥的国王哈桑二世，约旦国王侯赛因以及法国前总统蓬皮杜等都喜欢穿牛仔装。更富有戏剧性的则是美国前总统卡特还穿着牛仔装参加总统竞选。从此，这条出身卑贱的牛仔装一跃而登入大雅之堂，久盛不衰。

（二）“金城”约翰内斯堡和“兰德型”金矿床

约翰内斯堡是南非最大的城市，位于东北部瓦尔河上游高地，海拔 1754 米。1984 年人口 171.3 万。这座金城始建于 1886 年，地处世界最大金矿区和南非经济中枢区的中心，原本是一个探矿站，以后随金矿的发现和开采迅速发展为城市。

约翰内斯堡著名的金矿区叫“维特沃特斯兰德”盆地（Witwatersrand），主要成矿带集中在一个280公里长、140公里宽的盆地之中。在该金矿区的金矿床就是著名的含金砾岩型或者“兰德型”金矿床，其储量占全球黄金资源的40%，迄今已经生产黄金15亿盎司（约42,524吨）。世界几大黄金生产商，如安格鲁、金田、哈莫尼等公司的大型金矿都集中在这一区域。该地区共有7个矿田，主要产金的矿山约35座。其中金田公司的得律方丹金矿（Drefontaine）规模最大，现在每年仍然能生产黄金70吨左右。

（三）西门子与氰化物提取黄金技术

在现代黄金生产和镀金工艺领域，最重要的发现当属氰化物与黄金的特殊关系。

在现代化学知识发展的初期，科学家们逐渐发现，尽管黄金几乎不与其他物质发生反应，但是可以与少数物质形成络合物。早在1783年，瑞典著名化学家，氧气的发现者之一，卡尔·威尔海姆·舍勒（Carl Wilhelm Scheel）就发现了氰化物溶液对黄金具有溶解作用。

1839年，英国伯明翰的外科医生约翰·莱特（John Wright）发现，通过黄金与氰化物形成的含金氰化物溶液，可以获得黏稠的黄金沉积物。同时，莱特从刚刚兴起的电铸版工艺中得到启发，确信可以利用氰化物找到一种新的镀金和镀银方法。后来又经过几个星期的反复试验，终于发明了可以用于工业应用的氰化电镀方法。

1840年，莱特与艾尔金顿堂兄弟（Elkington cousins）达成协议，将其发明与艾尔金顿已经申请的一项专利结合起来，很快应用于电镀生产。令人惋惜的是莱特于1844年英年早逝，没有看到他的理想变成现实的那一天。

更为不幸的是，可能是出于保密的原因，莱特的试验记录是用德文速记下来的，后来被人们当做废纸烧毁。但他的发明还是迅速传播到法国、俄国和德国等欧洲国家。

与此同时，还有另一个值得记忆的重要人物， 即西门子电气公司的奠基人维尔纳·冯·西门子（Werner von Siemens）。西门子在1841年因与人决斗被判监禁，关押在普鲁士的马格德堡市的一个城堡之中。西门子痴迷于电镀和照相技术几近狂热，他竟然让人把一些仪器和化学药品偷偷运进关他的禁闭室。很快，他就用一枚金路易金币作为阳极，通过电镀成功地把黄金镀到一只镍铜锌合金（也叫“德银”）的勺子上。后来，西门子把他的工艺以四十个金路易的价格卖给了马德堡的一名首饰商人。

在1842年，西门子为此申请了专利，因为在当时的德国还没有电镀金或银的工艺。后来，他继续对各种已知的金盐和银盐进行电镀试验。除了硫代硫酸盐以外，西门子也发现了氰化物也可以用于金的电镀。但英国人艾尔金顿与莱特已经在他之前申请了英国专利并且广泛流传。后来，黄金氰化物在镀金工艺中的原理又得到艾尔金顿的两名雇员的进一步完善，从此奠定了氰化镀金（电镀）工艺的基础。

到1887年这一知识又被应用于黄金开采。英国的约翰·斯图尔特·麦克阿瑟（John Stewart MacArthur）和弗里斯特兄弟（Robert and William Forrest）认识到，既然氰化物可以溶解黄金用于电镀，它同样可以溶解矿石中的黄金。于是，经过研究试验他们首次正式提出，氰化物可以用于从矿石中提取黄金，并申请了专利。这就是现在仍然被广泛使用的氰化工艺。

氰化工艺的发明，加上澳大利亚和南非相继发现大规模的金矿资源，有力地推动了世界黄金生产的发展。世界黄金产量从19世纪90年代的200吨左右，猛增到20世纪初的500多吨。

（四）愚人金

“愚人金”（fool’s gold）是黄铁矿的别称。因其颜色酷似黄金，很容易被人们误认为黄金而得名。其化学成分为硫化铁（FeS_2），通常具有完好的晶体形状，多呈正立方体、八面体、五角十二面体等。

尽管愚人金不是真正的黄金，但在古代，它仍然被人们当做一种廉价的宝石。在英国维多利亚女王时代（公元1837~1901年），人们都喜欢饰用这种具有特殊形态和观赏价值的宝石。它除了用于磨制宝石外，还可以做珠宝玉器和其他工艺品的底座。其实，“愚人金”非常容易识别。首先，天然黄金没有规则、光滑的结晶面，不会有晶体形状。其次，只要拿它在试金石上或不带釉面的白瓷板上轻轻一划，看划出的条痕，就会真假分明了。金的条痕是金黄色的，而黄铁矿的条痕则是绿黑色的。另外，用手掂一下，手感特别重的是黄金，因为自然金的比重大约是黄铁矿三倍左右。

黄铁矿是分布最广泛的硫化物矿物，在各类岩石中都可出现。黄铁矿是提取硫和制造硫酸的主要原料，另外在橡胶、造纸、纺织、食品、火柴等工业以及农业中均有重要用途。我国的黄铁矿资源非常丰富，储量居世界前列。

第六章　走进缤纷的黄金应用世界

在大多数人的常识中，黄金除了做首饰、装饰、货币外，好像没有什么实用价值。的确，在工业革命之前，甚至在20世纪之前，黄金的主要用途也不过如此。随着科学技术的不断发展和进步，特别是电子技术、电子工业的发展、航天航空科技的进步以及化工、纳米科技的兴起，黄金独特的物理化学性能得到了科学家和工程师们的不断开发利用。可以毫不夸张地说，在当今社会，黄金几乎无处不在，在许多领域扮演着不可替代的角色，在许多场合发挥着不容忽视的作用。

需要解释的是，黄金的工业应用不能简单地用黄金的消耗量加以衡量。因为我们知道，黄金具有独特的物理化学性质，所以尽管在某些领域应用非常普遍，但是其用量的绝对数字都不会很大，这也是黄金优胜于其他贵金属的一大优势。黄金世界最为引人入胜的地方是它精彩纷呈的应用领域。下面，我们就把黄金世界这个缤纷的一角呈现给大家。

一、令人目眩的黄金首饰世界

黄金最早的用途之一是首饰。可以说，黄金与人类文明结合的历史，就是黄金首饰的历史。因为现在大家公认的世界黄金历史的已知起点，就是通过在保加利亚出土的古代色雷斯人的黄金首饰加以证明的。从此以后，在将近 7000 年的漫长历史中，黄金首饰从未离开人类社会，而且它与人类文明的关系越来越密切。下面左图所示为迪拜黄金市场的“镇场之宝”，世界上最大的金戒指，重达 63.856 千克，上面共镶嵌了 5.1 千克重的宝石。右图为具有中东特色的黄金首饰。仅这两张图片，就可以说明黄金首饰在人们生活中的地位。

世界最大金戒指

中东的金饰市场

时至今日，如果从黄金消耗的数量来说，首饰制造仍然是无可争辩的第一用金大户。根据汤森路透的统计，2013 年全球首饰制造共消耗黄金 2361 吨，占总消耗量的 74.5%。目前，全球黄金首饰需求最大的市场依次是中国、印度、美国、俄罗斯、土耳其、沙特、阿联酋、埃及、印尼、意大利。其中印度是传统的黄金首饰消费大市场，中国是近几年迅速崛起的新兴市场。

而意大利则是老牌的黄金首饰制造市场，以其精美、新颖的设计和精良的加工制造技术著称。意大利曾经是全球首饰制造和出口最多的国家，素有“首饰王国”之称。在意大利黄金珠宝生产的鼎盛时期，从事黄金珠宝生产的公司多达1万多家，黄金珠宝行业的从业人员有 4 万多人。在欧洲 70% 以上的黄金首饰来自意大利，在其巅峰时期的 1998 年，意大利金首饰加工用金达 547 吨。意大利的首饰加工能够在世界黄金市场独领风骚，其原因与它的文化艺术传统和氛围密不可分。意大利是欧洲文艺复兴的发源地和中心，这场影响深远的文化运动，使意大利的绘画、雕塑、建筑、装饰等艺术发展到登峰造极的地步。意大利的首饰设计师们从这些丰富的文化艺术遗产中，不断汲取艺术营养，不断获得创作灵感，从而造就了一批又一批的优秀首饰设计师。尽管现在印度、中国等国家的首饰制造后来居上，瓜分了原来属于意大利的黄金首饰市场份额，但是这些国家的首饰制造设备至少有一半以上产自意大利，最高时达到 80%。

因为黄金首饰已经成为现代生活一种司空见惯的时尚形式，所以在此无需过多重复，否则只能老生常谈了。不过黄金首饰的概念不应该仅限于项链戒指、手链耳环等，其实它是一个更加宽泛的集合，比如品类繁杂的黄金服饰，还有古代在龙袍等皇室服装上的金丝刺绣装饰等。

二、金碧辉煌的建筑与黄金装饰

黄金用于建筑有两种用途，最常见的是装饰美化，同时表达神圣永恒的寓意，比如教堂、清真寺和寺庙。而现代建筑使用黄金则多数属于功能性应用，利用黄金来防止热辐射和光辐射。

在古代，用黄金对建筑物和神像的装饰主要采用贴金的方法。这种方法就是先把黄金锤打成极薄的小块金箔，也就是金叶，然后再把这些金叶贴在需要装饰的表面。

至少在 4000 年前，古代的工匠们已经了解了黄金优良的可锻性和延展性，并且学会了金叶的打造技术。古埃及人可能是这种工艺的开拓者。在埃及的一些墓葬中，人们发现了描写冶炼黄金和锻造金叶的场景。在大英博物馆陈列的埃及女祭司的贴金内棺，就是这种工艺的一个例证。在埃及法老图坦卡蒙的墓葬中也出土了大量贴有金叶、金箔的随葬品。考古学家们对埃及不同时期的金叶制品进行了对比研究，发现在第十二王朝时（公元前 2000~1786 年）埃及工匠们已经能够把金叶做到 1 微米厚，而到了第十八王朝（公元前 1570~1293 年）金叶甚至可以薄到 0.3 微米。

在《圣经·旧约》的《出埃及记》中记载了以色列人在流亡到埃及时学会了

黄金的锻造技术。犹太人的首领摩西按照他与上帝的约定，在西奈半岛修建了供奉上帝的神龛，其板条格栅四周全用黄金包裹，因为这是誓约中规定的内容。

生活在地中海东岸的古老民族腓尼基人可能是通过相同的渠道，也学会了这一技术，他们把所罗门国王在耶路撒冷的寺庙的门廊贴上了黄金。

在印度，锻金工艺至少在公元前5世纪佛教诞生时已在应用。从那时起，虔诚的佛教徒们会在庙宇附近的街上购买金叶，把它贴到神圣的佛像上，后来这一习俗成了终年不断的辉煌景色。这种技术也随着佛教的传播很快传入中国、朝鲜和日本。在中国这些技术又进一步扩展到漆器工艺和其他器物的装饰上，并一直传承至今。所以在中国语言中，人们经常用“脸上贴金”的俗语，来形容美化自己或他人。

有关金叶的古代故事层出不穷，不胜枚举。古希腊著名诗人荷马在他的史诗《奥赛德》里记述了希腊人祭祀时，要在牛角上贴金。并且据说罗马皇帝马克西米努斯的母亲曾经用黄金抄写荷马的诗，作为礼物送给儿子。还说古波斯帝国的一位军官在普拉蒂亚战役之前，曾经把金叶包裹在他的床上，以求好运。

古罗马人的黄金锻造技术是从俘获的腓尼基俘虏中学到的。古罗马的金匠已经能用一盎司黄金打造出750块75毫米见方的金叶，合计面积达4.2平方米。古罗马历史学家老普林尼（Pliny the Elder，公元23~79年）在其著名的《自然历史》中记录了古代迦太基王国被推翻后，用贴金技术装点宫殿的事实。这一技术后来被应用于其他公共和私人建筑物的装饰。

英国使用金叶和贴金技术的记载最早出现在公元700年左右。在英国，贴金工艺被广泛应用于教堂、城堡的石材装饰以及木制家具的装饰。随着这一技术从埃及向世界各地传播，其工艺水平也不断提高。英国早期的金叶厚度已经能够达到0.1微米，并且每个金匠每周能锻造出5000片金叶。

在公元12世纪，已经有书籍详细介绍金叶锻造技术，有些工艺的描述对现在的手工金匠仍有参考价值，只是现代人所用的工具已经今非昔比，锻打金叶的圆石变成了精良的钢铁锻锤，先进的机械代替了原始木制和石制工具。

早在15世纪，欧洲人就开始尝试发明机械锻金设备，但直到1837年，才由德国人克里斯汀·赖希（Christian Reih）、麦克尔·霍夫曼等人设计出了最早的金叶锻造机，但似乎并不太成功。

此后，有不少人继续做了更多的努力。1851年美国人的一家公司在伦敦博览会上展出了他们的金叶锻造机，但仍需许多人工参与。直到英国人塞西尔·威进行了许多改造，真正令人满意的自动化金叶锻造机才获得成功，这一设计至今仍在沿用。

即使现代的建筑，也有不少用金叶装饰顶棚或天花板的实例，其原因除了彰显高贵奢华之外，重要的是黄金的耐久性，长期不变化、不腐蚀，这是任何涂料都无法比拟的。比如，加拿大渥太华的国会大厦、美国科罗拉多州丹佛市的州议会大厦、纽约的大都会歌剧院，以及巴黎的拿破仑陵墓等。

金叶制作的过程是：先把黄金碾压成25微米左右的薄片，再切割成1英寸见方的小块。然后用海卓纸包好，再用羊皮纸包成小包。然后把这些小包放在平整光滑的石头上锤打，直到金叶变成4倍大。这时要将金叶涂上一种粉末，再用牛皮夹包起来，继续锤打大约2小时。最后，还要把金叶进行分割，包夹在羊皮纸中锤打。三次锤打过程所用的锤子要由大到小，分步减轻。有人统计过，整个过程需要打击8万多次，才能将金片打成8~10微米厚的金叶。这种方法在英、法、美等国家至今有人采用。

加拿大皇家银行的镀金玻璃窗

而现代建筑中使用黄金，最常见的形式是镀金玻璃。其中常常被人们津津乐道的是加拿大皇家银行大厦（Royal Bank Plaza）的例子。这座41层高的摩天大楼于1979年竣工，其14000多个窗户全部采用镀金玻璃，共用去黄金 2500 盎司（77.76 千克）。

因为采用镀金玻璃的大楼是银行大厦，人们可能自然会认为，银行这么做就是为了炫富。也许银行有这种想法，其实这更多的是一种误解或者偏见。

那么，大楼窗户的玻璃为什么要镀金呢?

在现代化的大都市，我们随处可以看到鳞次栉比的“玻璃大楼”。这些所谓的现代化写字楼都有大面积的玻璃窗户，其目的是提供良好的采光，并能给办公区工作的人们一种直接与外部世界接触的感受。但随之带来的一个问题是，充足的阳光会使室内温度迅速升高，必须用空调加以控制。

普通玻璃几乎百分之百地允许阳光中包含的各种射线穿透到室内。于是人们必须找到某种可以阻挡太阳的热辐射，又能良好采光的玻璃或其他材料。

镀金玻璃是解决这一问题的最好途径之一。因为黄金具有良好的热反射性，其次，它非常容易电镀到玻璃等非金属材料表面。还有一点是黄金镀膜可以做到很薄，比如几十纳米，近似透明状态。

镀金玻璃不但可以反射阻挡太阳光的红外线辐射，由于它的热传导系数很低，还可以在冬季防止热量损失，使写字楼实现冬暖夏凉。据专家测算，采用一种双层镀金的玻璃做窗户可以比普通玻璃降低 40% 的取暖成本。

其实，使用镀金玻璃的现代建筑不仅是加拿大皇家银行大厦。在 20 世纪 80 年代建成的德国科隆工业大厦，也全部用镀金玻璃窗户。这种窗户允许有 40% 的可见光进入室内，而进入室内的太阳辐射被限制在 26% 以内。从大厦的内部看，这些玻璃呈淡淡的浅绿色，色调非常柔和，并无不愉快之感，从外部看则是金碧辉煌。

在德国慕尼黑的宝马公司总部大厦，其窗户玻璃也采用镀金玻璃，以防太阳能辐射。因其镀膜加入了铜，实际上是金铜合金镀膜，玻璃呈浅蓝色，与大厦白色的外墙形成和谐的主色调。

德国斯图加特的德意志劳埃德银行（Lloyds Bank）大厦也是采用镀金玻璃的一幢建筑，由于反射功能极高，可以将蓝色的天空映在其中，不但可以有效地反

英国的皇家马车

射太阳辐射，还增加了特殊的美感。

近几年，玻璃镀金工艺日臻成熟，趋向于在镀膜中加入其他金属，以丰富其外观颜色。

在黄金装饰方面，皇家御用品和宗教用品的装饰把黄金的性能应用得淋漓尽致，也把黄金的尊贵品质展现到了极致。从古代文物到现代用品，金灿灿的实例数不胜数，左图所示为保存在英国白金汉宫的皇家马车。

在黄金装饰工艺中，有一个应用非常广泛的方法是液体黄金的应用。“液体亮金”也叫“金水”，就是含有黄金和有机溶剂的溶液。其中也包含一些贱金属作为添加剂。将液体亮金涂抹在陶瓷和玻璃的光滑表面，然后在空气中高温加热，使有机物质燃烧挥发，就会产生亮如镜面的一层金膜，这种金膜一般只有125纳米厚，纯度可达22K。

如果把液体亮金的含金浓度降到一定程度，则会产生透明状的红色、紫色、蓝色、宝石红、粉色或棕色等多种色调，用于装饰更加五彩缤纷，更加绚丽夺目。

液体黄金技术始于19世纪30年代，最初只用于陶瓷器具的装饰，以取代成本高的金叶贴金和金粉贴金工艺。后来又应用于玻璃制品的制造。

这种技术的成熟和大规模应用是在1850年左右的欧洲。1879年，德国的德高莎公司开始正规生产液体亮金，这项技术很快传入英国、中国和日本。到20世纪，应用更加广泛，技术更加成熟。这项技术因成本低廉而不失华贵之风，受到人们的欢迎。甚至一些廉价的日用品都用这种工艺进行镀金，如餐具、灯具、玻璃杯、烟灰缸、花瓶等。据估计，全世界每年仅玻璃和陶瓷制造业所使用的液体亮金要消耗黄金10吨左右。

根据不同用途，液体亮金的配方有四五十种之多。所以，液体亮金不仅限于陶瓷和玻璃制品的装饰，还应用于许多重要的工业领域。

英国和意大利制造的镀金花瓶

通过液体亮金技术，可以把黄金镀在铝、镁、钛等多种金属和合金的表面，如不锈钢，还可以镀到搪瓷钢、石棉板、塑料薄膜的表面，还可以起到防止红外线辐射和防止腐蚀的作用。

从 1950 年开始，液体亮金被成功用于丝网印刷技术，这样可以在玻璃制品上做出极为复杂的图案和装饰，而且效率比手工绘制提高数百倍。

黄金用于陶瓷装饰可以追溯到中国的宋朝（公元 960~1279 年），在日本东京博物馆保存的一只宋代的描金彩绘碗，就是这种技术的一个例证。不过，当时所采用的并不是液体亮金技术。最早的描金工艺是把金磨成粉末，调成颜料，用毛笔描绘在瓷器上，然后放入窑中烧制。同时，中国人很早就掌握了用水银（汞）溶金，再把液体黄金（叫汞齐金）描绘到陶瓷表面。这种技术在中国古代叫鎏金，最早用于漆器的彩绘。

直到 18 世纪 30 年代，金粉的化学制备方法出现之后，中国这些古老的工艺才被取代。尽管现代陶瓷工业已用非常高级的设备进行彩绘，包括描金、镀金等工艺，但手工描金、喷涂、印花仍被保留至今。在当代工业化生产中，丝网印刷技术的应用更加高效经济。在现代，陶瓷工业每年要消耗黄金 5 吨左右。

到了现代，液体亮金技术被广泛地用于电子工业和航天、航空工业。在阴极射线管的内壁上的液体金涂层可以起到电子屏蔽的作用。在分立元件中，陶瓷电阻的两端连接点上也常用液体金涂层，以保证接触良好。在一些高速打印机的高温打印头上，也需要通过液体亮金技术给其中的导电部件镀金。

在古代，黄金还被用来对一些珍贵书籍进行装帧，特别是一些宗教圣典经书、珍贵的手稿、法典等。现存意大利米兰一家博物馆的四本《圣经旧约全书》中的福音书，装订于大约公元 7 世纪，其书皮用黄金装饰，是最早的黄金装帧书籍。

黄金装帧书籍的做法在 17 世纪和 18 世纪发展到了顶峰，装帧技术已经非常成熟。当时的珍贵书籍一般用皮革作封面，上面不但要烫画，还用黄金金丝、金线、金箔装饰上各种精美的图案。有时甚至还镶有宝石。

最初，古代工匠们是用蛋清制成的粘合剂，把金线、金丝、金粉粘到书皮上，后来学会了描金技术和热镀或贴金技术。用黄金装帧书籍主要流行于古代欧洲、波斯和中东地区，在亚洲的中国和印度则应用不多。

三、黄金在时间坐标上的传统领地——钟表装饰

黄金诱人的颜色和光泽，它的耐久性、不易污化和极强的抗腐蚀性，使它在钟表制造中大显身手。从早期的原始钟表到现代的电子钟表，黄金在钟表业的发展中都扮演着非常重要的角色。

其实，黄金与钟表的渊源可以追溯到更早的原始计时时代。有记录表明，黄金等贵金属曾经用于不同文明的日晷、沙漏、水漏等计时器件。

世界上最早的塔钟出现在 13 世纪末的英国和法国。这种钟很快成为教堂、王公贵族和城堡显示其社会地位的标志，不仅在欧洲大陆和英伦三岛如此，而且包括在远东的俄国。很显然，在这些钟表的指针上贴金或镀金，以示高贵是顺理成章的做法。在镀金技术成熟之前，人们一般是采用贴金的办法，就是用胶把金叶粘在普通金属表针的表面上。另一个办法是把金和水银混合成的汞齐金涂抹在表针上，然后用火烤，使水银蒸发，而黄金则留在表针的表面。这种方法就是所谓的“火镀金”。

在随后几年，可供家庭使用的座钟，作为一种奢侈品进入家庭。但只有王公

贵族、神职人士以及上流社会的家庭才能享用得起。因此，在座钟的外壳上，钟表制造商会极尽奢华地用各种贵重材料进行装饰，这自然少不了黄金。金匠和首饰商们发现，钟表是一个新的生财之道。尽管早期的钟表是供给富贵人家所用，但纯金毕竟昂贵，大多数钟表上使用的黄金仍以包金、贴金、镀金为主。

到16世纪，怀表或手表的雏形已经出现，即便携式钟表，这种表简单到只有一个时针。但为了缩小体积，做到真正实用普及，工匠们花了大约50年的时间才实现这一目的。然而这种便携表仍然改变不了它的贵族身份。由于它体积变小了，就更值得用黄金来装饰。据历史记载，最早的金表（怀表）属于英国女王伊丽莎白一世。女王的这些金表还镶有各种珠宝，所以不但金碧辉煌，而且珠光宝气。

这时的便携式钟被叫做“表”（英文watch），开始与“钟”（英文clock）有了区别。表从诞生之日起，就是工艺美术品的成员。这不仅体现在表壳和表面等外观上，机芯的制作也求精雕细刻，让这些机械零件也像艺术品一样。这样做的确有点为艺术而艺术，因为机芯通常是看不见的。但是这并不是已经逝去的讽刺剧，时至今日，瑞士和德国的一些手表制造商仍然制造和销售这样的机芯。所不同的是，这种豪华表配上了水晶或强化玻璃等透明的表盘和后盖，可以让大家都能看到它美轮美奂的心脏。有的甚至没有表盘，双面都是透明设计，把表示数字的标记做在表蒙上面。

我国晚清时期专为皇家制造的镀金葫芦钟
（照片来源：故宫博物院 郭兴宽 摄）

早期的表盒和表壳制造者必须有高超的艺术水平，因为他们面对的是挑剔的贵族和富人。黄金不仅用来装饰美化，还用于做镶嵌钻石、珠宝的基础。

16 世纪和 17 世纪制造的怀表其精美程度几乎是空前绝后的，尤其是英国和法国的金表最为典型，而不是瑞士。这些表的整个盒子用珐琅和黄金等贵重材料装有微画，表盘镶有珠宝。

在 1675 年摆轮发明之后，表的计时精度大大提高，虽然不能与钟相比，但已经从装饰大于用途转变为一种可以告诉人们时间的适用器物。这一时期，黄金主要用于表盒的装饰，而机芯的许多零件则采用镀金，其主要目的是为了防腐。

在 18 世纪中期，英国流行在表盒两面用黄金浮雕进行装饰。怀表的这种过度奢侈的装饰风格一直延续到 19 世纪初期。

镀金表直到 19 世纪末电镀技术发明之后才得到普及。不仅表壳、表盘、指针这些可以看到的部分要镀金，为了防腐，机芯里的一些零件也要镀金。为增加耐磨性能，镀金也采用加有铜和锌等金属的 18K 金，而不用纯金。镀金膜的厚度范围非常大，最薄的只有 0.1 微米，而最厚的可以达到 3~5 微米。机芯零件的镀金层一般为 3~5 微米厚。

从 19 世纪开始，瑞士钟表制造业开始兴起，到 20 世纪初已成为全球制表业的主导力量。进入到 21 世纪后，由于电子钟表等多种计时工具的飞速发展，钟表业受到了冲击。瑞士钟表制造被迫再次转向奢侈品市场，这就意味着更多地使用黄金。目前，全球 90% 的金表是瑞士制造的。因为强度的要求，金表的纯度不能太高，绝大部分金表为 18K，有些含金更低，甚至为 14K 或 9K。所以现代手表用金并不是很多，比如一只坤表一般只需要 8 克黄金，一只 18K 的劳力士金表

金表的演变

（男表）的表壳里则最多可含金 30 克。劳力士金表是金表市场的主要品牌，大约占全球金表总数的 65%。

其实，尽管瑞士表业是无可争辩的龙头老大，但它并不能百分之百地垄断全球的金表制造，其他国家和地区也生产制造金表。据统计，2001 年，瑞士共生产金表约 450000 块，日本生产 25000 块，印度生产 800~1000 块。全球金表制造每年大约消耗黄金 8~12 吨。在瑞士，生产金表壳的公司有 15 家，还有专门生产金表带的公司。据估计，全球金表带生产每年要消耗黄金 10~13 吨。

在现代金表制造中，只有表壳、表盘、表盖、指针等六七种部件可以用 K 金实体加工，不仅机械表，电子表也是如此。所以，这里有一个区别金表和镀金表的简单常识。按照惯例，纯金表的表壳和表后盖都必须是金的，而镀金表的后盖一般为不锈钢，并且后盖通常不镀金，这是制表业的一种通行的做法。所以只要翻过来看看后盖，一般就能确定它是不是金表。

现代石英电子手表和石英钟，不管它是否是金表，都离不开黄金。因为电子表机芯的核心零件石英晶体本身就含有黄金。另外无论数字石英表还是模拟石英表（指针式），其集成电路中也要使用黄金，特别是用太阳能电池、光敏电池或电热电池驱动的高档电子手表。当然，这与其他电子产品使用黄金的方式没什么区别。至于外观和装饰上使用黄金则与机械表相同。

四、从神圣到尘世——黄金在医药领域的变迁

从远古开始，人类就把黄金的光辉与用温暖赋予生命的阳光相联系。在崇拜太阳的文化中，黄金是太阳的化身。如在埃及，法老们认为自己是太阳神的后代，他们希望在进入另一个世界时，黄金能使他们的生命得以延续。因此要派出探险队寻找黄金为他们死后作随葬品。对埃及的普通百姓，他们佩戴的项链和护身符，是魔力和咒语的载体，被认为可以保护他们驱除恶魔，免受疾病和灾祸。这种习俗不但在埃及漫长的历史上经久不衰，而且在印度等其他地方也十分盛行。但是使用黄金治病的历史最早始于中国，大约可以追溯到公元前 2500 年。不过早期

的黄金主要被用作长生不老之药，比如东晋时期的著名炼丹术士、医药学家葛洪就认为，服食黄金可以“炼人身体，故能令人不老不死。” 后来，黄金逐渐进入真正用于治病的中医药方之中，比如肺结核的治疗等。中国医学史上的药圣李时珍还对中国古代金药做过系统的总结，并将金药划分为“金石类”。

古罗马时期著名的历史学家老普林尼曾经相信，把黄金放到受伤的人以及小孩子身上，可以使他们免受魔药的侵害。所以直到中世纪的欧洲，黄金在医药上仍然没有真正的作用，而仅限于用它驱除可能带来疾病的恶魔等宗教性活动形式。

在公元 870 年左右，伊斯兰人开始用金叶包裹药丸，据说一是为了改善外观，二是为了改良口感，三是希望能提高疗效。

在中世纪后期，西方的炼金术士们开始热衷于长生不老或返老还童之药的开发。这一时期，由古波斯化学家贾比尔发明了可以溶解黄金的王水。炼金术士们试图用王水把黄金溶化后，找到这种特殊金属的秘密，从中提取出来万能之药或长生不老之药。

在这一时期，尽管有人第一次把黄金作为一种药物，但仍然充满了宗教和神秘色彩。认为黄金可以明目，更重要的是可以净化心脏和生命之源泉中的杂物。实际上，这种观点只是古代炼金家和哲学家们把太阳、黄金、心脏相互关联的思想的一种延续。这种认识一直持续了 400 年之久。

1600 年前后，德国医生们在多达七种的药方中使用了黄金，有的用王水溶解黄金所得的溶液，有的用研磨的金粉。

到 17 世纪初期，黄金正式进入欧洲的官方药典，德国首先把几种包括黄金的药方列入药典。英国的第一部《伦敦药典》也把黄金列为一种基本药物。但列入药典并不意味着实际应用，黄金的作用还是仅限于心灵安慰的治疗。

17 世纪末期，医生们认识到，通过王水制成的黄金药物腐蚀性太强，含金的雷汞又太危险。随着化学知识和医学的进步，人们又进一步认识到黄金的惰性太高，几乎不与其他物质发生反应，所以不大可能成为药物。在整个 18 世纪，黄金在医药上越来越不受重视。到 19 世纪初，许多国家把黄金从药典中剔除，只保留了可以包裹药丸的作用。

1811 年法国医生克里斯汀（J.A. Chrestien）公布了他用双氯黄金治疗梅毒、甲状腺肿大、淋巴结核和其他一些疾病的情况。后来，美国人也采用克里斯汀的一些方法来治疗类似疾病。

在用黄金治病的历史上，最值得一提的是美国医生莱斯利・基利（Leslie I. Keeley）。

基利是纽约一位乡村医生的儿子，受过正规的医学教育，参过军。在军队里，他目睹了成百上千的士兵借酒消愁，酗酒成瘾，给本人和社会造成极大的危害。战争结束后，基利回到伊利诺伊的条顿镇开始研究酒瘾的治疗。他与当地的药剂师一起研究双氯黄金治疗酒精依赖症长达 12 年之久。然后，他在小镇里开了一个康复疗养中心，并声称："酒鬼是一种疾病，完全可以治愈"。基利给酒瘾患者注射小剂量的双氯黄金，并配合心理治疗。他的疗养中心逐渐获得声誉，各地的患者纷纷涌来。

基利还向对他持怀疑态度的《芝加哥论坛报》的出版商提出挑战，让他们从芝加哥挑选了 6 名最严重的酗酒成瘾者，保证在三天之内把这些人从醉酒中唤醒，并在 4 周后让他们返回芝加哥，他们将不再寻求酒精。这一挑战让基利医生名声大振。后来，《芝加哥论坛报》对治疗的结果作了如下描述：

"这些人去的时候是酒徒，回来的时候是绅士。"

在 19 世纪 90 年代，基利的诊所和治疗机构遍及美国各地。据估计，在美国接受过双氯黄金治疗的人多达 10 万人。仅加入基利发起的"双氯黄金俱乐部"的会员就达到 3 万人。遗憾的是这一治疗方法在 1900 年基利去世之后便终止了，其中一个重要原因是基利没有把他的处方和治疗方案留给后人。他创造的纪录也永久地刻在了他的墓碑上。

尽管有些植物能吸收黄金，但在动物体内一般不会检测到黄金，因此现代医学认为黄金不是生命系统所需要的基本元素或微量元素。

在20世纪，黄金药物最为成功的应用是对风湿性关节炎的治疗。这项成就应该归功于德国细菌学家罗伯特•科赫（Robert Koch），他于1890年发现了金的化合物对结核菌确有抑菌作用。但这项发现在早期是被用于肺结核的治疗，并且在20世纪20~30年代非常流行，后来经过临床对比试验发现其效果并不明显，因而逐渐淡出这一领域。而人们对于用黄金药物治疗风湿性关节炎也是争论不休，一直持续了30多年，直到1960年英国的帝国风湿病理事会发表了一份报告，才完全肯定了这一治疗方法。我们现在仍然使用的金诺芬、金硫丁二钠、氯（三乙基膦）金等，依然是治疗风湿性关节炎的主打药品。

黄金在医疗上的另一个重要应用，是黄金的放射性同位素金-198对恶性肿瘤的治疗。这项医疗技术也是发明于20世纪。由于黄金的化学惰性，它还可以有效地抑制空腔流体的形成。由于金-198的半衰期只有2.7天，作为放射治疗的放射源的黄金可以安全地留在病人体内的肿瘤旁边。胶体黄金则可以被用于骨髓扫描或肝脏与肺脏造影诊断；金箔可以被用于烧伤皮肤的治疗；金的蒸汽激光可以用于胃癌、肺癌的治疗。

金的高度化学稳定性、良好的生物相容性，特别适合制造人工器官的材料、心脏起搏器，以及植入体内的生物传感器等。最近，科学家把黄金用于一项被称为“芯片药库”的技术，就是把某种微量剂的药物和微电子芯片，用黄金包裹起来，植入人体病灶进行治疗。

奇怪的是，现代医学和生物学对黄金作为一种药物的使用和管理非常谨慎，把它与汞等有毒元素一样看待。现代医学对黄金进入人体所经历的各种过程和反应，以及分布情况进行了详细的研究，以及这些反应对新陈代谢的干扰。但正因为黄金独特的物理化学性质，含有黄金的药物的药理作用，也与常规药品不同，所以对它的研究是一个挑战。黄金在医疗上的使用跨越了几个世纪，与医学的发展一同进步，从迷信走到科学，从护身符变成药片。迄今为止，医学工作者们仍在不懈地努力。

五、口中的黄金——金牙的故事与牙科用金

在16世纪初期，德国曾经发生过一起有关金牙的故事，它可以让我们从一个侧面了解黄金在牙科医疗上的应用。

1599年复活节前几天，人们看到一个7岁的小孩有一颗金光闪闪的牙齿。小孩的其他牙齿都与常人无异。这则消息很快传开，经过检查，发现小孩口中的确有一颗金牙。其实，小孩口中的金牙就是在原来的牙齿上套了一个金牙冠。可是当时人们还不知道金牙为何物，于是请来一名大学教授来调查这个“神奇”事件，并希望给予解释。这位教授在完成调查研究之后，写了一篇报告，将这件事称为“世界上最伟大的奇迹”。教授认为，这颗金牙是某个特殊的良辰吉日由某种超自然魔力所创造的，因此还推算出一系列预兆。然而，没过多久，由于咀嚼和咬东西带来的压力和磨损，套在牙上的黄金被磨穿，露出了原生牙齿，金牙的神秘彻底露馅了。不幸的是，这个小孩还因此被投入监狱。

早期的牙医或者口腔医生了解到，黄金的延展性和抗腐性，使其特别适合镶牙，尽管它的硬度低、不抗磨，但可以通过合金来增强硬度和抗磨性，比如加入一定量的铂、银、铜等金属形成的合金。根据不同的用途，黄金的含量一般为62%~90%。

人类究竟何时何地开始把黄金用于护理牙齿，仍存争论。但是普遍认为，黄金在牙科上的应用已有3000多年的历史。在公元前7世纪，生活在现代意大利中西部的伊特鲁里亚人（Etruscan），就用金丝固定镶上的新牙。到16世纪已经有专门的书籍介绍用金箔充填牙上的

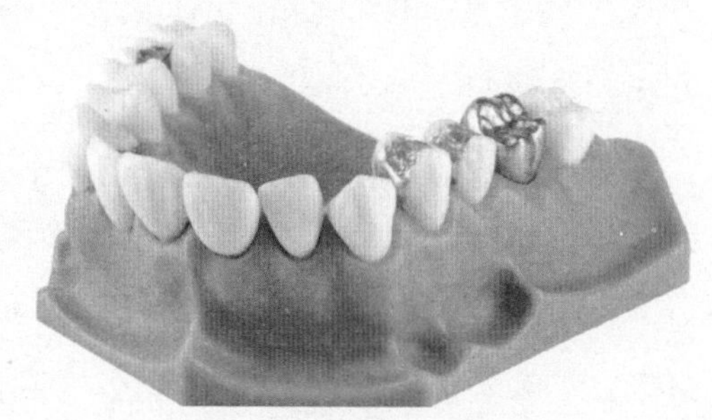

金 牙

空洞。

1914年在埃及一个古墓中发现的用金丝捆在一起的两颗牙齿，被认为是人类在牙科使用黄金的最早例证。经考古断定，这两颗牙齿的具体年代在公元前300年左右。在南美的厄瓜多尔和欧洲的伊特鲁里亚的墓葬中也有类似的发现。但也有人认为，这些并不是当时的活人对牙齿的护理，而是人死之后处理尸体时加上去的。

在古罗马普遍流行火葬，所以没有留下金护理牙齿的历史证据。

但是在公元前451年颁布的“十二铜法”有一条关于禁止用黄金作随葬品的条款，而把牙上所带的黄金作为例外。这说明在这一时期，古罗马人也已经把黄金用于牙科。

古罗马人继承了与其为邻的伊特鲁里亚人的许多艺术和工艺，也包括牙科。有记载（文献）表明，古罗马人已经使用金线固定和修复损坏的牙齿。

古希腊也实行火葬，所以幸存的牙科用金的证据极其稀少，但希腊博物馆保存的一些牙科设施与伊特鲁里亚人所使用的非常类似。

在阿拉伯国家，最早的记录见于公元11世纪一本医书对用黄金护理牙齿的详细描述。并指出了金线在口腔中不会变色，不会腐蚀等特点。

用金线、金丝固定松动牙齿的做法，一直延续数百年之久，直到近代仍被使用。从20世纪20年代开始，金线、金丝才逐渐被不锈钢所代替。

在1530年出版的最早的牙科专著中，详尽地介绍了如何用金箔修补牙洞的方法和步骤。

18世纪中期，黄金开始被用于制作假牙的牙托。而黄金牙冠或牙套的历史可能更早，上述金牙的故事就从一个侧面说明，金牙冠的应用至少始于16世纪初期。

到19世纪末，金牙冠技术已经成熟，无缝的金牙冠厚度可以做到仅有0.22毫米。后来黄金不仅用来修复牙齿、镶牙、矫正牙齿，还用于口腔装饰的目的。

尽管现在牙科技术在不断开发新材料，黄金仍然是非常重要的材料之一，进入 2000 年仍然保持每年 60~70 吨的需求。其中日本是牙科用金大国，占市场的 28%，其次是德国、美国等。

六、黄金应用的新兴舞台——电子工业

在现代社会，黄金因其独特的物理和化学性质，特别是它的抗腐蚀性，易加工，较高的导电、导热性能，使其在工业领域特别是电子工业领域大显身手，应用日益广泛。虽然白银和铜也是很好的导体，但非常容易被氧化腐蚀和产生污锈，无法与黄金相比。据统计，在 20 世纪末到 2010 年，全球电子工业每年要消耗黄金 200 多吨，其中 2000 年达到 283 吨。

1786 年，英国科学家亚伯拉罕 · 贝内特（Abraham Bennet）发明了一个金叶静电测量器，这可能是人类首次将黄金用于电子装置。所以有人认为从物理学还处于萌芽状态时起，以黄金为基础的合金材料就成为电子工业的伴侣。

在 20 世纪 80 年代，电子工业用金的一个典型事例是用黄金合金材料制成的约瑟夫森电子接头，这种接头（接触器）是一种高速电子开关，在数据处理器中有效地取代了当时的晶体管元件。

黄金在电话、印刷电路、接触器上的应用

由美国贝尔实验室制造的一个纽扣大小的数据处理器里，包含 600 个微小的高速开关。这些开关元件就是用三层交错的金 - 铟 - 铅合金做成的，一层为抗氧化膜，顶层为金铅合金，每层的厚度仅为 1 微米。这些元件

要在零下 260 摄氏度（绝对温度 5~6 开尔文）左右的低温环境下工作，反应速度比晶体管快得多，因为这些合金在超导状态下工作，数据传输不会受到任何阻碍。因为约瑟夫森开关电路产生的热量是传统晶体管的几分之一，所以可以做成非常紧凑的高集成度电路。由于这些优点，这种电路被广泛应用于图像处理、电视机、声音识别以及气象。

在现代电子工业中，电路中的电压非常微弱，电路日益复杂，必须要保证电路的可靠性并且不受工作环境的影响。而黄金凭借它的独特性质，正好能够完全满足这些要求。人们发现，无论是镀金电路还是通过金丝焊接的电路，都能在长期使用中保持其性能经久不变，所以黄金是独一无二的选择。

在所有电子电器中，镀金触点和接触器是黄金最重要的应用。我们常用的手机、电话机里都有这种触点，据说每部普通电话里平均有 33 个镀金触点。近几年来手机和电脑的广泛普及，又进一步促进了电子工业使用黄金的需求。

当两个黄金表面接触在一起时，其电气连接性能是其他金属无法比拟的。有时为了增加硬度，需要加入少量的镍或钴，同时可以降低接触部分的磨损。为了降低成本，往往需要把黄金做得尽可能的薄。比如，汽车电路里的黄金触点为 2 微米，而另一些清洁环境中应用的黄金触点则可以薄到 0.1 微米。

黄金在电子工业的第二个较大的应用领域是电路的焊接。这种焊接技术叫做“金丝球焊”，或者“金丝键合”。全球每年用于焊接的金丝消耗量约为 100 吨左右。

金丝球焊技术主要用于电子装置内部的电气连接，通过金丝球焊把电子元件的连接点与电路板的端子节点相连接。金丝的直径通常比人类的头发还细，通过自动化焊接设施，每秒可完成 20 个焊点，这也主要得益于黄金的优良性能。也有人尝试过用铝替代黄金，但由于铝容易被氧化、腐蚀等原因，必须把整个电路密封在一个陶瓷体内才行。这样不但增加了制造工序和成本，并且效率非常低，每秒只能完成 8 个焊点。

黄金还有一个优良的物理特性，即与其他金属的亲和性，或者叫优良的焊接、电镀的附着性。它几乎可以与任何金属形成合金和镀膜，这使得黄金在电子工业中的应用更加广泛。印刷电路一般用铜制作，但纯铜或裸铜极易氧化，会给电路板的焊接带来麻烦。为此，要给铜加一层保护膜，以维持其焊接性能。其中一个办法是先在铜电路上镀一层厚度为 2 微米的镍，然后再在镍上镀一层 0.7 微米厚的黄金。

另外在许多高技术电子产品中，电路板的引线、插脚上，有时也需要镀金，以防污锈，保证良好连接，从而可以有效地减少电子电路的故障。

一些在高温环境下工作的电子设施也要用黄金合金焊料。随着对铅的使用的限制越来越严格，在汽车、飞机上使用这种焊料的趋势正在增加。

随着集成电路集成度的不断提高，元件密度不断加大，对材料散热性的要求也越来越高。掺有黄金的焊料，具有非常好的热传导性，所以是高集成度大规模集成电路芯片的第一选择。

由于黄金的光反射性能非常优越，也被用于光电设施中，如光电开关。另一个最新的应用是可读写光盘（CD，DVD），通过溅镀技术将 50~100 纳米厚的黄金镀在光盘介质上。其可靠性和读写速度均大大优于镀银光盘。

在近几年方兴未艾的丝网打印技术中，可以用黄金制成的浓膜打印墨，将金属电路打印出来。这种混合电路越来越多地被用于高频通讯、汽车制造以及其他需要在高温环境下工作、可靠性要求较高的电子产品中。

根据欧洲电子设施回收协会的调查，电脑电路板的黄金量最高达 400 克 / 吨。“棕色电器”（电视机、音响等）中电路板的金含量大约为 20 克 / 吨。而欧洲每年产生的电子电器垃圾大约在 8 百万吨以上。尽管这些垃圾中只有 1%~2% 为电路板，如果全部回收，也有 2~4 吨黄金。

当然，电路板中金属的回收还有许多技术问题有待解决，因为电路板中往往包含多种金属，金属分离就是一个课题，回收成本也是阻碍电子垃圾中贵金属回收的一个重要问题。可以相信随着技术进步和金价上涨，这一问题会得到人们的重视并找到有效的解决途径。

现代汽车工业越来越依赖电子技术，因此汽车电气中黄金的使用也日益广泛，如安全气囊的碰撞传感器、电子点火的控制器、刹车系统的防抱死电子控制器、电喷供油控制器等，都要用到黄金。

还有，以前为了降低成本，汽车油箱中的油位传感器一般是镀银的。由于汽油标准提高，要求使用低硫汽油，从而导致油位传感器也要镀金。其原因是降低汽油中含硫的办法是把硫变成硫化物，而汽油中的硫化物会使镀银连接器污化失灵。在这种情况下，有些汽车不得不改为镀金油位传感器。

七、神奇的莱库格斯酒杯与纳米黄金

纳米技术的兴起，使黄金在工业上的应用开辟了新的天地。近年来，对纳米黄金技术的研究迅速发展，仅从不断增加的专利和发表的研究论著便可见一斑。有趣的是，纳米金胶体的这些性质已经被古人利用，只是他们并不知道纳米金颗粒的玄机。下面，让我们先从神奇的莱库格斯酒杯说起，介绍一下纳米黄金的神奇。

在英国大英博物馆，保存着一只制造于公元400年左右的神奇酒杯，人们把它叫做莱库格斯酒杯，也叫罗马酒杯，是古罗马晚期玻璃制造和镀金工艺完美结合的一件艺术珍品。乍一看，它就是一只普通的雕花玻璃杯，似乎并无特殊之处。它的神奇之处是它具有一种“双色特性”，即如果光从杯子里往外照射时，酒杯为半透明的宝石红色；如果光线是从杯子外向里面照射，酒杯则呈不透明的翡翠般的黄绿色。

这只神奇的酒杯属于古罗马时期雕花玻璃杯的一种，其装饰图案采用细工透雕环绕杯体周身。通常这些透雕由一些相互连接的圆环组成，再加上一些装饰

内外光源照射下呈现不同颜色的莱氏杯

性图案，看上去犹如一个网罩或鸟笼子，所以这种杯子统称为笼杯或网杯。这种酒杯在罗马时期比较流行，在整个罗马帝国范围内都有发现，而幸存至今的不到100 只。但是它们都无法与这只莱氏酒杯相提并论。莱氏酒杯是 1958 年从英国著名的银行家洛希尔勋爵手里获得的，最早的记载见于 1845 年文献，但在此之前的历史已无证可查。

莱氏杯的神奇特点令近代科学家们长期困惑不解，对它的研究持续不断、前赴后继。在 20 世纪 50 年代，甚至对杯子是不是玻璃材质提出了疑问，后来经研究人员通过 X 光检测才肯定了莱氏杯确实是一只玻璃杯，但其特殊的光学之谜仍未被揭开。

在 1959 年，通用电气公司的研究人员第一次提出是玻璃中的微量黄金和白银造成了酒杯复杂的颜色效果，并提出，可能是玻璃中的胶体金属起到了染色的作用。这一论断在 1962 年的另一项研究中进一步得到了肯定。这时，科学家们已经认识到了胶体金属会造成光的散射，从而出现双色效果的原理。

直到 2000 年，科学家才通过纳米技术，终于揭开了莱氏杯双色特性的神秘面纱。原来是被溶解在染料中的金银，会在玻璃的烧制过程中得到还原，从而产生了纳米级的金银颗粒散布在玻璃之中，这些纳米金银对不同的颜色在透射光和入射光照射下具有选择性。这只神奇的酒杯正是因为用金银纳米颗粒作为染料，并且不经意间产生了纳米效应，才使它具有奇特的双色特性。莱氏杯的名称是后人所为，是根据酒杯上浮雕图案所讲述的故事命名的，它原来究竟叫什么杯并不重要，已无从考证。

杯身上的浮雕图案所讲述的故事来源于古希腊荷马史诗《伊利亚特》，说的是希腊神话的酒神狄俄尼索斯战胜暴君莱库格斯凯旋的故事。莱库格斯是生活在色雷斯（现在的巴尔干半岛东南部地区）的埃多伊人的国王，性情暴躁，不敬诸神。莱库格斯袭击了狄俄尼索斯和他的女祭司。女祭司呼唤大地之母，大地之母将女祭司变成一根葡萄藤，将莱库格斯紧紧缠住。于是莱库格斯成了俘虏。莱氏杯的浮雕所展示的就是莱库格斯被女祭司变成的藤条捆住时的情景，旁边则是手持神杖的狄俄尼索斯和他的神豹。莱库格斯面部表情痛苦，栩栩如生。据判断，这一神话主题可能是为了纪念公元 324 年君士坦丁大帝击败东罗马皇帝李锡尼这一历史事件。

实际上，早在 17 世纪，黄金就被用作玻璃制品的着色材料。但直到 19 世纪中叶，科学家才认识到了胶体黄金能使玻璃改变颜色的特点。到 20 世纪初，才真正搞清楚其原理：是微小的黄金颗粒，即纳米黄金，对光的吸收、散射的干涉所产生的效果。人们了解到，如果把黄金做成稳定的纳米颗粒胶体，这些纳米颗粒由于表面等离子共振，会呈现出不同的颜色。其颜色取决于纳米颗粒的大小和形状。比如 10~20 纳米的圆形纳米金颗粒是红色，随着颗粒增大，会变成暗红色到紫色；而到 80~100 纳米时，又会变成蓝灰色；非圆球形颗粒一般为蓝色。只要纳米金的颗粒形状和大小不变，其颜色就非常稳定，无论在日光下还是紫外光下，都不改变颜色。

根据纳米黄金在彩色玻璃和玻璃釉方面的应用，日本的立邦油漆公司开发了一种采用高分子材料稳定剂的黄金胶体纳米油漆。这种油漆已用于普通汽车的喷漆装饰。这种油漆能够根据光照条件改变颜色，在光暗的区域呈黑色，光强的地方呈红色，所以极富动感效果。有人设想，这种油漆的动态颜色功能可能会用于某些保安设施，比如某些珍贵或秘密文件等。

2011 年，新西兰科学家利用羊毛的天然的微小孔隙和黄金对羊毛中有机硫化物的亲和性，使胶体黄金中的纳米黄金颗粒成功地附着在羊毛上，从而给羊毛染色。与传统羊毛染色相比，这种纳米羊毛几乎是永不褪色、永不掉色的，可以经受长期日晒和磨损的考验。目前，这种新产品已被用于制造高档纺织品，如西服、领带、围巾以及毛毯等。同样，黄金纳米也被用作丝绸的高级染料。

在 21 世纪初的十几年间，黄金在化学工业领域应用进步最快的就是黄金催化剂。纳米级的黄金颗粒，可以作为催化剂广泛应用于环境保护、化工和燃料电池等。

在环保方面，南非研究人员利用纳米黄金催化剂的低温活性，在空气净化装置中消除空气中的一氧化碳。这种装置可以用于医院、宾馆、餐馆，以及写字楼的办公区。

另外，纳米黄金催化剂也被用于燃料电池中一氧化碳的消除，以提高电池效率。

黄金催化剂还能促进甲烷、丙烷等气体的氧化，有助于氮氧化物的消除。

黄金催化剂也被用于汽车尾气的净化，还能分解尾气中的臭氧。

在英国利物浦，一个研究小组研制开发了一种电化学纳米黄金开关，可用于集成电路芯片的记忆单元。在此之前以黄金纳米材料为基础的传感器已经被开发利用。

美国科学家研制出了由 11 个黄金原子组成的纳米团簇，用于进行一些特殊的生物医学诊断。

在含有黄金的无色玻璃被煅烧后，由于微小的黄金颗粒的存在，会形成红宝石般的颜色，这种玻璃被称为金红宝石玻璃，可以制作高档装饰用品。

纳米金还可应用于生物传感、成像、高密度光存储、图案装饰、太阳能电池、玻璃涂层等。总之，黄金纳米的应用方兴未艾，我们期待着黄金纳米给人类带来更加绚丽的未来。

八、黄金应用的一片蓝天——航空航天技术

黄金在航天航空工业中的应用也在不断开拓，其发展速度令人目不暇接。同样，黄金能够进入太空开辟一片蓝天，也是凭借它独特的物理化学性质，也就是它优良的抗腐蚀性、反辐射性、导电性、延展性等。黄金在太空技术上的应用除了大量的电子系统外，主要用作焊接材料、辐射防护材料、固体润滑材料以及在太阳能电池、燃料电池方面的应用。

黄金在这一领域的应用最早出现在飞机上。较为简单的一个应用是在飞机驾驶舱的挡风玻璃上的镀金加热机构。我们知道，大型飞机的飞行高度都在数千米甚至万米的高空，飞行环境的温度一般在零下 30~50 摄氏度，而机舱内的温度为 20 摄氏度左右，内外温差高达 50~70 摄氏度。在这种情况下，驾驶舱的玻璃非常容易结霜甚至结冰。在驾驶舱的挡风玻璃上镀上一层黄金，然后通上适当的电流

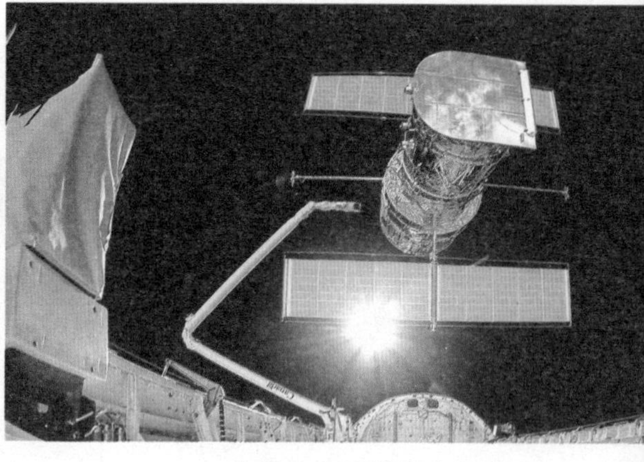

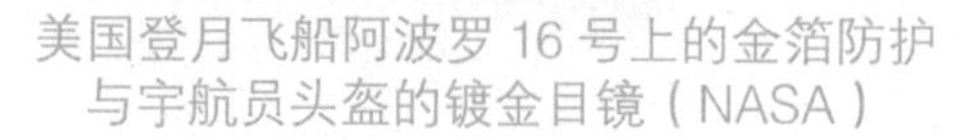
美国登月飞船阿波罗 16 号上的金箔防护
与宇航员头盔的镀金目镜（NASA）

哈勃太空望远镜太阳能
电池板上的黄金涂层（NASA）

对玻璃进行加热，就能有效解决这一问题。由于镀金可以做到很薄，几乎透明，所以不会影响飞行员的视野。

通过液体亮金镀膜处理的材料重量轻、厚度薄，被广泛用于飞机发动机挡板、减速伞箱体尾部的整流装置、防爆罩以及各种管路，可以有效防止热传导和热辐射。同样，这些材料还被用于太空飞行器中一些热敏部件的防热和防辐射。根据研究人员的报告，在飞机尾部整流堆上涂上黄金防热层以后，可以使整流装置的温度下降高达 165 摄氏度。从而省去了昂贵的抗高温材料的开发和使用。

在航空航天工业中，黄金是非常重要的焊接材料。美国的哥伦比亚号航天飞机上装有三个发动机，其中有大量的焊接点，如航空发动机叶片的焊接，以及总长度达 1 万英尺（3048 米）的镍合金管路和 2160 个焊点。为了防止在高温环境下发生腐蚀破坏，保证运行的可靠性，一般都用金镍合金进行焊接。哥伦比亚号航天飞机共使用黄金 41 千克，其中仅焊接使用的黄金就有 15 磅（6.8 千克）。

在航天领域，热辐射和宇宙射线辐射防护是一大技术难题。在过去几十年，黄金在全球无数次太空发射中扮演着近乎无法取代的重要角色。从早期的美国登月飞船阿波罗 14 号到现在的许多人造卫星等太空飞行器，我们都可以从电视转播的画面中看到，它们都用镀金的塑料膜包裹着，显现出金光灿烂的景象。价值高达 15 亿美元的哈勃望远镜也离不开黄金的保护。

在太空中没有空气，没有传热介质的情况下，航天器的散热只能通过直接传导和辐射。如果借助流体传输热量，则要涉及复杂的管路循环系统和散热器等。而在航天技术领域，必须尽量避免这些设施的使用，以减轻重量；同时尽量减少移动部件数量，以降低系统的复杂性，降低故障风险。

美国工程技术人员采取的办法叫“被动温控”。其中一个办法就是在裸露的表面涂以反射层，最好的反射材料是铝、银、铜、金。这四种金属在反射红外线方面的性能几乎相同。铝和银为白色，比其他颜色的金属反射性能更好一些。但是银和铜在航天器到达太空之前就会被氧化形成硫化物，会导致反射性完全丧失。铝虽然可以作为反射材料，但相比之下黄金的另一个优势是，它可以通过多种途径附着在各种各样的底层材料上面。而铝只能通过热蒸发镀膜或者溅镀，或者更为复杂的包埋渗技术。

黄金涂层的厚度以能够实现反射功能为原则，在玻璃上的涂层厚度为 1000 埃（约 100 纳米），1 平方米的面积只需要大约 2 克黄金。

美国阿波罗登月舱上的动力源装置为使用燃料电池的热电系统，为维护燃料电池能够在恒温环境下工作，压力舱要用一层柔性塑料膜包裹起来。塑料膜上只要镀有 100 纳米厚的黄金，便可有效防止热量损失。

在各种宇航仪表上镀金，可以将来自太阳辐射的红外线反射掉 98% 以上，有效地保证仪表的正常工作。如美国“阿波罗”号宇宙飞船上的仪表及部件都采取镀金处理；在宇航服上镀一层 0.2 微米厚的黄金，就可免受辐射和太阳热；在宇航员头盔的目镜上也要镀有黄金，它可以起到两个作用，一是防止刺眼的太阳强光的照射，二是防止热辐射和宇宙射线的伤害。根据测算，在太空工作站的外部加装镀金的隔热反射薄膜，能使工作站舱内的温度下降 10 摄氏度左右。

另外，黄金固体润滑剂的出现，满足了航空航天和其他新产品在苛刻条件下的润滑需求。如在人造卫星上的天线系统、太阳能电池的帆板机构、红外线摄像机构的自润滑轴承、光学仪器的驱动机构、温度控制机构、星箭分离机构及卫星搭载机构、导弹防卫系统、原子能机械系统等，都大量使用以黄金为主导的固体润滑材料。

航天飞行器上的每种装置都要有电池提供动力，可以选择的电池有两种，一种是燃料电池，另一种是太阳能光优电池。但燃料电池由于所携带的燃料受重量限制，不可能维持长期供电需要，仅限于执行短期任务的飞行器。而像气象卫星、空间站以及执行长期任务的太空探测器等则更多地依赖于太阳能电池。

太空使用的太阳能电池通常由成千上万个 2 平方厘米的光电单元组成，每个单元的接触构造的正反两个面都是用铜、镍、金等金属电镀做成，并且有黄金组成的格栅。之所以选用黄金，是因为黄金优良的导电性能和无可比拟的抗腐蚀性。比如由美国在 20 世纪 70 年代发射的第四号国际通讯卫星，上面装有两个太阳能电池组，共由 42240 个硅太阳能电池单元组成。

在卫星天线上，黄金也有用场。1972 年，加拿大通讯卫星公司发射了第一颗通讯卫星“阿尼克”号。阿尼克号的一个设计问题是卫星上的天线与地面相对位置的精确定位，以及防止由太阳辐射压力造成的偏斜效应。科学家们通过在天线上铺设一层镀金金属丝编织网，圆满地解决了这一难题。金属丝由直径为 0.0005 英寸的镀金镍铬合金丝组成，7 根金属丝拧成一股。

九、意想不到的领域——黄金在刑事侦查中的应用

指纹鉴定是刑事侦查中的一个重要的手段，而黄金在这一领域扮演着越来越重要的角色。黄金和纳米黄金在指纹鉴定和违禁药物监测中被广泛采用。在采集指纹时，可以在可疑物品表面涂上黄金，然后再通过真空沉积技术涂上锌等其他金属。使用黄金的一个重要好处是可以长时间保留取得的指纹，因为黄金的天然惰性能使它的记录永久不变。而纳米黄金具有很强的选择性和敏感性。

在指纹鉴定中，有一项叫做“指纹分型粉”的技术是应用最广泛的刑事侦查手段。这项技术依赖分型粉，从可疑物品的无孔表面取得指纹。黄金纳米颗粒的粉末已被成功用于指纹提取，特别是一些隐约指纹的提取。

从 20 世纪初，人们就开始研究隐约指纹的提取，尝试多种分型粉和相应的技术。相比之下，黄金纳米颗粒用作分型粉具有更高的敏感度，更好的选择性，以及所取得指纹可以保留更长的时间，适用于长期存档。

人们发现，黄金的氯盐能与可卡因和海洛因形成颜色和形态都易于辨认的微晶体，比如，用黄金药剂处理后的可卡因可以形成黄色的立方微晶体。而海洛因与黄金药剂则生成黄色的针状微晶体。所以黄金可以用来检测各种碱性药品（毒品）。

十、永远的金色记忆——金币金章世界巡礼

正如马克思所说的“金银天然不是货币，但货币天然是金银”，黄金成为货币是历史的选择。黄金的独特性质使它便于携带，不易损毁，能够保值，又是被公认的价值尺度，所有这些正是古代货币所要求的必要条件。所以古人把黄金作为货币是一件顺理成章的事情。

早在发祥于中东幼发拉底和底格里斯河之间的古代苏美尔文明初期和古埃及文明初期，金和银就是商品贸易不可分割的组成部分。法国一位历史学家曾说过：“黄金和白银是公元前2000年地中海贸易的命脉”。不过，在最初作为交易介质时，只是按重量计算，金锭、银锭的重量并不固定，而且可以根据需要随意进行切割。

古希腊金币、阿拉伯金币、印度金币

另外，起初金银作为货币并不在普通百姓之间流通，大多是作为计算税收（上交给统治者或寺庙）的标准。

直到公元前 6 世纪，世界上最早的金币才在吕底亚王国诞生（现在土耳其西部），这些金币采用从河流中淘出的天然金银合金做成，正面冲压有狮子或牛的图案，另一面为冲压标记或者印章图案，重量从 0.2 克到 17.2 克不等。这些金币的诞生应归功于吕底亚国王克里萨斯。此后，随着黄金冶炼技术的不断进步，金币和银币制造也有了明显的不同，金币和银币分成了两种独立的货币。

在公元前 3 世纪以前，古希腊许多地方都已普遍使用银币。到了马其顿王国的菲利普二世时期，马其顿获得了色雷斯(保加利亚)的金矿和银矿。菲利普二世的儿子亚历山大大帝将马其顿王国与希腊帝国合并，同时征服了波斯帝国，从而确保了大量黄金财富的积累。其中很大一部分来自阿富汗北部的奥克斯河流域（现阿姆河）。在古希腊历史上，亚历山大大帝因曾经从波斯帝国掠夺了超过 22 吨的金币而闻名于世。对于亚历山大大帝和菲利普二世而言，金币已成为他们支付军队军事开支的一种基本手段。

在古希腊，金币的正面为国王的头像，不同于其他地方那样使用狮子、公牛和山羊等动物图腾。

在古罗马，金币也是支付军费开支的主要方法，其金币也同希腊金币一样，上面冲压有皇帝的头像。金币纯度达到 22K，重量为 7.3 克。古罗马的金币单位十分完善，其重量和兑换标准都有明确的规定：1 奥里斯 = 25 迪纳里厄斯，45 奥里斯金币的重量为 1 罗马磅（约 12 盎司）。

由于这些金币价值太大，不适于日常交易，所以主要用于官方使用，以及贸易和支付军费。在英格兰，1 奥里斯金币可以买 400 升廉价葡萄酒，或者 200 磅面粉。在公元 300 年以后，因为来自西班牙和东欧的黄金减少，又发行了仅有 4.4 克重的小金币。

古罗马发行金币的规模前所未有，直到现代也没有达到其水平。在公元 200 年到公元 400 年之间，成千上万的金币在古罗马发行流通。为此，在当时欧洲大陆出现了大量专门储藏罗马金币的金库，英国尤为如此。这也可以作为金币之多的一个旁证。现在许多博物馆仍能看到这种金币，如大英博物馆，还专门展示了金币演化发展的历史。

罗马帝国通过建立具有纽带作用的公共机构和统一的货币，使西欧的大部分地区实现了高度的统一。在公元400年罗马帝国消亡之后，大约花了100年时间，才将流通在各地的金币收回。由东罗马帝国皇帝（拜占庭）在君士坦丁堡制造发行的金币，则在地中海地区保留下来。

拜占庭制造的金币比罗马时期的更精美和人性化，受到了各王国所有人的赞许和喜欢，因为当时其他王国任何一种硬币都无法与之媲美。只有后来的威尼斯王国制造的金币和银币，达到了这种水平。但是因黄金来源短缺，金币制造逐渐减少，制造的金币品质也开始下降。其中在公元1081年制造的金币，含金量只有25%（相当于6K）。1092年，拜占庭皇帝阿历克塞一世发行了一批4.4克的新金币，才给拜占庭金币制造挽回一些颜面。

在公元700年以后，来自非洲的大部分黄金，被当时的伊斯兰帝国做成第纳尔金币，在整个中东和北非沿岸流通。这些金币最初在大马士革、巴格达、的黎波里等地制造。因为伊斯兰教禁止偶像崇拜，金币上由阿拉伯的书法家用阿拉伯文字手写体装饰成美丽的图案。

到1200年，威尼斯共和国的崛起给伊斯兰和欧洲之间带来了更多的贸易，贸易的繁荣吸纳了来自西非和北非的黄金。欧洲人与伊斯兰世界的贸易历史悠久，主要依赖穿越撒哈拉沙漠的骆驼队。1231年，威尼斯人在西西里岛用非洲的黄金制造金币，1252年又在佛罗伦萨和热那亚分别制造了金币。威尼斯很快成为欧洲的主要黄金市场，并且于1284年成立了造币厂。次年就造出了第一批3.55克的达克特金币，在此后的500年左右这些金币成为威尼斯的财富和权力的象征。这些金币很快就成为继罗马帝国的奥里斯金币和苏勒德斯金币之后被广泛接受的金币。

在1300年之后，由于匈牙利金矿的供应猛然增加。一夜之间，整个欧洲都开始制造金币。法国在1338~1339年由国王下令制造了近10吨金币。1344年，在佛罗伦萨、热亚那、威尼斯、布拉格和伦敦的造币厂制造的金币有5吨多。此时的金币种类繁多、五花八门。在大英博物馆展出的13世纪到14世纪的欧洲各国金币多达25种。

到15世纪中期，因为全球的黄金供应方式发生了改变，首先是从西非运往欧洲的黄金改走海运线路，其次是来自美洲的黄金增加了新渠道，所以全球范围的金币制造格局也在发生变化。在1457年，葡萄牙用美洲的黄金制造了一批新金币。1489年英国也发行了重量为0.5盎司、面值为1英镑的金币。到1513年，西班牙的塞维利亚造币厂开始经营美洲的黄金。

此后，其中许多黄金被做成西班牙金币卡罗拉被出口到英格兰、作为西班牙属地的荷兰以及热亚那和威尼斯，而在这些地方又被重新熔铸制造成当地金币。但是，南美的黄金供应毕竟相对有限，而16世纪和17世纪之间，大量的白银涌入欧洲，所以银币的分布比金币更广泛。1558年，英格兰女王伊丽莎白一世发行了安琪儿和卡罗拉金币，以恢复金币的信誉，因为在亨利八世时期（伊丽莎白一世之父）曾经使金币信誉大幅度降低。但女王时期的金币发行量每年只有300千克。

17世纪90年代，在巴西发现了黄金，金币也重整旗鼓，英国转向非正式的金本位制度，金币取代银币成为主要流通货币。所谓“金本位”，通俗地理解就是以黄金为基础或者标准的货币制度。在这种制度下，货币的价值是按照一定重量的黄金加以确定。在巴西生产的黄金，先在里约热内卢和里斯本制成葡萄牙金币，其中大部分流通到英国，然后又被重新做成英国金币“基尼”。基尼是根据非洲的黄金海岸命名的，重量为0.27盎司，面值1英镑。在1713~1716年，英国共制造了超过31吨（1百万盎司）的基尼金币。

英国的金币制造在1717年科学巨匠艾萨克·牛顿担任造币厂厂长之后得到了加强。他给黄金设定了每盎司4.35英镑这个史无前例的价格，并保持了两百年之久。牛顿的这一举措肯定了以金币作为参考价的做法，这也实际上将英国推向了金本位制度。金币作为主要流通硬币的制度一直延续到1914年第一次世界大战爆发。

在整个18世纪，大量的基尼金币被投入流通，造币厂每年要制造3~4百万枚金币，而银币则不再制造。尽管银币在世界其他国家比较盛行，但金币早在古罗马时期以前就开始被英国和其他一些国家广泛使用。

英国于1816年颁布《造币法》，用“索夫林”取代以前流通的基尼，正式以黄金作为货币的标准。索夫林金币重0.25盎司，纯度22K，作为唯一的价值标准和不受限制的法定货币。

金币的辉煌时代出现在1848年以后美国和澳大利亚的淘金热爆发之时，当时的世界黄金产量猛增五倍。法国、美国的金币制造成倍增加，最后到1900年，大部分国家从银币转向金币，而美国则放弃了金银双重本位制转向单一的金本位制。

实际上，19世纪所生产的黄金几乎全部被制成了金币。在英国和澳大利亚是索夫林、美国是鹰币、德国是马克、俄国是卢布、奥地利是卡罗恩、匈牙利是弗罗林、法国是拿破仑……。在第一次世界大战之前的金本位经典时期，欧美等国的金币数量达到13000吨（4.18亿盎司）。但在1914年一战爆发后，各国都不舍得轻易使用各自的黄金储备，金币制造因此中止，金币也逐渐得到回流和回收。

在1933年，世界经济出现大萧条，美国号召国民献出黄金和金币。从此通行全球的金币体系时代一去不复返了。

在中国古代，黄金并不丰富，所以用黄金作为货币历史较晚，并且一直没有作为重要货币流通。中国最早的金币出现在战国时期的楚国，最为著名的莫过于

中国战国时期金币“郢爰”及现代熊猫金币

楚国金币“郢爰”(yǐng yuán),称之为金钣,也有人称之为印子金,因金钣上铸有“郢爰”字样的戳印而得名。“郢”为楚国都城,“爰”为货币计量单位。

在公元前221年秦始皇统一中国后,货币得到了统一。这时的金币形状如柿饼,故称之为柿子金。和战国时一样,也是可以随意切割使用。

西汉是中国历史上使用黄金最多的时期,据考证,西汉拥有的黄金大约有248吨。不过,这些黄金也没有作为普通货币大范围流通,而主要是用于帝王的赏赐。金币的形状有的仿照马蹄形状,故称之为马蹄金和麟趾金。然而有些学者认为,史书上所说的西汉之金并非黄金,而是指黄铜。关于这一点,还有待历史学家们进一步考证。

金牌是黄金应用领域的一块圣地。金牌自它诞生以来就是荣誉的记录,是成就的肯定,是地位的证明。在现代语言中,金牌甚至被引申为优秀、杰出、著名的代名词,比如人常说“金牌教练”、“金牌律师”、“金牌设计大师”等等。

最早的金牌出现在大约公元前4世纪。据记载,马其顿国王亚历山大大帝曾经赏赐给大主教约拿单(High Priest Jonathan,现译作乔纳森)一枚金纽扣,以奖励他领导希伯来人对亚历山大的帮助。这枚金纽扣被认为是金牌的雏形。古罗马的皇帝们也把类似大硬币的金银奖牌用作军事功勋的奖励和政治礼品。这些奖章和真正的金币被人们当做首饰佩戴。

诺贝尔奖牌

从中世纪开始,欧洲的君主、贵族之间非常流行赠送奖牌,以获得政治上的支持和保持关系,这些奖牌一般用黄金或者白银制成。到16世纪,佩戴悬挂式的小金牌已成为一种时尚,且不分男女。这些金牌已经商业化生产,用于纪念某个人物或者某个历史事件,或者只是一种装饰。自18世纪起,金牌开始被用于艺术奖励。而在丹麦皇家学院,则把金牌奖给成绩突出的学生。

现在我们最常见的金牌是体育比赛中颁发

的冠军奖牌。但是在最初，体育竞赛中的优胜者所获得的奖赏，只是一个用橄榄树或桂树枝编织成的“桂冠”。包括从1895年开始的前三届奥运会的优胜者获得的都是这样的“桂冠”。

1465年，在瑞士苏黎世举行的一次游艺会上，曾给三级跳项目的优胜者颁发了一枚金牌。这可能是人类历史上首次体育冠军金牌。但直到1907年，国际奥委会在荷兰海牙召开的执委会上，才正式作出了授予奥运会优胜者金牌、银牌和铜牌的决议，并在随后举行的第4届伦敦奥运会上开始实施。

据说这种做法来自于希腊神话的启发。在希腊神话中，金银铜分别代表人类祖先最早的三个年代——在黄金年代：人类与诸神生活在一起；在白银年代，人类的青春可以持续百年；在青铜年代，人类进入了英雄辈出的时期。

奥运史上最后一次用纯金制作奥运金牌是1912年在斯德哥尔摩举办的第5届夏季奥林匹克运动会。此后的历届奥运会的奖牌全部采用合金，其中规定冠军和亚军的奖牌至少含纯银92.5%，冠军奖牌的镀金不少于6克纯金，而季军奖牌则为铜质。

奥运会奖牌
（1912年斯德哥尔摩）

中国历史也有金牌的记录，但是金牌主要是用于传令调兵。传说当年为了把岳飞从北伐战场召回，宋高宗曾经下过12道金牌。而中国古代用于军事奖赏的方式似乎比西方更为现实，不是黄金就是白银，当然也有金腰带、黄马褂之类象征荣誉和地位的赏赐。

在现代社会，金牌奖励更多的是体现一种荣誉和成就的象征，所以纯金的奖牌越来越少，取而代之的是实实惠惠的一张奖金支票！就连代表世界电影最高荣誉的奥斯卡奖的小金像也是采用包金制作。所以，虽然黄金在金牌方面的应用意义仍然重要，或者黄金的地位仍然不可动摇，但黄金的消耗量已经大大减少。

与奖牌不同的是，虽然黄金已经退出了货币市场，但现代金币却以纪念币的形式坚守在黄金市场。纪念金币是指为纪念某些政治、历史、文化等方面的重大事件、杰出人物、体育赛事，以及名胜古迹、珍稀动植物等而发行的金币。如果是由国家指定的机构发行的纪念金币，被称为官方金币，也属于法定货币，可以流通使用。但实际上这种金币主要用于投资和收藏，很少流通。世界上许多国家每年都发行一定数量的官方金币，最著名的有美国的“鹰币”，印度、土耳其、瑞士、法国、德国、意大利、中国、日本等国家也都发行金币。还有一种金币是非官方发行的仿制金币（Imitation Coins），则完全用于纪念性收藏和投资。

在我国，自1979年人民银行开始发行“建国周年”贵金属纪念币以来，迄今已经累计发售10余个系列、1500多个品种的金银纪念币。另外，还有相当数量的金币和银币，用于纪念重大政治历史事件、杰出历史人物、如大熊猫等珍稀动物、十二生肖、中国古典文学名著、古代科技发明发现、中国传统文化、中国名画名家、宗教艺术、体育运动等，其内容体现了我国五千年的文明历史和源远流长的中国文化。

根据世界黄金协会的统计，2005年全球官方发行金币使用黄金111.4吨，而制作各种金牌、奖章和仿制金币共使用黄金37吨。

第七章　走进喧嚣的黄金市场

2002年10月30日，随着一声宏亮的铜锣声，位于上海外滩的上海黄金交易所正式挂牌营业，具有150多年历史的黄金百年老店上海老凤祥，和中国黄金生产的龙头企业之一山东黄金集团达成了上海黄金交易所的第一笔正式交易。虽然这笔买卖只有1千克，但它是中国黄金史上的一个里程碑，它是中国黄金进入一个金色纪元的开端，它标志着中国实行了几十年的封闭式黄金管制体制就此寿终正寝，它宣告了中国黄金走向世界黄金的开始，它是中国黄金融入世界黄金大家庭的新起点。

上海黄金交易所是中国黄金工业的一个门户，是刚刚建立的中国黄金市场的一个前沿阵地，或者说它是中国黄金与世界黄金接轨的一个平台。与历史悠久的世界黄金市场相比，中国的黄金市场只是一个呱呱坠地的新生儿；与机制健全的老牌黄金市场相比，中国黄金市场只是一个蹒跚学步的婴儿；与繁忙喧嚣的主导黄金市场相比，中国黄金市场只是闹市一隅。需要说明的是，我们这里所说的黄金市场并不是指像老凤祥、周生生、周大福这种金店，而是那些做大宗交易的交易所。那么世界黄金市场的“庐山真面目”究竟如何？让我们走进这个金钱的世界，感受这个金钱的战场。

一、黄金的“三重身份”

要了解黄金市场，我们有必要先了解一下黄金在人类社会中的作用，特别是它在人类经济生活中的属性。从被人类发现的那一天开始，黄金就与众不同。从人类有了商品交换的那一天开始，黄金就不同于一般商品。黄金具有货币、金融和商品等三种不同的属性，这些属性贯穿人类社会的大部分发展历史。通俗地说，如果你用黄金制作首饰、用于装饰或者工业，黄金就是一种商品，就是一种金属材料而已；如果你把黄金做成金条、金锭、金元宝储存起来，通过它让你的财产保值增值，黄金就是一种金融产品；如果你拿黄金购买其他商品，或者偿还债务，黄金就是一种货币。所以说，黄金的三重属性也就是黄金的三种作用或者三种职能。

随着人类社会的发展，黄金的属性也在发生变化。现在，黄金的货币职能已经大大减弱，它基本上退出了货币市场；它的金融储备功能也在不断调整，它的商品职能正在回归。

黄金作为一种商品，它的用途我们已经在第六章作过介绍，它的属性非常直观，无需过多解释。

黄金的金融属性就是指它属于一种金融产品或者资产形式。黄金的稀有性使其十分珍贵，黄金的稳定性使其便于保存，所以黄金不仅成为人类的物质财富，而且成为人类储藏财富的重要手段，得到了人类的格外青睐。千百年来，不管是布衣百姓，市井商贩，还是王侯贵胄，都对黄金的保值增值功能和作用深信不疑，从未动摇。人们之所以赋予黄金价值之王的桂冠，是因为它的保值和避险作用至今丝毫没有减退。作为硬通货的黄金是保障金融秩序的最后王牌，全球无论发达国家还是发展中国家均将黄金储备作为外汇储备的重要组成部分，以此来维持本国的经济稳定。所以，英国著名经济学家约翰·凯恩斯（John Maynard Keynes）曾经指出：“黄金在我们制度中具有重要作用，它作为最后的卫兵和紧急需要时的储备金，还没有任何其他东西可以取代它。”

在20世纪70年代中期以后，频繁发生的经济危机和地缘政治危机，使人们再次见证了黄金的保值避险功能，黄金的金融投资功能得到进一步强化。无论是对官方还是对机构或对个人投资者来讲，黄金越来越重要。对于官方来讲，黄金是重要的储备资产、规避汇率风险和应对危机的重要保障。即使在全球性经济危机时期，主要经济发达国家也不会轻易用自己的黄金储备。对于投资者而言，黄金则是对抗通胀、恐慌和战争，以及获取投资收益的一种较特殊的金融工具。

尽管黄金现在已经不再是法定的世界货币，但仍然在各国国际储备、个人投资组合及规避市场风险措施中占有重要一席。除了黄金现货市场，其他涉及黄金的衍生产品市场（期货、远期和期权市场）也逐步成熟，这些衍生品市场为投资者提供了更多的投资渠道乃至避险方法。尽管在制度层面上黄金已经被非货币化，但这并不等于黄金已完全失去了货币职能。虽然人们在国际贸易中不再直接使用黄金进行支付，但在最后平衡收支时，黄金仍是一种可以接受的补充结算方式。

同时，黄金仍然是各种重要货币体系的一种基本支撑。甚至到了21世纪，世界各国的政府仍然没有放弃使用黄金储备作为本国金融的后防线。目前用于政府官方储备的黄金高达3.44万吨，其中美国这个世界头号经济大国的黄金储备更是独占鳌头，它的黄金储备为8139吨，占全球官方黄金储备的23.6%。另外，还有2万多吨黄金作为私人投资财富藏于民间。据估计，人类数千年生产的约16万吨黄金中，有40%左右作为金融资产，沉淀和流动于世界金融领域。就连高举黄金非货币化大旗的国际货币基金组织，也保留了3200多吨黄金储备，以防不测。在21世纪初欧洲欧元货币体系建立之时，欧盟明确规定，在欧元体系的货币储备中应该有15%的黄金储备。

随着世界经济的发展变化，黄金的这三种身份还会发生变化。

二、历史轴线上的世界黄金市场

（一）初始的黄金市场

尽管人类进行黄金交易的历史可能从人类第一次认识黄金就已经开始，但世界黄金市场的历史应该从公元12世纪算起。在意大利北部有一个威尼斯人的城邦，以前曾经是拜占庭帝国的一个附属国。威尼斯于9世纪获得自治权，成为威尼斯共和国，实际上就是一个城市之国，类似于现在的新加坡。威尼斯共和国在中世纪时期富甲一方、强盛一时，并开始往亚得里亚海方向扩张。大约在公元1100年以后，全球性贸易日益活跃，威尼斯以其东西方贸易海上运输中枢和通道的特殊地位，不仅成为重要的国际贸易和金融中心，也成为当时欧洲最为重要的黄金交易中心。应该说，威尼斯是现代黄金市场的发祥地，在世界黄金市场的发展历史上不应该被人遗忘。不像欧洲其他国家那样对黄金交易有许多严格的限制甚至禁止黄金交易，当时的威尼斯不仅允许黄金的自由交易，同时还逐渐建立了一套比较规范的黄金交易制度，比如计量、分析、交易合同等，并且建立了最早的报价体系。这些都为现代世界黄金市场的健康发展奠定了良好的基础。

到了15世纪末，随着新的航海线路的开辟，欧洲商业贸易的中心开始从地中海向大西洋沿岸转移，以贸易为支柱的威尼斯经济迅速衰落。国际黄金交易的中心也逐渐从威尼斯转移到荷兰的阿姆斯特丹。在17世纪后期，英国通过资产阶级革命，建立了新的政治制度——君主立宪制，从而极大地促进了英国经济的发展，第一次工业革命的爆发又给英伦三岛的腾飞注入了新的燃料。在英国经济一日千里地发展之时，黄金市场这个嫌贫爱富的宠儿又投向了英国的怀抱。世界黄金交易中心转移到英国的伦敦之后，世界黄金市场从此进入了一个崭新的历史时期。

（二）金本位时期的黄金市场

关于“金本位”，我们已经做过一些简单的介绍，但是在这里有必要进一步解释，因为这个词让过去的翻译和经济学家们的定义搞得非常晦涩。如果你告诉一个对金融知之不多的人说：“金本位制就是以黄金为本位币的货币制度”，肯定会让人如坠五里云雾之中，不知所云。其实，如果从英文的本意来解释“金本位”（Gold Standard）的含义，似乎更加容易理解。把英文“Gold Standard”直译成汉语就是“黄金基准”。那么，所谓“金本位制”就是以黄金为基准确定货币价格的一种制度。换言之，货币的价值要按照一定重量的黄金加以确定。比如，一英镑等于多少盎司黄金。

在金本位制下，黄金就是货币，在国际上是硬通货。在金本位制下，黄金可以自由铸造、自由兑换、自由输出。当一个国家的国际贸易出现赤字时，可以用黄金进行支付；在国内，黄金可以同货币一起流通。

金本位制是现代经济社会的产物。在西方进入资本主义社会以后，在第一次工业革命的推动下，经济发展突飞猛进，各国之间的商品流通不断扩大。在日益频繁的国际贸易中，由于没有统一的货币制度，没有统一的货币兑换标准，商人们纷争不断，无所适从。各国不同的货币体系严重制约了国际贸易的发展。这就要求在世界范围内有比较统一的货币制度，有统一的兑换标准，或者有一种国际货币。而黄金由于其本身所具有的性质和特点，便逐渐被各国选择为通用的货币金属，顺理成章地扮演了国际货币的角色，挑起了国际贸易的大梁。

在实行金本位制以前，大多数资本主义国家实行的是金银复合本位制，或者叫双重本位制。其特点是金和银都被确定为货币金属，金币和银币同时流通。由于两种货币的同时存在，不但会使商品同时具有两种不同的价格，而且由于金、银之间的价格比例本身也在不断变化，还会使商品流通和货币制度本身产生混乱。这就决定了金银双重本位制必然要向单一的本位制过渡。

金本位制的鼻祖是英国，而缔造这种体系的人是著名科学家艾萨克·牛顿。在1696年出任伦敦皇家造币厂督办之后，牛顿主持了一次规模较大的货币重铸工作，在这一年英国议会几次颁布法令规定英镑与金币的比值。这实际上就是金本位的开始。在1717年9月的一份货币报告中，牛顿建议将黄金价格定为每金衡盎司（纯度为0.9）3英镑17先令10便士，黄金的价格由此固定下来。但是英国从法律上确定金本位制是在1816年，这年的6月22日，在利物浦伯爵的主持下，英国议会通过法案，规定索夫林金币用22K（纯度为91.67%）黄金铸造，重量为123.27格令（grain，英制金衡单位，1格令等于64.8毫克，相当于1/60打兰或者七千分之一磅）。

到19世纪末，世界上主要的国家基本上都实行了“金本位”。1914年第一次世界大战时，全世界已有59个国家实行金本位制。“金本位制”虽时有间断，但大致延续到20世纪20年代。由于各国的具体情况不同，有的国家实行“金本位制”长达一百多年，有的国家仅有几十年的“金本位制”历史。顺便说一下，在中国历史的大部分时间里，黄金并不丰富，储备很少，所以金本位在中国难以实行，而长期实行银本位制。

随着金本位制的形成，黄金充当了商品交换的一般等价物（即通用等价物），成为商品交换过程中的媒介。黄金的社会流动性增加。黄金市场的发展有了客观的社会条件和经济需求。在“金本位”时期，各国中央银行虽都可以按各国货币比价规定的金价无限制地买卖黄金，但实际上仍是通过市场吞吐黄金，因此黄金市场得到一定程度的发展。必须指出，这是一个受到严格控制的官方市场，黄金市场不能得到自由发展。因此直到第一次世界大战之前，世界上只有英国伦敦黄金市场是唯一的国际性市场。

20世纪初，第一次世界大战的爆发严重地冲击了“金本位制”。到30年代又爆发了世界性的经济危机，使“金本位制”彻底崩溃。各国纷纷加强了贸易管制，禁止黄金自由买卖和进出口，公开的黄金市场失去了存在的基础，伦敦黄金市场随之关闭。这一关便是15年，直至1954年后才重新开张。在这期间一些国家实行“金块本位”或“金汇兑本位制”，大大压缩了黄金的货币功能，使之退出了国内流通支付领域。但在国际储备资产中，黄金仍是最后的支付手段，充当世界货币的职能，黄金仍受到国家的严格管理。在1914年到1938年期间，西方的矿产金绝大部分被各国中央银行吸纳，黄金市场的活动有限。此后各国政府对黄金的管理虽有所松动，但长期人为地确定官价，加上国与国之间贸易壁垒森严，导致黄金的流动性很差，市场机制被严重抑制，黄金市场发育受到了严重阻碍。

（三）布雷顿森林体系时期的黄金市场

在1944年，经过激烈的争论英美两国达成了共识，美国于当年5月邀请参与筹建联合国的44国政府的代表在美国布雷顿森林（Bretton Woods）举行会议，签订了《布雷顿森林协议》，建立了“金本位制”崩溃后的人类历史上第二个国际货币体系。在这一体系中美元与黄金挂钩，美国承担以官价兑换黄金的义务，而各国货币则与美元挂钩。这时的美元实际上取代黄金，成为新的世界货币。经济学家认为，这实际是一种新型的黄金汇兑本位制。在布雷顿森林货币体制中，黄金无论在流通还是在国际储备方面的作用都有所降低，而美元成为了这一体系中的主角。但是，因为黄金是稳定这一货币体系的最后屏障，所以黄金的价格及流动仍受到较严格的控制，各国禁止居民自由买卖黄金，市场机制难以有效发挥作用。伦敦黄金市场因此受到严重冲击，在该体系建立十年后才逐渐得以恢复元气。

布雷顿森林货币体系的运转与美元的信誉和地位密切相关。在20世纪60年代，美国深陷越南战争的泥潭，国内经济萎靡不振，财政赤字巨大，国际收支恶化。美元的信誉一落千丈，大量资本出逃。各国纷纷抛售自己手中的美元，抢购黄金，使美国黄金储备急剧减少，结果导致伦敦市场的黄金价格暴涨。

为了抑制金价上涨，保持美元汇率的稳定，减少黄金储备流失，美国联合英国、瑞士、法国、西德、意大利、荷兰、比利时八个国家，于1961年10月建立了“黄金总库”（Gold Pool）。八国中央银行共拿出价值相当于2.7亿美元的黄金，其中美国承担50%，其余国家按不同比例分摊。由英格兰银行作为黄金总库的代理机构，负责维持伦敦黄金市场的金价，并采取各种手段阻止外国政府持美元外汇向美国兑换黄金。在20世纪60年代后期，美国进一步扩大了侵越战争，国际收支进一步恶化，美元危机再度爆发。在1968年3月的半个月中，美国黄金储备流出了大约4千万盎司（1244吨），价值14亿多美元。仅3月14日一天，伦敦黄金市场的成交量就达到了350~400吨的破纪录数字。美国再也没有维持黄金官价的能力，经与黄金总库成员协商后，美国宣布不再按每盎司35美元官价向市场供应黄金，黄金市场的金价任其自由浮动。但是各国政府或中央银行仍按官方价格进行结算，从此黄金开始了双价制阶段。但这种双价制也仅仅维持了三年的时间，原因之一是美国的国际收支仍不断恶化，美元不稳；其次是西方各国不满美国政府以纯粹的利己主义出发，不顾美元危机的事实，拒不贬值，强行维持固定汇率。

于是欧洲一些国家采取“以其人之道还治其人之身”的办法，既然美国不愿提高黄金价格，不想让美元贬值，他们就策划用各自的美元储备兑换美国储备的黄金，迫使美国就范。当美国政府听到欧洲国家要以美元大量兑换黄金的消息后，不得不于1971年8月15日宣布，中止履行对外国政府或中央银行以美元兑换黄金的义务。1971年12月，美英法等西方十国在华盛顿达成了一项新的国际货币制度协定，史称《斯密森协议》。在此协议下将金价提升到每盎司38美元，让美元贬值。1973年2月13日，美国宣布官方金价再次提高到42.22美元，使美元进一步贬值。结果加剧了欧洲抛售美元、抢购黄金的风潮。1973年3月因美元大幅度贬值，西欧和日本的外汇市场不得不关门谢客17天。到1974年2月，伦敦金价飞涨到每盎司120美元，一年之内竟然涨了将近两倍！最后，所有国家都放开了本国货币与黄金的固定比价，放弃了固定汇率，允许其自由浮动。至此，布雷顿森林货币体系完全崩溃，从此也开始了黄金非货币化的改革进程。

1976年1月8日国际货币基金组织（IMF）在牙买加首都金斯敦召开会议，就汇率制度、黄金问题等达成协议，史称《牙买加协议》。其主要内容之一是黄金非货币化，规定黄金不再作为货币定值的标准，正式明确宣告黄金就此退出国际货币体系。

在1978年，国际货币基金组织再次通过《国际货币基金协定》，彻底切断了黄金与货币体系的联系。协议不但决定取消黄金官价，禁止重新设立固定的黄金价格，而且干脆废除了以前有关黄金的所有条款。国际货币基金组织将不再干预黄金交易的市场价格，也不再设立固定价格。允许各会员国在市场上自由买卖黄金，取消会员国相互之间以及会员国与国际货币基金组织之间须用黄金清算债权债务的规定。协定同时决定，将国际货币基金组织所持有的黄金逐步抛售，其中的六分之一（大约2500万盎司）按当时的市价出售，超过官价（每盎司42.22美元）部分所得的资金，用于援助发展中国家。另外六分之一由各会员国按照官价回购，其余部分（约1亿盎司），根据总投票权的85%作出的决定处理，向市场出售或由各会员国购回。

在这之前金本位盛行近百年的漫长历史中，黄金尽管在国际货币体系中做出了不可磨灭的贡献，但黄金价格一直受到国家的严格控制。国家对黄金市场的介入干预时有发生，黄金市场仅是国家进行黄金管制的一种调节工具，难以发挥市场应有的资源配置作用。

（四）黄金非货币化时期的黄金市场

历史就是这样时过境迁，沧海桑田，“旧时王谢堂前燕，飞入寻常百姓家”！黄金退出世界货币领域之后，成为了人们可以自由拥有和自由买卖的商品。从此，黄金放下了高贵的身段，从壁垒森严的官家金库走向平头布衣的百姓家庭。从此，黄金在市场中的流动性大大增强，黄金交易规模不断扩大，世界黄金市场的发展翻开了崭新的一页。

黄金非货币化以来的 20 多年，也正是世界黄金市场得以发展的时期。黄金退出货币体系后，黄金的非货币化使各国逐步放松了对黄金的管制，这是当今黄金市场得以发展的政策条件。但是，世界各国对黄金管制的松绑并不同步并且开放程度也不尽相同，比如，土耳其的黄金市场从 20 世纪 80 年代中期才逐步开放，而印度一直对黄金的进口进行严格的控制。但同样需要指出的是，黄金在制度上的非货币化与现实的非货币化进程存在着不相同步的现象。国际货币体系中黄金非货币化的法律过程已经完成，但是黄金在实际的经济生活中并没有完全退出金融领域。换言之，当今黄金仍作为一种公认的金融资产活跃在投资领域，充当国家或个人的储备资产。所以说，这时的黄金在其市场中被人们买卖交易有两种不同的身份，一是作为普通商品，比如首饰制造商和黄金制品生产商的购买；二是作为投资产品，比如百姓和投资商的囤积购买。这两种情况也就是专家们所说的黄金的商品属性和金融属性。

因此，有人把当今的黄金分为商品性黄金和金融性黄金，但是这只是经济学家的人为划分，而黄金本身却只有金锭和制品这种形态上的不同。各国政府放开对黄金的管制不仅使商品性黄金市场得以发展，更为重要的是促使金融性黄金市场迅速地发展起来。并且由于交易产品的不断创新，黄金市场的规模不断扩大。在现在的世界黄金市场，90%以上的市场交易额是黄金的金融衍生产品，比如各种黄金期货，而实物黄金交易仅有总交易额的 3%左右，而且世界各国央行仍保留了高达 3.44 万吨的黄金储备。在 1999 年 9 月 26 日欧洲 15 国签订的央行的声明中，再次确认黄金仍是公认的金融资产，并且规定欧洲央行要以 15% 的黄金储备作为欧元的支撑。

三、永不休市的世界黄金市场

世界黄金市场是一个名副其实的全球市场。据不完全统计，现在全世界有大大小小40多个有形的黄金交易场所，正是这些交易场所构成了环绕全球的黄金市场网络。所以世界黄金市场几乎是一个24小时不间断运转的“日不落”市场。其中处于主导地位的几个黄金市场分别是伦敦、纽约、苏黎世、香港、东京等。这一方面是由于历史和经济地位的原因，另一方面是由于所处的地理位置的缘故。所以按照地域和交易时间，人们又把世界黄金市场划分为亚洲市场、欧洲市场和美洲市场。亚洲市场主要包括香港、东京、新加坡、孟买、伊斯坦布尔、迪拜等（悉尼也属于亚洲黄金市场）；欧洲市场包括伦敦、巴黎、苏黎世、法兰克福、布鲁塞尔等；而美洲市场则包括纽约、芝加哥以及加拿大的温尼伯。

世界黄金市场每天从澳大利亚的悉尼迎来黎明的曙光，随后，东京和香港的黄金交易相继开盘。在亚洲黄金市场的交易尚未偃旗息鼓之前，由伦敦领衔的欧洲黄金市场已经开门迎客了。在英国的黄金市场准备下午茶的时候，最为喧闹的黄金市场纽约商品交易所已经是门庭若市，熙熙攘攘。在美洲黄金市场的经纪人和交易员们精疲力竭的时候，他们的亚洲同行正在养精蓄锐，等待着新的一天的战斗。这就是全球“日不落”黄金市场循环往复的一个简单的写照。

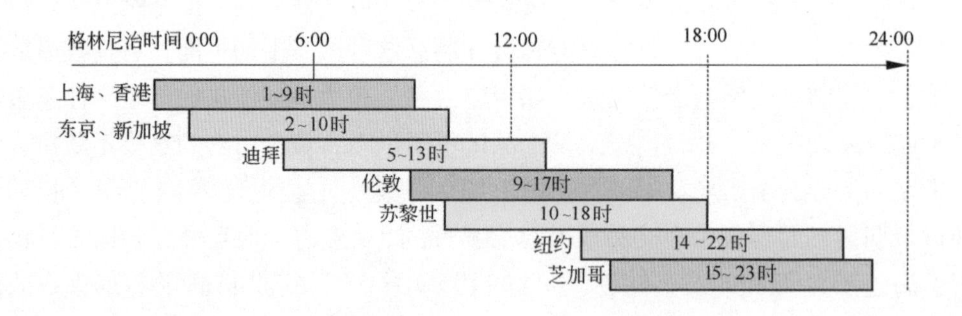

国际黄金市场交易时间分布示意图

所谓市场，说得直白一些就是做买卖的场所。那么，在黄金市场做黄金买卖的都是些什么人呢？首先有银行，包括商业银行和各国的中央银行；其次是投资机构，包括各种投资基金和对冲基金；第三是黄金生产商；还有投资经纪人、专门从事黄金投资的交易商，以及个体投资者等等。

既然是市场，就有一个供需关系。黄金市场的供应主要来自三大方面，一是全球的矿山每年生产的黄金，二是中央银行出售的黄金，三是经过回收再生的黄金，当然也包括一些投资者囤积的黄金。而需求部分主要有制造业需求和投资需求两大部分。再生金是指通过各种渠道回收的已经存在于地面的黄金，比如回收的首饰等。

因为矿山生产的黄金一般来自地下，而与之相对应的是来自银行和回收再生的黄金，所以人们把后者称为“地面存金”，其中包括藏于民间的黄金。

我们知道，黄金在消费过程中不会被彻底消耗掉。一方面，人们购买黄金是为了拥有它，而不是消耗它。在黄金消费中，每年只有少量的黄金可以被认为是永久消耗，如电子、航天工业的消耗、建筑等永久性装饰等。而无论戴在人们身上的首饰，或是放在富人保险箱里的金条，还是储存在银行里的金锭，随时都可以变成商品进入黄金市场。所以，黄金不同于石油、粮食等一般意义上的商品，它的消费是一种特殊的消费形式。另一方面，黄金独特的化学性质使它在回收、再熔炼、反复加工的过程中几乎不会造成损失，更不会自然损耗。

应该指出的是，虽然黄金交易也是一个价格依赖于供求关系的市场，但它的供求关系不同于一般商品，绝不是一个简单的产销关系。与黄金每年的全球产量相比，黄金的地面库存比任何一种商品都大。更为重要的是，全球的黄金矿山每年源源不断地生产黄金，而大部分黄金又不能被真正消耗，地面存金始终在不停地累积、增加。这就意味着全部地面存金代表了潜在的黄金供应来源。从这一点来看，与其说黄金是一种商品，倒不如说它更像一种货币。

在人类迄今开采出来的 16 多万吨黄金中，有 10.8 万吨被用于货币或者投资的目的。显然，每年 2000 多吨的世界黄金产量，与 10 多万吨的这一数字相比，确实是九牛一毛。根据英国伦敦金银市场协会的统计，2011 年全世界黄金交易总量为1569478.44吨，如果扣除双休日和圣诞等休市假日，全球黄金每天的平均交易量为6154.8吨。

世界黄金市场还有一个不可忽视的领地，那就是遍布世界各个角落的成千上万个金店，这些金店是普通人随时可光顾的黄金市场，是直接联系最为广泛的消费人群的黄金市场，它们是黄金进入千家万户的桥梁和通道，所以是世界黄金市场不可或缺的组成部分。以中国为例，2010年在我国有500多吨黄金是通过这些金店，以首饰、金条、金币、金元宝等形式进入寻常百姓之家的。这个数字是我国黄金需求总量的近60%。也有人把这部分市场称为黄金的低端市场，而把黄金交易所市场叫做高端市场。在以金店为主的低端市场，黄金的流动基本是单向的，虽然现在许多金店也有回购的策略，但是主导方向仍然是销售。黄金在这个市场的循环，无论频率还是规模都很小，因为它的产品不像在黄金交易所那样被炒来炒去。

现在我们再来看看几个具有代表性的高端黄金市场，你会发现世界黄金市场也是“远近高低各不同”。

（一）伦敦黄金市场

伦敦黄金市场已有300多年的悠久历史，成立于1684年的莫卡塔高斯米德（Mocatta and Godsmid）金银经纪行被认为是伦敦黄金市场的早期雏形。但伦敦成为世界黄金市场应该是19世纪初。如第二节所述，随着大英帝国的经济在蒸汽机的轰鸣中迅速崛起，伦敦于1804年取代荷兰阿姆斯特丹成为世界黄金交易的中心。而伦敦黄金市场的正式成立是在15年后的1919年。在很长一段时间，伦敦黄金市场的黄金主要来源于南非，其中一个原因是尽管南非在19世纪已经是世界第一产金大国，但其整体经济尚不发达，市场体系、机制不健全。其次，南非的大部分黄金矿业公司都有英国资本的背景，许多公司的总部就设在伦敦。后来，在美国、澳大利亚生产的黄金也不惜千里迢迢运到伦敦进行精炼和交易。在1982年以前，伦敦黄金市场主要经营黄金现货交易。1982年4月，伦敦黄金市场也设立了黄金期货交易平台，但现货交易仍占90%左右。

目前，伦敦仍是世界上最大的黄金市场。下表为2011年世界各主要黄金市场现货和期货的交易额及其在全球黄金市场所占比例的统计情况。从表中可以看出，作为世界黄金交易中心，伦敦在全球黄金市场中处于绝对的统治地位。全球86%以上的黄金交易在这里进行，而美国纽约的黄金交易量仅相当于伦敦的九分之一，主要为期货和期权交易，其大部分交易更加透明。虽然其他市场正在不断成长，但目前只占世界黄金交易总量的3%左右。

2011年全球部分黄金市场交易量分布情况

黄金市场	交易量		比例/%
	千盎司	吨	
伦　敦	43775704.00	1361577.61	86.75
纽　约	4991604.00	155256.36	9.89
上　海	697002.00	21679.20	1.38
东　京	494547.00	15382.14	0.98
孟　买	488502.00	15194.12	0.97
迪　拜	12507.00	389.01	0.02
合计	50459866.00	1569478.44	100.00

伦敦黄金市场由伦敦金银市场协会(LBMA)来管理，是这个庞大黄金市场的代言人。伦敦金银市场协会是一个国际性的行业协会，其前身是诞生于19世纪中期的两个独立机构——伦敦黄金市场和伦敦白银市场。1978年，英格兰银行决定将这两个机构的职能合并在一起，设立金银市场，并成立伦敦金银市场协会负责市场的运行。协会成员包括全球的主要央行、私人投资者、黄金矿业公司、金银冶炼企业、金银加工制造企业等，客户遍及全球。截至2012年，伦敦金银市场协会共有会员140个，分布在21个国家。其中有普通会员75个，准会员65个。会员中有11个享有“做市商”的资格，而“做市商”（Market Maker）中又有5个为定价成员。目前有权参与黄金定价的这五大巨头分别是：加拿大的丰业银行

（Bank of Nova Scotia）、英国的巴克莱银行（Barclays）、德国的德意志银行（Deutsche Bank）、中国香港的汇丰银行（HSBC）、法国的兴业银行（Societe Generale）。

伦敦黄金市场虽然是全球最大的黄金市场，但它却是一个无形的市场。与其他黄金市场的最大区别是，伦敦黄金市场没有实际的交易场所，其交易是通过销售联络网完成的。所以伦敦黄金市场实际上是一个场外交易市场（OTC 市场）。在每天的交易时间，五个定价成员要根据会员之间的买卖意向，平衡买价和卖价后，在上午 10 点半和下午 3 点，分别公布两次黄金定价，作为场外交易的指导和参考价格。现在的伦敦金价也以美元报价为主，同时提供英镑和欧元报价。这种定价机制已经运行 80 多年，伦敦金价得到了广泛的认可，无论黄金生产商、还是消费者，或者投资商乃至中央银行，都把它作为一个价格基准。所以伦敦的黄金定价一直影响着其他几个主要的黄金市场的交易。

尽管是场外交易，伦敦黄金市场的运作非常规范。几十年来，伦敦黄金市场在英格兰银行和英国政府的支持下，制定了一系列非常详尽的交易规则。所有交易都是在法律的约束下进行，都是在统一的游戏规则下进行。比如，伦敦黄金市场协会建立了金银质量的认证体系——金锭的合格交付资格（Good Delivery Status），对参与交易的黄金生产商的产品进行质量认证，从而有效地保证了交易的顺利运行。为了监督会员的精炼质量，协会还要定期进行复核检查。我国的中国黄金集团、山东黄金集团、招金集团、紫金矿业等主要黄金生产企业以及长城金银精炼厂、内蒙古乾坤金银精炼有限公司等，都是经过伦敦黄金市场协会认证的会员单位。另外，伦敦黄金市场不但有完善的交易法规，而且能够提供全方位的交易服务，比如精炼、运输、保管、保险、税务等。这也是这个黄金市场的帝国长盛不衰的秘诀之一。

（二）纽约和芝加哥黄金市场

纽约和芝加哥黄金市场是 20 世纪 70 年代中期，以纽约商品交易所（COMEX）和芝加哥商品交易所（IMM）为依托发展起来的。在 1975 年美国政府废除了禁止居民拥有黄金的法令之后，美国人的购金热情顿时释放出来，再加上美元持续贬值，美国人急于寻求某种资产保值和投资增值的渠道。于是，纽约商品交易所顺水推舟，推出了以1千克黄金为单位的黄金期货业务，就此开辟了美国自己的黄金市场，黄金期货也从此迅速发展起来。

纽约商品交易所是全球最早的黄金期货市场，现在已经成为世界上交易量最大和最活跃的黄金期货市场。它不仅是美国黄金期货交易的中心，也是世界最大的黄金期货交易中心。芝加哥也是以黄金期货交易为主，这两大交易所的交易情况对全球黄金现货市场的金价影响很大。纽约商品交易所本身并不参加期货的买卖，仅仅为交易者提供一个场所和设施，并制定一些法规，保证交易双方在公平和合理的前提下交易。与伦敦金银市场协会一样，该交易所也对黄金交易制定了详细的规则，甚至涵盖了现货交易许多细节，比如黄金的重量、成色、形状，以及价格波动的上下限、交易日期、交易时间等方面，都有极为详尽和复杂的描述。美国黄金市场每宗交易的数量为100盎司和50盎司两种，交易标的为99.5%的纯金，纽约商品交易所的期货合约最长可达23个月。美国黄金市场的黄金报价自然是美元，最小波动价格为0.25美元/盎司。

（三）苏黎世黄金市场

苏黎世黄金市场是全球第二大黄金现货交易市场，在国际黄金市场上的地位仅次于伦敦。瑞士不仅是世界上新增黄金的最大中转站，也是世界上最大的私人黄金的存储与借贷中心。

瑞士苏黎世的黄金市场，是在二战期间借着伦敦黄金市场停业的机会而发展起来的。1939年9月3日，英国和法国对德国宣战，第二次世界大战全面爆发，伦敦黄金市场被迫关门歇业，一直到1954年3月22日伦敦黄金市场才重新开张，恢复对外报价。作为中立国的瑞士，是欧洲少有的免受战争袭扰的一块净土，所以苏黎世就承担起了欧洲黄金交易的重任。在战后的很长一段时间，苏黎世市场的金价和伦敦市场的金价一样受到国际市场的重视。

在1968年，英镑开始出现贬值，同时因美国在越南战争受挫，美元贬值的压力也随之增强，结果引发了一场大规模的黄金抢购风潮。伦敦黄金市场的黄金频频告急，美国不得不调用军用飞机，从美国诺克斯堡（Fort Knox）的金库不断往伦敦运送黄金。在1968年3月8~14日的一周之内，人们从伦敦狂扫黄金1000

吨。最终，欧美八国精心设计并寄予厚望的黄金总库在这场黄金“劫难”中损失了3000吨黄金。15日早晨，英国财政大臣罗伊·杰肯斯（Roy Jenkins）在下院宣布了一个莫名其妙的“银行假日”。实际上是在美国政府的请求下被迫关闭伦敦黄金市场。经过这次风潮，伦敦黄金市场的地位遭受重挫。半个月后，伦敦的黄金交易才得以恢复，但犹如大病初愈的患者一样，元气大伤。而苏黎世黄金市场则从中再次受益，在如此巨大的市场动荡中，苏黎世黄金市场只停业一天，因此吸引了更多的客户。

另一个对苏黎世黄金市场有利的因素是，1964年哈罗德·威尔逊（Harold Wilson）领导的英国工党击败执政13年之久的保守党入主白金汉宫后，便对南非实行了制裁政策。于是，南非的大多数黄金生产商把交易转向了苏黎世。瑞士银行家们则趁热打铁，与南非储备银行达成一系列互惠协议，进一步巩固了瑞士与南非的紧密联系。

瑞士发达健全的银行体系和辅助性的黄金交易服务体系，使苏黎世黄金市场享有得天独厚的便利条件。这种银行体系和运行机制为黄金交易提供了一个自由度很大、保密性较强的交易环境。瑞士的中立国地位还吸引了前苏联这个不可忽视的黄金生产国。由于受到冷战思维的影响，苏联不愿意把金灿灿的黄金直接卖给英美等死敌。再者过去的社会主义国家把黄金产量视为国家机密，不愿让西方世界知道这些数字，瑞士银行体系的严格保密制度正好满足了苏联的要求。这就叫“鹬蚌相争，渔翁得利”。据估计，1972~1980年的9年之中，苏联一共在苏黎世卖出2000多吨黄金。

苏黎世黄金市场没有正式的组织结构，而是由瑞士银行（Swiss Bank）、瑞士信贷银行（Credit Suisse）和瑞士联合银行（UBS）这三大银行负责清算结账。他们不仅为客户代行交易，而且这三家银行本身也直接从事黄金交易。苏黎世黄金总库（Zurich Gold Pool）建立在瑞士三大银行非正式协商交易的基础之上，不受政府管辖，作为交易商的联合体与清算系统混合体在市场上起中介作用。

苏黎世黄金市场的另一个独特之处是，在早期，瑞士的几大银行都经营自己的黄金冶炼厂或精炼厂。如同瑞士这个不生产一粒咖啡豆和可可豆的国家，却是世界上著名的咖啡和巧克力生产地一样。这个不生产一克黄金的国度，却是世界上最为重要的黄金冶炼中枢。据统计，瑞士的黄金精炼能力占全球的70%左右，并且全球最大的四个黄金炼金厂都在瑞士。通过伦敦黄金市场“合格交付”黄金认证的瑞士精炼厂就有6个。2011年的数据显示，从世界各地运往瑞士进行精炼的黄金达到2600吨。在1990~2007年之间，瑞士每年以这种方式进口的黄金为1000~1600吨。

苏黎世黄金市场无金价定价制度，在每个交易日的任何某一具体时间，根据供需状况议定当日交易金价，这一价格即为苏黎世黄金市场的官方价格。在此基础上，金价可以全天自由波动，无涨跌停盘限制。苏黎世对交易金锭的金条规定与伦敦黄金市场的标准相同，标准重量为400盎司，纯度为99.5%，这样便于两个市场的接轨。交易后的交割地点为苏黎世的黄金库或其他指定保管库。

（四）香港黄金市场

香港黄金市场的非正式交易始于清末的1910年，已有100多年的历史。1974年，香港政府撤销了对黄金进出口的管制，香港的黄金市场才得以发展。现在，香港黄金市场已经成为远东地区非常重要的黄金转口贸易集散地和结算中心，它是连接欧美市场与印度、中国内地、泰国等亚洲市场的中枢。由于地域时区上的优势，香港黄金市场正好填补了纽约、芝加哥市场收市和伦敦开市前的空当，使世界黄金市场在不同时间都有交易，从而形成完整的“日不落”市场体系。香港这种特殊的地理优势也引起了欧洲人的注意，在20世纪70年代后期，伦敦和苏黎世从事黄金生意的银行纷纷进军香港，设立各自的分公司。这些欧洲银行的到来，给香港带来了更多的国际性交易，使香港黄金市场由一个区域性市场升华为全球性黄金市场之一。

香港黄金市场既有现货交易，也有期货交易。香港的黄金主要交易场所是香港金银业贸易场，这是一个已经拥有百年历史的黄金交易所。香港金银业贸易场（The Chinese Gold & Silver Exchange Society）简称金银贸易场，其前身是金银业行（Gold & Silver Exchange Company），1918年更名为金银业贸易场。

香港黄金市场采用中国传统的计量单位——小两。即，16两为1市斤，1两等于31.25克，相当于1.0047盎司。相对应的金价也以港元/两为单位，标准黄金的成色为99%。

金银贸易场采用会员制管理，截至2012年共有171个会员，其中有21个理监事，31个交易场认可的冶炼和制造标准金锭的成员。香港金银贸易场是一个完全不受政府干预的市场，多年来一直运行良好，成为亚洲地区深受交易商、金饰商、长线投资人士及投机人士认可的交易场所。

香港黄金市场的交易仍采用传统的公开叫价的方式。在网络、信息如此发达的现代社会，这种方式似乎有点过时，现在只有在纽约证交所等为数不多的几个场合可以看得到，在全球几大黄金市场也是独树一帜，别开生面。

香港黄金市场是唯一在周六照样开市的黄金市场，交易时间是上午9点半到12点半，下午为14点到16点。金银贸易场也有类似伦敦的定价机制，每天在上午11点半和下午16点分别两次确定上下午的交易结算价格。但周六只进行一次定价，在上午10点半进行。

1974年，黄金恢复在香港市场自由买卖后，伦敦黄金交易所与苏黎世黄金交易所几大黄金交易商都在香港设立了分支机构，建立了香港“伦敦金”市场。它是一个联动的现货市场，黄金交易在香港，交付在伦敦，并可以在成交后两个交易日内在纽约以美元结算。

（五）东京黄金市场

与欧美国家一样，日本长期对黄金实行严格的管制政策。日本国内制造业所需的黄金由官方从国际市场购买后，再以高于国际市场的价格卖给企业。这样就导致了难以遏制的黄金走私活动。在1973年黄金开始退出世界货币体系时，日本政府也解除了禁止黄金买卖的规定，1978年又解除了黄金的出口禁令。

1981年，日本政府正式批准成立东京黄金交易所（Tokyo Gold Exchange），当时由一家私营公司日本产金会株式会社负责经营，也采取会员制的管理模式。1982年东京黄金交易所开设期货交易。1984年，把原来的东京纺织品交易所、东京橡胶交易所、东京黄金交易所合并，成立了东京商品交易所（Tokyo

Commodity Exchange，简称 TOCOM）。从此东京的黄金市场成为商品交易所的一部分。

与其他黄金市场不同，日本黄金市场以克计量，以日元报价，黄金的交付标准成色为 99.99%。

（六）新加坡黄金市场

新加坡黄金市场大致形成于 1969 年，它没有正式的组织形式，也没有喊价叫卖的场所，黄金交易主要由经纪人组成。不过，一些较大的黄金交易商在这里起到了“大股东”的作用。新加坡黄金市场的核心作用是伦敦黄金市场与其他东南亚国家的转运港。它的主要服务对象是印尼、马来西亚、菲律宾等东盟国家。据统计，1989 年新加坡进口黄金 227 吨，而国内需求只有 28 吨，其余近 200 吨全部流向其他国家和地区。

新加坡的黄金交易也包括黄金现货和 2、4、6、8、10 个月的 5 种期货，交易金锭的标准比较丰富，但以 1000 克重的公斤条为主，纯度为 99.99%。新加坡黄金市场交易，设有停板限制。

（七）上海黄金市场

上海黄金市场是中国黄金市场的一个缩影，而上海黄金交易所则是上海黄金市场的代名词。与其他国际性黄金市场相比，上海黄金市场是一个非常年轻的成员。我国黄金市场已形成了由上海黄金交易所、区域黄金交易中心、上海期货交易所以及银行柜台和黄金制品商铺组成的黄金交易市场体系。其中，上海黄金交易所为会员单位提供交易平台，因此交易所的价格信息对我国黄金市场具有导向作用；区域黄金交易中心作为二级交易市场，主要以自营和代理黄金业务为主，起到了连接上海黄金交易所与非会员机构和个人投资者的作用；上海期货交易所主要经营黄金期货，为投资者提供了套期保值、投资与投机的交易场所；银行柜台与黄金制品商店则为广大个人投资者和消费者提供交易场所，满足他们不同的需求。

与其他国家一样，中国也对黄金交易长期实行严格的管制政策。在新中国成立不久的1950年4月，中国人民银行就颁布了《金银管理办法》，明令冻结民间金银买卖，明确规定国内的金银买卖统一由中国人民银行经营管理，从而奠定了中国黄金工业长达50年之久的“统购统配”政策的基础。1983年6月，国务院制定颁发《中华人民共和国金银管理条例》，进一步重申了“国家对金银实行统一管理、统购统配的政策”，并且强调“在中华人民共和国境内，一切单位和个人不得计价使用金银，禁止私下买卖和借贷抵押金银”。

与欧美等工业化国家不同的是，我国的黄金管制政策持续时间较长。这主要是因为中国的经济基础薄弱，外汇储备捉襟见肘；加之由于意识形态方面的原因长期受到西方社会的孤立，有限的国际贸易只能依赖硬通货。因此，国家把黄金等同于外汇看待，从勘察开采到冶炼销售，一直禁止民间参与。即使在改革开放后的十几年，这种情况始终没有大的改变，一般企业和百姓只能望“金”兴叹。

1982年，国家首次开放黄金饰品市场，以后在市场经济的推动下，一个隐形的黄金市场悄然出现。终于，封杀黄金市场数十年的《金银管理条例》在1993年被修改，敲响了黄金市场化改革的钟声。原来一直由人民银行控制的固定金价改为浮动价格，并开始与国际金价接轨。1994年，我国黄金开采业部分对外开放，国务院批准了允许外商投资开采低品位、难选冶金矿资源的试点办法。

1999年12月10日，中国首次批准向社会公开发售1.5吨“千禧金条”，打开了民间黄金投资的大门。同年12月28日，国家取消了白银统购统销的规定，完全放开交易，上海华通有色金属现货中心批发市场成为中国唯一的白银现货交易市场。白银的放开被视为黄金市场开放的“预演”。果然如人们期待的那样，在数月之后的2001年4月，中国人民银行即宣布取消黄金“统购统配”的计划管理体制，在上海组建黄金交易所。

经过一年多时间的组建和试运行，上海黄金交易所于2002年10月30日正式开锣营业。

上海黄金交易所也实行会员制的组织形式，会员包括从事黄金业务的金融机构、从事黄金、白银、铂等贵金属及其制品的生产、冶炼、加工、批发、进出口贸易的企业。截至2012年，共有会员162家，分散在全国26个省、市、自治区。

上海黄金交易所的主要交易方式为标准化的撮合交易。交易商品不仅有黄金，还有白银和铂。交易初期只有现货，现在也有几种不同的期货。标准黄金和铂的交易通过交易所的集中竞价方式进行，实行价格优先、时间优先的原则通过报价撮合达成交易。非标准品种通过询价等方式进行，实行自主报价、协商成交。会员可自行选择通过现场或远程方式进行交易。交易时间为每周一至周五。

上海黄金交易所实行集中、直接、净额的资金清算原则，交易所指定由中国银行、中国农业银行、中国工商银行、中国建设银行、深圳发展银行、兴业银行和华夏银行等作为清算银行。为了便于结算交割，上海黄金交易所在全国37个城市设立了55家指定仓库，所有金锭和金条均由交易所统一调运配送。

四、黄金小贴士

传统的伦敦黄金定价机制

伦敦黄金市场的定价机制是独一无二的，与其他黄金市场不同，它为市场交易者买入或卖出黄金只提供单一的报价。伦敦黄金市场实行日定价制度，每日两次报价。由于其悠久的历史和交易规模，伦敦黄金市场的价格是全球黄金市场事实上的指导性金价，它直接影响到纽约、苏黎世、香港、东京等黄金市场的交易。许多国家和地区的黄金市场价格均以伦敦金价为标准，再根据各自的供需情况而上下浮动。同时伦敦金价也是许多涉及黄金交易和约的基准价格。

伦敦黄金市场的定价机制始于20世纪初，开头几天的报价是用电话进行，后来改为在洛希尔银行（Rothschild）的一间办公室里举行。因此，这间看似普通的办公室被人们称为“黄金屋”（Gold Room）。1919年9月12日上午11点，伦敦黄金市场的五大黄金交易商的代表首次聚会在“黄金屋”，报出了伦敦黄金市场历史上的第一次官方金价。此后，在每天的上午10点半和下午3点，“黄金屋”分别进行两次定价，这种制度一直延续到了今天。

伦敦黄金市场的定价过程

伦敦黄金市场的这种古老、传统的定价机制别具一格，值得我们花点笔墨略作介绍。如上所述，定价小组由五家黄金交易商组成，这些成员都是伦敦黄金市场协会的“做市商”会员。作为东道主，洛希尔银行一直是定价小组的主席单位，主持定价过程，直到2004年让位于加拿大的丰业银行。

在定价之前，五名定价成员进入“黄金屋”。在一切准备工作就绪后，市场交易暂时停止。定价过程就是一个买卖平衡的过程。首先，由洛希尔银行的代表根据前一次定价后伦敦市场的收盘价，以及纽约黄金市场和香港黄金市场的交易价格，定出一个建议性开盘价。五个定价成员的代表（包括主席），立即将开盘价报给各自的交易室，各个定价成员的代表很快就会得到反馈信息并且报告给主席。也就是说在这个建议价格下，各自的交易意向是买还是卖，意向数量是多少。如果大家觉得建议开盘价较高，卖方数量就会多于买方数量，这时主持定价的主席就要降低建议交易价格，并让各个定价代表在新的建议价格下重新确认买卖意向；反之，如果建议开盘价较低，买方数量则会大于卖方数量，这时主席就要提高建议交易金价。如此反复数次，直到供求达到平衡，这时的交易价格就是所谓伦敦定价（London Fixing Price）。

在“黄金屋”中，每个定价代表的桌面上都放置一面小小的英国米字旗，它是一个交易状态的标志。在每位代表与各自交易室进行沟通时，米字旗始终竖着，在他得到确切交易信息之后，就要把米字旗放倒。在黄金定价过程中，只要还有一个代表的旗帜竖立在桌面上，就意味着交易还会有新的变化，定价主席就不能做出任何定价变更。只有等到“黄金屋”内的五面小旗全部放倒时，表示市场上已经没有了新的买方和卖方，主席才会宣布交易结果，并根据具体情况决定价格的升降，或者宣布最后定价。定价过程的长短取决于市场的供求情况，短则数分钟，长则几十分钟。在伦敦黄金市场的历史上，最长的一次定价发生在 1990 年 3 月 23 日，定价过程中出现了一个搅局的不速之客，来自中东的一家银行要一次性抛售 45 万盎司黄金（约 14 吨）结果导致定价进行了 2 小时 26 分钟，金价也因此骤然下跌 20 美元 / 盎司。

每位定价代表都是通过电话与自己的交易室进行联络，不断把最新的建议交易价传递到他们的客户，并获得客户的交易反馈。现在这些信息还通过互联网络呈现在各自交易室，以及世界各地与定价代表有关系的电脑系统终端。

2004 年 5 月 5 日，洛希尔银行退出了定价小组，把席位让给它的英国同胞巴克莱银行，但稳坐 85 年之久的定价小组主席之位却由加拿大丰业银行取而代之。可是自此以后再没有人能够长期独享主席的荣誉，伦敦黄金市场就此改弦更张，定价小组主席改为每年轮换一次，由五个定价成员轮流坐庄。定价过程也从“黄金屋”的五人会议形式改为专用电话会议的远程定价，古老传统的伦敦黄金定价方式真的就此作古于世，“黄金屋”则成为一间供后人参观追忆的陈列室。

第八章　黄金世界之旅
——世界黄金博物馆一瞥

博物馆是人类发明的保存和展示人类文化遗产和历史的宝库。在世界各地的著名博物馆里，几乎都有大量的黄金藏品。特别是在一些文明古国，如埃及、印度、中国等，在不同形式、不同级别的历史博物馆里，都能找到黄金的身影。在英国的大英博物馆、法国的卢浮宫，不但有本地的黄金文物，还有数以万计来自世界各地的黄金珍品。虽然这些博物馆并没有把馆藏的黄金展品集中起来展示，而是按照种族文明或文化区域和历史轴线划分的，但也是我们了解黄金世界，了解世界黄金的直观课堂。通过这些博物馆，我们可以体验真实的黄金世界，从中获得对黄金的一些感性认识。

这里我们首先简略介绍的是埃及历史博物馆。这座展现古埃及文明历史和文化财富的圣殿，收藏了十五万件反映尼罗河文明的各种文物，它是我们了解古代文明与黄金文化的历史渊源的立体资料。更为重要的是那里珍藏着古埃及法老王——图坦卡蒙的所有陪葬品，包括那口举世无双的黄金棺材、那具几乎与埃及金字塔齐名的黄金面具，以及象征至高权力的黄金宝座等稀世珍宝。

说到博物馆里的黄金文化，我们不能不提俄罗斯圣彼得堡市的冬宫博物馆，也叫埃尔米塔日博物馆（Государственный Эрмитаж，英文为 State Hermitage Museum）。这座与卢浮宫和大英博物馆不分伯仲的博物馆不仅本身金碧辉煌，而且还专门辟有一个财宝展馆，收藏了俄国各个王朝遗留下来的大量黄金珠宝，还有来自各国、分属不同文化和不同年代的极品黄金制品。财宝展馆又分为黄金厅和钻石厅。其中黄金厅内陈列了古希腊首饰大师的杰作，公元前 7 世纪至公元前 4 世纪俄罗斯南部西塞亚人（Scythian）的黄金精品，还有来自印度、伊朗和中国等东方文明的黄金珠宝。展品中还包括许多珍贵的匈奴古董，如黄金服饰和头饰，甚至马具上的黄金装饰。这些藏品大部分来自公元 4 世纪匈奴人生活的俄罗斯南部草原。

钻石展厅内的藏品除了珠宝钻石之外，黄金仍是这里的主角。主要展示来自西欧和俄罗斯的古代黄金制品，件件都是精美绝伦、举世无双，其中一部分是俄罗斯罗曼诺夫（Romanov）王室遗留下来的大量黄金珠宝，还有圣彼得堡一些私人藏品、教堂艺术品、俄国王室收到的外国礼品、俄国珠宝首饰的百年老字号著名的法贝热公司（K.Фаберже，英文为 Faberge）为俄国皇室制作的黄金首饰。

另外，在世界各地还有不少专门收藏和展示黄金文物的博物馆。这些大大小小的黄金博物馆是世界黄金历史的见证，是一部看得见、摸得着的世界黄金史，是了解黄金世界的直观场所。这些博物馆基本可以分为两大类型，一类是以展示各种古代黄金制品，展示人类使用黄金、崇尚黄金，以及黄金制造工艺为主题的黄金博物馆；另一类则是以展示黄金开采历史为主的主题公园式的黄金博物馆。

一、哥伦比亚黄金博物馆

哥伦比亚黄金博物馆（El Museo del Oro）坐落在哥伦比亚首都波哥大市中心的圣坦德尔公园内，是世界上最大的黄金博物馆。该馆收藏了约 5 万 5 千多件公元前 20 世纪至公元 16 世纪印第安人制作的精美的黄金制品和器物，按不同的历史时期和地区分别陈列。

该博物馆建于1939年，1968年迁至现址，由哥伦比亚国家银行负责管理。建立黄金博物馆，是哥伦比亚政府致力于保护国家文物、保护印第安人文化计划的一个组成部分。博物馆建立之初只有14件展品，后来不断发展，直到今天的规模。

哥伦比亚黄金博物馆给人们展示的不只是黄金文物和历史，它俨然是一场文化盛宴、艺术盛宴、黄金盛宴。馆内的黄金展品主要分为三大类，分别反映了黄金与人类生活不同层面的密切联系。其中有很大一部分是与宗教有关的黄金制品，如在印第安人宗教仪式中千姿百态的善男信女，祭天敬神时盛放贡品的礼器，还有雕刻有鹿、鹰和蟾蜍等动物图腾的各种圣器。第二类是具有印第安人文化特色的各种首饰。古印第安人佩戴黄金首饰在很大程度上也是为了祈求神灵的保佑，并不把它们作为奢华和富有的象征，因为他们认为黄金本身没有什么价值可言。其中有耳环、鼻环、项链、别针、手镯、脚镯等。第三类则是用黄金制作的居家日用物品，如壶、杯、碗、盆、碟，甚至鱼钩、刀具、面具等。

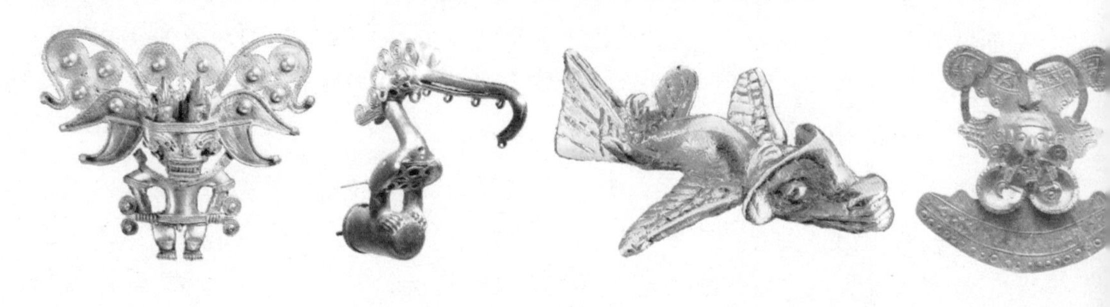

哥伦比亚黄金博物馆的部分黄金藏品
（图片来源：http://www.banrepcultural.org）

这些金光耀眼的黄金展品，有的古朴素雅，粗犷大方；有的制作精美，巧夺天工；不但有丰富的历史内涵，还有珍贵的艺术价值。这些展品真实地反映了印第安文化的价值取向，也真实地记录了印第安人黄金冶炼和加工技术的发展过程。尽管印第安人的大量黄金珍宝遭到了西班牙等西方殖民者的野蛮劫掠和破坏，但是仅从幸存下来的黄金器物中，就可以对这块神秘大陆的黄金史乃至文明史窥见一斑。

哥伦比亚黄金博物馆有一件镇馆之宝——穆伊斯卡金筏（Muisca Raft）。这只金筏之所以珍贵，是因为它与印第安人的一个神秘的传说有关，这就是在南美洲家喻户晓的“失落的黄金城”的故事（详见第四章）。说的是在穆伊斯卡人的酋长传位仪式上，继承人要在身上涂满金粉，跳入湖中沐浴，并带着黄金珠宝祭祀天神。这只金筏是1969年被三个农民在一个村庄里发现的，发现时金筏放在一只陶罐里。这只金筏长19.5厘米，宽10.1厘米，上面有人物造型和一些不可名状的图案，其中一个较大的人物形象代表酋长的继承人。据考古学家估计，这只金筏制作于公元600年到1600年之间，通过失蜡法用黄金铸造而成（图片参见第四章）。

博物馆共分三层：一层介绍印第安人的历史；二层介绍印第安人的淘金、炼金和黄金加工过程，主题叫“前哥伦布时期哥伦比亚的人类与黄金”；三层展示印第安人的一种祭祀仪式，包括仪式中使用的各种黄金器物。

这里是地地道道的黄金世界。进入这个举世无双的黄金博物馆，就如同进入了阿里巴巴和四十大盗故事里的金银宝库一般。展厅里四周的玻璃展柜内各种黄金珍品琳琅满目，令人眼花缭乱，目不暇接。黄金博物馆的展示大厅里还陈列着一个复原的部落酋长墓葬，墓中的酋长头戴金盔，面盖金罩，耳戴金环，手持金剑，脖子上戴着金项圈，胸前挂着一面很大的金锣，手腕和脚踝上戴着金镯，身边还摆放着许多陪葬的黄金器皿。

黄金博物馆还设有一间放映厅，通过专门制作的视频，向来访客人介绍博物馆一些黄金珍品的故事。

二、南非黄金博物馆

南非黄金博物馆（Gold of Africa Museum）的正式名称叫“非洲黄金博物馆”，从博物馆展示的内容看倒是名副其实。这家黄金博物馆位于南非开普敦市区一座古老的建筑物内，在18世纪末这里曾经是神职人员的寓所，所以这座建筑本身也是一个历史遗迹。黄金博物馆的一层是独特的黄金餐馆和纪念品商店；二层是展厅。与哥伦比亚黄金博物馆相比，这里的藏品并不多，但是这些藏品的历史要比南美的黄金文物久远得多。它们大部分来自古埃及时期的埃及和撒哈拉南部地区，许多黄金制品都经历了数千年的岁月。南非黄金博物馆是通过350件古代黄金制品，再配以形象生动的图片和历史文献，来展示非洲大陆文明与黄金的联系。一览这些形形色色的黄金制品，人们可以清晰地了解古代非洲一些王国的强盛与富庶；人们不但可以领略古人的精湛技艺，也可以窥测其中的文化和历史内涵。

这些藏品最初来自于一名瑞士的艺术品收藏家约瑟夫·穆勒（Josef Mueller）。这位收藏家看重的是这些黄金制品的艺术价值，他花费了50多年的心血，专门收集非洲的艺术品和珠宝首饰。后来，穆勒的女儿莫妮克（Monique）和女婿巴碧尔（Barbier-Mueller）继承父业，继续收集流落在民间的非洲黄金艺术品，

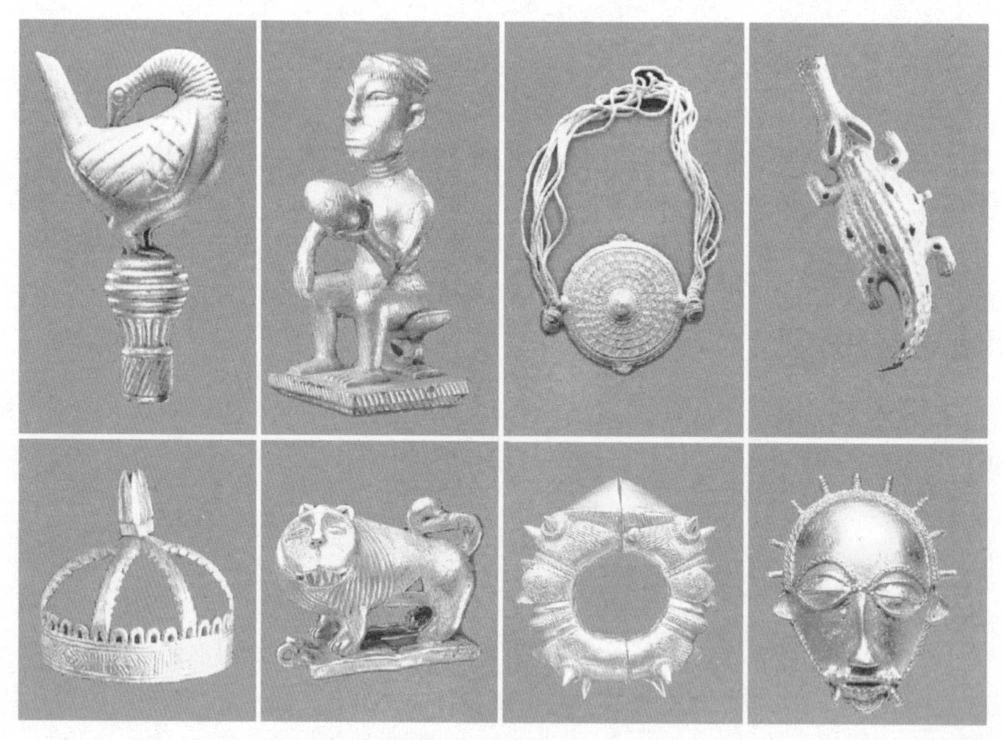

南非非洲黄金博物馆部分藏品

（图片来源：南非非洲黄金博物馆）

并在瑞士日内瓦设立了巴碧尔穆勒博物馆（Barbier-Mueller Museum），让世人在这里欣赏这些古代非洲的黄金艺术珍品。

2001 年，这些黄金文物被世界最大的黄金矿业公司——南非的安格鲁黄金公司接管，从此它们便在南非的开普敦安家落户，回到了非洲故里，也算是叶落归根。

展馆内有制作精良的壁画、图片，形象生动地展示了黄金与非洲文化、宗教的关系，黄金与非洲帝王、权力的关系。

南非黄金博物馆还有一间金匠工作室，向游人访客介绍和演示黄金首饰的制作过程，同时还提供各种黄金制作的培训教程。

博物馆商店不但出售与黄金有关的书籍、光盘，还有博物馆金匠亲手制作的黄金首饰和博物馆藏品的仿制品。

三、南非金矿城博物馆

南非金矿城博物馆（The Gold Reef City）位于约翰内斯堡南 8 公里处，是一个典型的黄金开采主题公园。金矿城建造在 1976 年关闭的“王冠金矿”的旧址上，最初的名称就叫金矿博物馆（Gold Mine Museum）。

王冠金矿（Crown Mine）曾是南非最大的金矿之一，在 1916 年就已经有 14 条竖井，持续生产黄金 60 多年。该金矿因资源耗尽关闭后，金矿的主人兰德矿业公司，于 1979 年把它连同土地一起捐献给了南非矿业联合会（Chamber of Mines），并将其

南非约翰内斯堡黄金城中的老式矿石破碎机

开发成一个展示南非黄金开采的历史遗迹。后来又几经拓展，内容不断丰富，现在已经变成一个融合南非历史、文化、民俗的综合性主题公园，但是其核心内容仍然是黄金开采。博物馆的名称也改为黄金城。

主题公园内保留了金矿开采时的许多设施，新增加的地面建筑则真实地重现了18世纪末到19世纪初南非淘金热潮时期的矿城风貌，有式样古朴的银行、邮局、警察局，设施简陋粗犷的餐厅、酒吧等。参观者不但可以乘坐蒸汽机驱动的老式火车，游览古老的街道和建筑，还可以在陈列室里静静地浏览与黄金开采有关的文物和文献资料。更为引人入胜的是，还可以乘坐样式古老但技术现代的金矿罐笼（实际上就是金矿的电梯）深入到地下200米的矿井，亲眼目睹当年南非的矿工们开采黄金的实际作业情形。

南非黄金城最后一个独特的亮点是，参观者有幸能够现场观摩黄金的熔炼和铸锭过程。待浇铸好的金锭冷却后，你还可以体验亲手触摸财富的感受。如果你有足够的气力，甚至可以举着这块12.5千克的金锭留下一张珍贵的照片。其实，从20世纪80年代开始，这块金子始终在这里被炼来炼去，最多时一天要被熔炼5次，真实经历了千锤百炼！这再一次体现了真金不怕火炼的本色。

此外，黄金城内还有民俗表演和多种现代化的游乐设施。

四、哥斯达黎加黄金博物馆

哥斯达黎加黄金博物馆位于首都圣何塞市中心，据说是该国最负盛名的博物馆，其中一个原因是拉美国家的文明史几乎被殖民者毁坏殆尽，残存的被视为凤毛麟角。这家博物馆的藏品有数千件，从简单的圆形耳环到复杂的动物形象，都是公元500~1600年之间的黄金制品。这些珍贵的黄金藏品是古代南美印第安部落生活的真实写照，是了解印第安文明的一个窗口。

哥斯达黎加政府非常重视本国的黄金历史，认为它是拉美文明史的重要组成部分。从20世纪50年代起，哥斯达黎加中央银行开始收集具有历史价值的黄金制品，但直到1982年，才给这些黄金藏品找到一个固定的场所。哥斯达黎加教育部还把黄金博物馆作为哥斯达黎加历史文化保护的教育基地，经常组织学生进行参观。所以，这家黄金博物馆经常是门庭若市，访客络绎不绝。

五、澳大利亚金矿博物馆

澳洲大陆没有其他几大洲那样悠久的历史，但是她的黄金开采在人类文明进步史上占有重要的一席之地。所以她的黄金博物馆自然要展示这段辉煌的历程。在澳洲比较有名的黄金博物馆有两处，一个是昆士兰州的金皮（Gympie）黄金博物馆，另一个是维多利亚州的君主山（Sovereign Hill）黄金博物馆。

金皮黄金博物馆位于澳大利亚昆士兰州布里斯班市以北160公里处，正式名称叫采金历史博物馆（Gold Mining and Historical Museum），实际上也是一个黄金开采的主题公园。这里曾经是澳洲淘金热的发祥地。澳大利亚第五任总理安德鲁·费舍尔（Andrew Fisher）在评价金皮的历史作用时曾经说："是金皮把昆士兰从崩溃中拯救了出来。"金皮黄金博物馆就是想通过大量的历史文献、实物、图片，以及大量的金矿石标本、狗头金等，让参观者了解19世纪60~70年代澳洲的历史风貌，了解金皮到底是如何拯救昆士兰的。

金皮黄金博物馆占地5公顷（5万平方米），有15个主要建筑，共分成30个小展区。博物馆的位置原来是一座金矿，当年曾是这条金矿带上的第二富矿，一直到20世纪60年代才停产。1965年开始改造为博物馆，直到1971年才开门迎客。博物馆的主体建筑是由原来金矿的一个巨大的蓄水池改造而成的，现在作为博物馆的展厅，用于陈列展品。在改造过程中，金矿原有的一些设施被完整地保留了下来，至今仍可以演示运行。比如由蒸汽机驱动的卷扬机、空气压缩机，还有在原有基础上重建的发电机等。

展区内还复原了金皮地区当年的情景，乡村、学校、商店、邮局、教堂、军营、铁路运输、通信、机器，各种设施一应俱全。进入展区，让人有一种穿越时代，回到19世纪的感觉。这家博物馆还为参观者配备了淘金盘和金矿沙，你可以亲手操盘，体验一下淘金的乐趣。

君主山黄金博物馆位于维多利亚州巴拉瑞特市（Ballarat）的君主山(Sovereign Hill)，也叫疏芬山，而当地人都叫它“淘金镇”，距离墨尔本约110公里。从它的俗称我们就可以知道这里与黄金的密切关系。这是一座建立在19世纪的金矿遗址上的大型露天博物馆，于20世纪70年代建成开馆，真实地再现了澳洲早期淘金热的历史场景。为了营造更加真实的历史环境，馆内的160多名工作人员，个个都是一身当年的披挂和装束。

这座室外博物馆分为淘金体验区、乡镇街景区、华人村、地下矿井、黄金展馆等五个区域。淘金体验区为参观者提供了一个可以在河床采集含金矿砂，淘洗黄金的条件和场所。乡镇街景区再现了淘金镇街面上当年的服务设施，如商店、饭店、酒吧、学校、戏院、铁匠铺、面包房等等。华人村是淘金热时期从中国涌入的华工的集中住所，在这里你还可以看到具有中国特色的华人杂货店和中药铺，甚至关公庙！地下矿井可以把参观者送到幽暗的地下坑道，通过视频介绍和实地参观，了解当年开采金矿时矿工们的劳作情景。黄金展馆里收集了900多件黄金制品、金矿石标本，以及金币和珍贵的历史图片等。在此你不但可以一睹世界第二大狗头金复制品的尊容，还可以观摩黄金的提炼过程。

六、罗马尼亚黄金博物馆

罗马尼亚黄金博物馆是欧洲唯一颇具规模的黄金博物馆。博物馆建筑在罗马尼亚中部的一座废弃的金矿旧址上。所以这家博物馆实际上也是一个黄金开采博物馆。馆内藏品有13000多件，包括2000多件天然黄金样品，以及800多件来自世界各地的各种含金矿石标本，还有这座老金矿遗留下来的一些古老的开采设施。金矿石标本形态各异，形象逼真，有的形如植物，有的状如动物，有的像花鸟鱼虫，有的像走兽飞禽。所以，尽管这里没有黄金珠宝首饰，但也不乏价值连城的藏品，博物馆给这些藏品购买的保险金额每件平均达到50万欧元。其中一件黄金蜥蜴，更是高达3百万欧元。而罗马尼亚政府把这座老金矿改造为博物馆才花费了66万欧元。

这座老金矿有近百年的开采历史，而这一地区的采金活动至少可以追溯到2000年前。在它的辉煌时期，这里曾经有多达4万之众在深达数百米的地下开采黄金。2006年，这座金矿因亏损而被迫关闭，随后由政府出资将其改造为黄金博物馆。参观这家黄金博物馆的意义在于，你可以从中理解欧洲黄金开采的历史片段，也可以学到黄金矿物的一些知识。

七、中国招远黄金博物馆

招远黄金博物馆位于山东省招远市，建筑面积6950平方米，是国内首家实景场景式博物馆，是由山东中矿集团斥资1.63亿元人民币，精心打造的中国第一家黄金博物馆。黄金博物馆距招远市中心仅有一公里之遥，是一处全面介绍黄金知识的主题型博物馆。

招远地区是中国最负盛名的黄金宝地，其黄金生产历史已逾千年，因此被誉为“中国金都”。整个博物馆分为两层，一层设有7个展厅，主要向参观者介绍招远地区的黄金文化史。二层设世界黄金之旅、中国黄金文化、黄金交易厅等6个展厅，集中展示、演示黄金开采、冶炼、加工生产工艺及古今中外黄金历史文化。

招远黄金博物馆大厅

招远黄金博物馆收藏陈列了大

量的黄金矿石标本和黄金制品，还通过文字、实物、模型、图片等形式，详细介绍招远地区的黄金资源分布、采金历史、现代黄金生产情况等。博物馆不但通过精心制作的沙盘和模型，向参观者介绍招远地区的黄金资源、中国古代的采金遗址，同时还借助现代科技手段，向参观者演示现代黄金生产和冶炼工艺，非常生动、逼真。所以，这里不但可以了解招远的黄金开采历史乃至中国的黄金开采历史，还可以了解黄金开采的基本知识，是普及黄金知识，了解黄金世界的理想场所之一。

招远黄金博物馆几经扩建，现在已改造为规模更大的中国黄金实景博览苑。除了黄金博物馆以外，还增加了实景展示区、矿井体验区、淘金小镇等另外三个主题公园展区。其中矿井体验区完整地展示了从古到今的黄金开采方法、开采设备工具，以及黄金地下开采的全部过程。实景展示区则利用老矿区原有的厂房和生产设备，实景式展示了黄金选矿、氰化、冶炼的主要流程和现代黄金选冶技术。

八、台北黄金博物馆

在我国的台北市也有一家黄金博物馆，又称黄金博物园区，是由过去的金矿矿区改造而成的主题公园式的博物馆。黄金博物馆的主体建筑也是由昔日台湾金属矿业公司的办公楼改建翻修而成的。台北黄金博物馆的主题是讲述金瓜石的黄金开采历史与文化，让现代人体验金瓜石昔日的繁荣与辉煌。

黄金博物馆位于原台北县（现新北市）金瓜石金矿区旧址。在金瓜石发现黄金的故事真可谓是“天上掉馅儿饼”的传奇。据记载，在清光绪 16 年（1890 年），时任台湾巡抚的刘铭传大人带领工人修建铁路时，在河床意外发现了金砂，继而一鼓作气溯河而上，最后在上游发现了金矿脉。于是清政府在台湾专设矿业局督导黄金开采，从此开启了金瓜石矿区的黄金开采历史。金瓜石很快成为台湾地区黄金矿业的重要基地，该金矿区的黄金产量一度跃居亚洲第一。然而随着开采的加速，黄金资源不断耗尽，到 1987 年金矿被迫关闭。当时的台北县政府为了保护这段金色的历史，决定在金矿原址上建立黄金博物馆，并于2004年底建成开园。

黄金博物馆的主馆有三层展馆，一楼展室主要介绍台湾地区的黄金开采历史和采金知识，分为历史回顾、采矿流程、炼金模拟等几个主题。其中历史回顾部分又分为大航海时代、清末时期、日占时期、民国时期等四个阶段。二楼展馆则主要展示黄金的应用，通过图文并茂的资料向参观者介绍黄金在人们日常生活乃至高科技领域的各种用途。堪称博物馆镇馆之宝的是一块超级“大金砖”——一块重达220千克、纯度为99.99%的硕大金锭。这块金锭在2004年曾经被吉尼斯世界纪录列为世界最大金锭，2005年被日本制造的250千克金锭超越，但现在仍然是世界第二大金锭。黄金博物馆的三楼展厅是淘金体验区，展馆不但提供淘金盘和含金矿砂供参观者体验淘洗砂金的乐趣，还允许参观者将淘洗到的砂金带走，前提是你能掌握淘金的技巧和有足够的运气。

九、日本土肥黄金博物馆

日本土肥黄金博物馆也是一座展示黄金开采的主题博物馆。博物馆位于日本静冈县伊豆市境内，紧邻土肥金矿遗址。博物馆重现了日本幕府时期（1185~1867年）的黄金生产过程，并向参观者展示古代的黄金制品，以及收集自日本各地的各种金矿石标本。

土肥金矿曾经是日本的第二大金矿，发现于日本的室町时代（1338~1573年），并于江户（1603~1867年）及昭和时代（1926~1945年）二度重开。1965年，这座拥有900多年历史的金矿由于资源枯竭而被彻底关闭。土肥金矿先后共产出黄金40吨、白银400吨。金矿的地下坑道总长度达到100公里，占地37公顷（37万平方米）。1972年金矿的部分坑道经过整修，正式对外开放供游人参观。

现在，黄金博物馆与土肥金矿共同组成了一个完整的黄金主题公园。游客可以在这里浏览黄金博物馆的黄金藏品，了解日本的黄金历史；也可以进入地下巷道，体验当年矿工的黄金开采劳作情形，同时通过参观采矿设施，了解当时矿工采矿及生活的状况。与其他黄金开采主题博物馆一样，土肥黄金博物馆也设有淘金体验馆，供参观者亲自动手操作，享受淘金的乐趣。

令土肥黄金博物馆闻名于世的并不是金矿和它的一般展品，而是由日本三菱综合材料株式会社贵金属分公司制造的世界第一大金锭。这块超级金锭重250千克，纯度99.99%，2005年被吉尼斯世界纪录大全确认为世界金锭之最。

十、芬兰淘金博物馆

芬兰的坦卡瓦拉（Tankavaara）淘金博物馆（Gold Prospector Museum）是世界上唯一专门展示古代和近代淘金历史的主题博物馆。这座博物馆建在芬兰北部拉普兰（Lapland）的一处砂金开采遗址上。

芬兰在世界黄金开采史上是一个被人们遗忘的角落，因为芬兰的黄金开采确实不值得一提，特别是在近现代波澜壮阔、席卷全球的淘金热潮大背景之下，更是相形见绌，甚至是九牛一毛。在芬兰发现黄金的最早纪录是1868年，比欧洲大陆晚了2000多年，更无法与世界其他地方相提并论。然而，拉普兰的黄金开采对于当地来说具有重要意义，因为它促进了芬兰北部的开发。1868年，伊瓦洛杨基河（Ivalojoki River）砂金的发现开辟了芬兰黄金开采的历史，它在本地引起了一次持续三年的淘金热，在高峰期淘金者达到500多人。在此后的数百年中，芬兰的黄金开采断断续续，始终没有像样的金矿发现，所以也没有出现有规模的开采活动。

淘金博物馆建立于1973年，建立之初只是用于研究和展示拉普兰地区砂金找矿和淘金活动的历史，后来范围逐渐扩大到展示世界各地的淘金历史。现在，博物馆的展品来自全球20多个国家，收集了与黄金找矿和淘金有关的大量文献资料和实物，其中有形式各异的淘金溜槽、水车、大小不同的淘金盘，以及各种古董式的手工工具等。同时也有反映淘金人生活的简陋建筑和设施等复原展品。

芬兰淘金博物馆的展厅设计别具一格，其顶棚设计成一个口朝下的淘金盘形状，更加突出了淘金的主题。在馆外展区设有淘金体验场，夏季人们可以在这里进行淘金实践，冬季则可以在室内观摩淘金演示。

十一、秘鲁黄金博物馆

秘鲁黄金博物馆（Museo Oro del Perú）是一家私人博物馆，全称为“秘鲁黄金制品和世界兵器博物馆”，位于首都利马市穆希卡·加略家族的私宅大院里，占地约1.7万平方米，于1966年改建而成。展馆分为两层，上层是兵器馆，展示16世纪以来各国兵器，藏品近4万件；下层为黄金馆，分五个展厅，陈列有5000多件黄金展品。

黄金馆的第一展厅陈列着公元前5世纪至公元6世纪间在秘鲁出土的石制、金属、木制和陶制的各类农具、狩猎用具、乐器和生活器具等，是了解印第安人莫奇卡、奇穆和纳斯卡部落文化以及秘鲁古代土著居民的习俗、生活的生动课堂。通过这些展示，我们可以了解南美文明的历史背景，它是南美黄金世界的序言和前奏曲。第二和第三展厅则是黄金博物馆的核心，它向人们展示了秘鲁不同时代的珠宝饰品、面具、王冠、金银服饰、装饰品以及木乃伊，还有印加人在日常生活中使用的黄金杯碗和佩戴的黄金耳环与项链。

博物馆的镇馆之宝也是秘鲁的国宝，是被印加人视为神圣的黄金“图米”（Tumi）。图米是古印加人祭祀用的一种礼器，形如刀斧。图米也是印加王世代相传的权杖，所以它是集神权和王权于一身的象征性器物。现代秘鲁人把图米挂在屋里，以求神灵保佑，给家人带来好运，图米已经成为人所共知的秘鲁国家标志。该博物馆所收藏的图米由纯金和绿松石打造，上半部为印加神灵的形象，下半部为半圆的刀斧形状。

该博物馆的所有展品都是秘鲁著名农艺学家、金融家、外交家米格尔·穆希卡·加略（Miguel Mufica Gallo）的私人藏品。加略先生曾任秘鲁驻奥地利和西班牙大使，并担任过外交部长之职。该博物馆已被秘鲁政府列为国家文物单位，部分陈列品曾在北美、欧洲、日本及南美一些国家展出。从博物馆丰富的内容可以看出，这里不仅是一座黄金博物馆，也是一座历史博物馆。步入博物馆，不仅可以理解黄金世界的奥秘，也可以聆听印第安文化的历史故事，还可以品味秘鲁文明的古代精华，领略印加文明的灿烂风采。

不幸的是，据 2002 年 9 月在英国伦敦出版的《艺术月报》报道，经秘鲁利马天主教大学的专家鉴定证实，秘鲁黄金博物馆的两万件展品中的大多数是赝品，只有 15% 的展品是真品。其实，几乎从自建馆之日起，这家黄金博物馆就成了一个是是非非的活火山。多年来不断有考古学家对馆藏文物的真伪提出质疑，并且做过无数次检测鉴定，但一直没有定论，始终争论不休，这也让秘鲁政府长期不得安宁。令人惊讶的是，2002 年 6 月天主教大学公布了经过四个月研究鉴定的结果，证实这些被视为稀世珍宝的黄金文物竟大多是赝品！在这之前的 1999 年，在博物馆把部分藏品送往德国展出时，一份出境前的检验分析报告就曾经指出，其中有些是掺加了来自秘鲁不同地方的古代黄金而制作的复制品，另外一些则是现代金匠们的仿制品。随后，秘鲁政府的文化委员会也介入了调查。这也是我们把秘鲁黄金博物馆放在最后介绍的原因。

不过，即使这些展品的确是赝品、复制品和仿制品，也不妨碍我们对黄金世界的探究。除了现代艺术家臆造的假文物以外，复制品和仿制品同样能够传递真品所承载的文化和历史信息，同样能够帮助我们了解和学习南美的黄金文明。

第九章　图解黄金世界

如果把 2 克黄金做成球体，其直径约为 5.8 毫米，大小相当于 1 颗普通豌豆

1 两黄金（31.25 克）基本与 1 盎司（31.10 克）相当，其体积相当于 1 枚麻雀蛋

1 枚鸡蛋的体积大致为 50 立方厘米，这样 1 枚金蛋的重量约 1000 克左右

5 克、10 克、20 克、50 克、100 克小金条的体积与一支铅笔的比较

10 千克、1 吨黄金的立方体与普通桌椅的比较

1 千克黄金的立方体与等值人民币（25 万元）的关系
（黄金价格按 250 元 / 克计算）

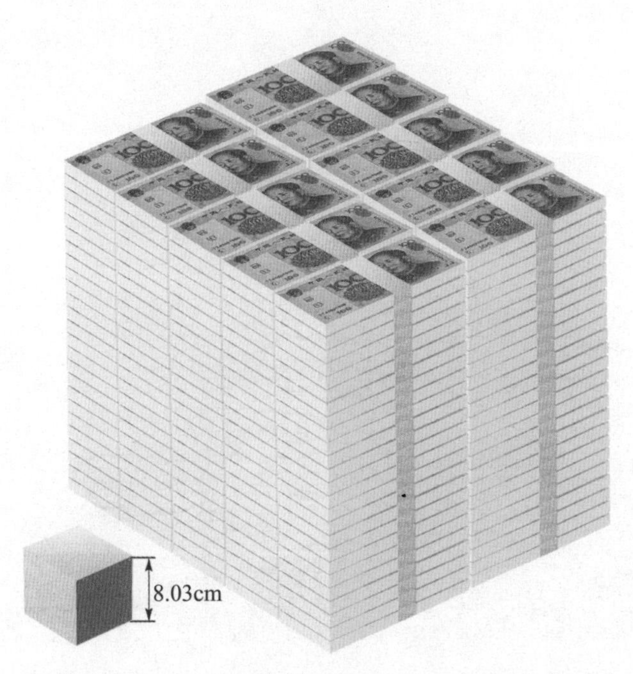

100 千克黄金的立方体与等值人民币（250 万元）的关系
（黄金价格按 250 元 / 克计算）

1 立方米黄金重达 19.32 吨，需用 20 吨卡车才能运输

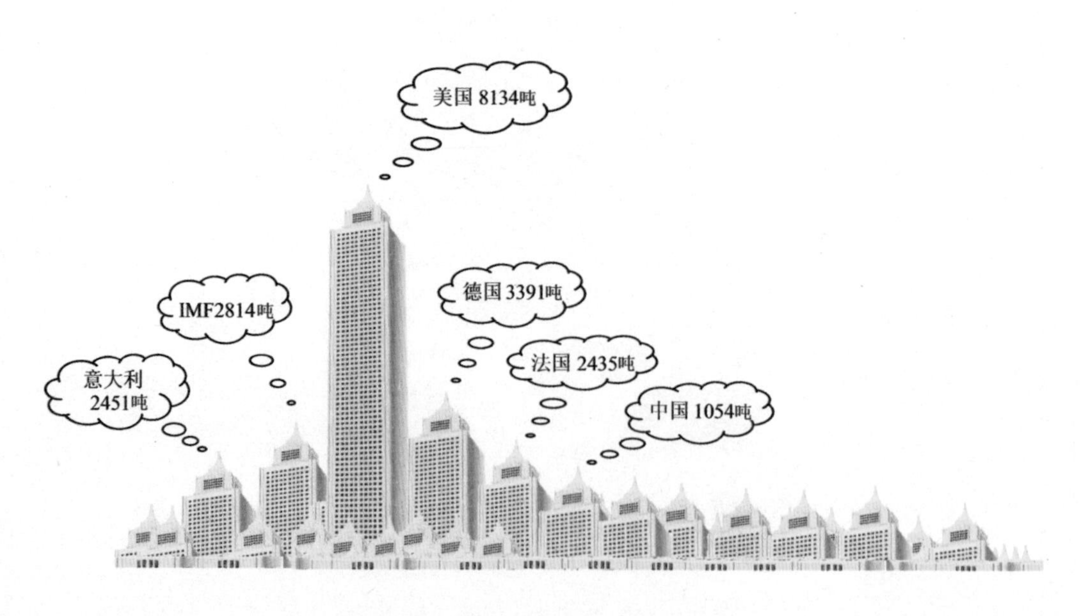

世界黄金储备大国的黄金储备情况

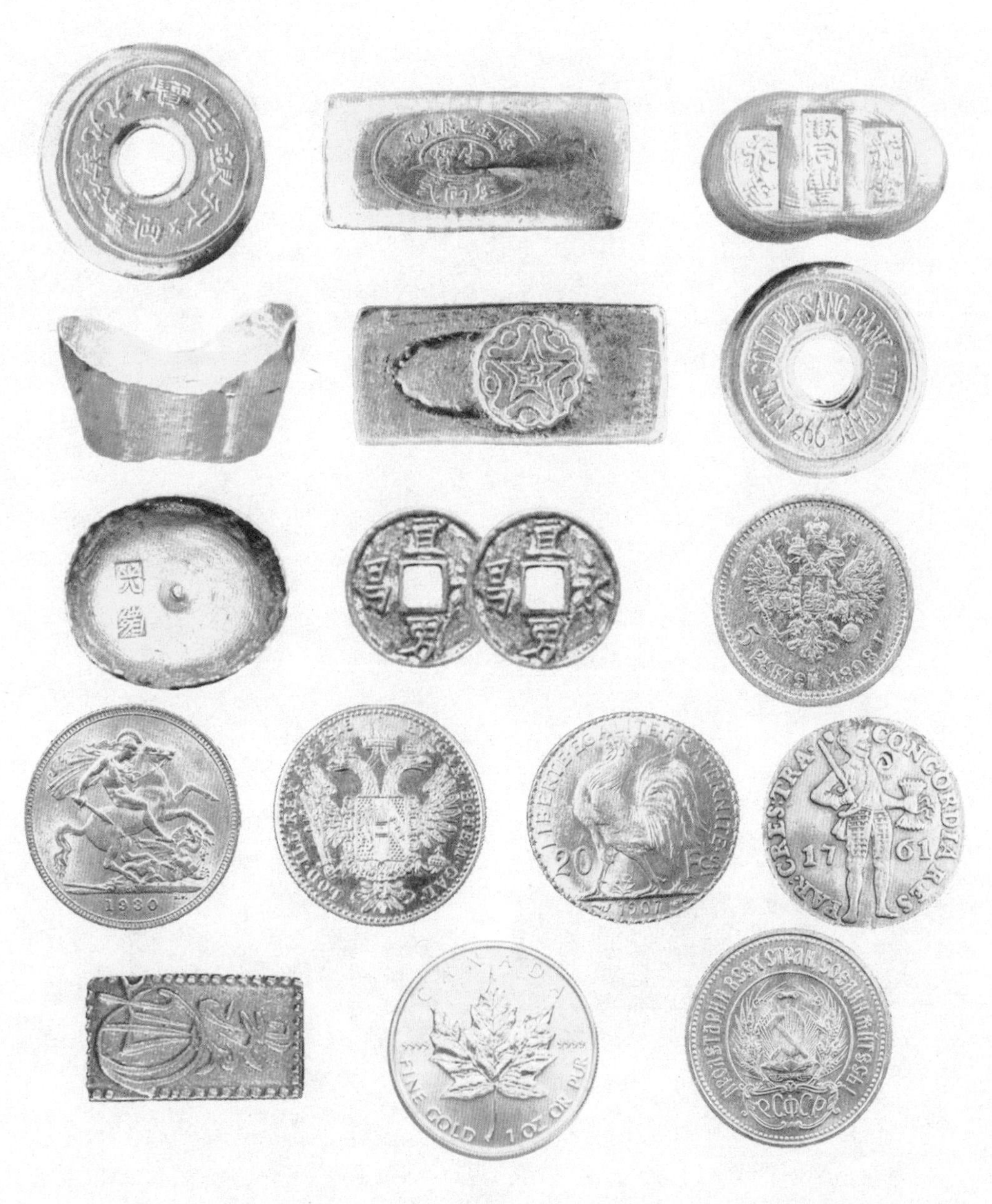

古今中外五花八门的金币

黄金首饰是世界黄金的第一大用户。在每年全球黄金需求总量中，有 80% 以上用于首饰加工。现代黄金首饰更是琳琅满目、异彩纷呈，款式不断推陈出新，风格既追逐时尚，也保持传统……图中为部分金戒指、金饰胸链、金手镯的实例。

近年来，各种形式的投资金条也大受百姓欢迎。图为传统的 12 生肖金条

黄金是权贵的象征，甚至是皇家的御用金属

1—中国明代皇冠；2—印尼皇冠；3—荷兰皇冠；4—奥地利皇冠；5—丹麦皇冠

中国古代的部分精美的黄金制品，其中唐代金碗和西汉鎏金竹节熏香炉最为珍贵。

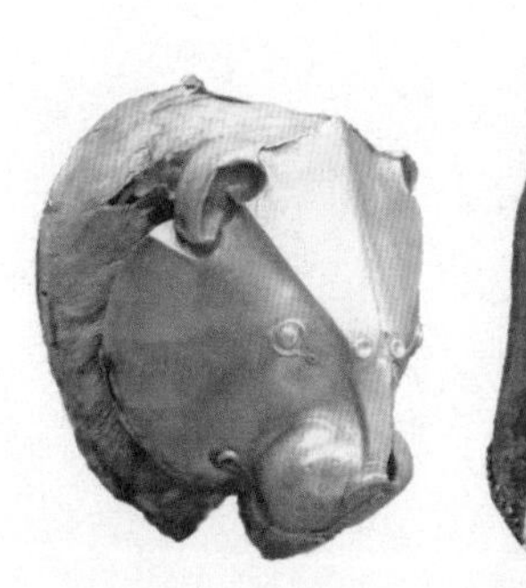
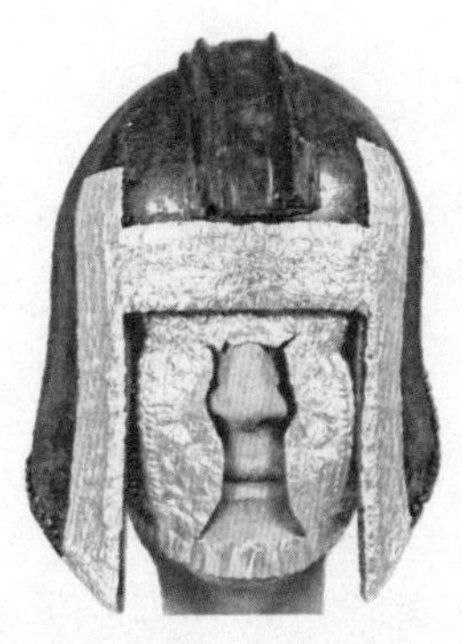

在希腊出土的古希腊时期的黄金制品

位于厄瓜多尔首都基多古城的一座基督教堂，外观上其貌不扬，但却因内部大面积用金箔和镀金装饰而声名远扬，俗称“黄金教堂”。该教堂建于1605年，它不仅是南美的著名教堂，也是世界上最有特色的教堂之一。它不仅吸引当地信徒们来此顶礼膜拜，也吸引了世界各地的大量游客来此一睹风采。

附　录

附录一　国际黄金组织

（一）世界黄金协会

世界黄金协会（World Gold Council）成立于1987年，是一个非营利的国际性行业协会，其宗旨是通过各种推广活动，刺激、鼓励和促进黄金的应用、消费和投资，提高市场对黄金的需求。世界黄金协会的总部设在英国伦敦，在美国、法国、德国、意大利、巴西、墨西哥、土耳其、阿联酋、沙特阿拉伯、印度、泰国、新加坡、中国、日本、韩国、印尼、越南和马来西亚等国家均有办事处。其中在中国的北京、上海、香港、台北四个城市设有代表处。

世界黄金协会的成员主要来自世界主要产金国的黄金矿业公司。到2011年底，世界黄金协会共有正式会员23个，准会员5个。这些成员其中一项义务是根据各自的黄金产量，按照一定比例向协会提交会费，用于资助协会的推广活动。有些实力雄厚的跨国黄金矿业公司还会为世界黄金协会举办一些主题活动额外提供资金帮助。

除了通过各种市场推广活动来刺激黄金需求外，世界黄金协会还致力于通过各种渠道，说服政府减除对黄金市场的管制，消除市场交易障碍。在印度、土耳其，乃至中国的黄金市场开放过程中，世界黄金协会做了大量的工作，发挥了非常积极的作用。世界黄金协会还组织市场调研，担当重要的市场咨询角色，为会员及业内其他人士提供全球黄金的市场信息。

在开拓黄金投资市场方面，世界黄金协会与各种社团组织协作，对投资者进行专题培训，并与当地商业银行合作协调，共同开拓黄金的投资市场。在技术方面，世界黄金协会与世界一流的研发机构合作，致力于诸如纳米黄金、黄金催化剂等新兴领域的实用技术开发。在民间消费方面，协会通过组织首饰设计大赛、黄金制品展示等推广活动，促进黄金销售。在政府层面，则致力于通过举办研讨会、公众讲座，宣传黄金在央行实现政府的投资战略目标和保障国家金融安全稳定中的作用。

（二）伦敦金银市场协会

尽管伦敦黄金市场的历史很长，但伦敦金银市场协会（London Bullion Market Association）的历史只有二十多年。伦敦金银市场协会的前身是伦敦黄金市场和伦敦白银市场这两个半官方组织。1987 年，在英格兰银行的主持下将这两个市场合二为一，同时成立了伦敦金银市场协会。

伦敦金银市场协会也是一个国际性的行业组织，它代表了伦敦黄金和白银市场参与者的利益和声音。它是一个指导场外交易、规范场外交易的行业自律机构。通过制定一系列市场游戏规则，指导和保证市场活动规范顺畅地进行，促进国际金银市场的健康发展，促进黄金和白银的生产商、精炼企业、投资者在伦敦金银市场之内的交易与交流。同时，伦敦金银市场也是金银市场与政府沟通的桥梁。协会与英国许多政府管理部门保持着良好的合作关系，如英国金融管理局、皇家税务局以及英国的中央银行——英格兰银行等，都是伦敦金银市场协会的有力支持者，这些关系是伦敦金银市场稳定而有序发展的坚强后盾。

伦敦金银市场协会采用会员制的组织形式。会员又分普通会员、做市商会员和准会员(国际会员)三种。协会成员包括了全球的主要央行、私人投资者、黄金矿业公司、金银冶炼企业、金银加工制造企业等，客户遍及全球。截至2012年，伦敦金银市场协会共有会员140个，分布在21个国家。其中有普通会员75个，准会员65个。会员中有11个享有“做市商”的资格，而“做市商”（Market Maker）中又有5个为定价成员。目前有权参与黄金定价的五大巨头分别是：加拿大的丰业银行（Bank of Nova Scotia）、英国的巴克莱银行（Barclays）、德国的德意志银行（Deutsche Bank）、中国香港的汇丰银行（HSBC）、法国的兴业银行（Societe Generale）。

金银质量认证（Good Delivery Status）是伦敦金银市场协会最具特色的一项工作。现在这一认证体系已经得到全球的认可，是世界黄金行业最有权威的标准之一。伦敦金银市场协会对金银质量的认证，没有名额限制。也就是说，世界任何一家金银生产企业，只要其生产技术和产品质量达到协会的标准，都可申请认证，成为协会的会员。为此，伦敦金银市场协会制定了严格的认证条例，详细的认证方法和过程，规定了被认证企业必须承担的责任和义务。为了监督会员的精炼质量，协会还要定期进行复核检查。从而保证了认证体系的可靠、可信、准确、权威，为金银市场交易的顺利运行提供了有效的保障。

截至2012年底，我国已经通过伦敦金银市场协会认证的企业有中国黄金集团的中原黄金冶炼厂、山东黄金集团的黄金冶炼厂、招金集团的招远黄金冶炼厂、紫金矿业集团、中国人民银行所属的长城金银精炼厂、内蒙古乾坤金银精炼有限公司等。

该协会还出版一本名为《炼金家》的季刊，报道协会的动态，介绍黄金市场情况，发布市场述评等，免费向会员发行，并通过互联网向公众开放。自2000年起，协会开始每年举办一次国际性的贵金属研讨会，为会员们提供更加直接的交流渠道。

（三）汤森路透黄金矿业服务有限公司

汤森路透黄金矿业服务有限公司（Gold Fields Mining Services，简称

GFMS）是一家全球知名的专业咨询机构，致力于全球黄金、白银、铂、钯的工业和市场的研究。它之所以闻名于世，是因为它每年发布的《世界黄金年鉴》（简称《黄金年鉴》），这份非常专业的行业性报告现在已经成为全球黄金工业最具权威的信息平台。如果在世界黄金工业和黄金交易市场，可能有不少人对汤森路透黄金矿业服务有限公司知之甚少，但它出版的《黄金年鉴》几乎是无人不知，无人不晓。

《黄金年鉴》始创于1967年，由当时英国的一家矿业集团，联合金田公司（Consolidated Gold Fields）创办。在1989年，联合金田公司被汉森集团（Hanson）收购。当时《世界黄金年鉴》已经成为世界黄金工业不可或缺的参考文献资料，为了保留这个已经成熟的品牌，专门成立了英国黄金矿业服务有限公司，继续从事黄金年鉴的出版工作。

黄金矿业服务公司成立之初，只有《世界黄金年鉴》这一根独苗。现在，该公司还出版《世界白银年鉴》和《世界铂钯年鉴》。1994年，黄金矿业服务公司被南非的金田公司（Gold Fields）收购，成为金田公司的全资子公司。1998年，南非金田公司与金科公司（Gencor）合并，借此机会黄金矿业服务有限公司的研究人员通过管理层收购，使公司从南非金田公司中完全独立出来，2011年成为伦敦金银市场协会的第一个研究机构准会员。同年8月成为汤森路透(Thomson Reuters)的成员。汤森路透公司是由加拿大汤姆森公司(The Thomson Corporation)与英国路透集团(Reuters Group PLC)合并组成的一家著名的商务和专业智能信息提供商。

GFMS总部设在英国伦敦，在俄罗斯、中国、印度、澳大利亚、法国、德国和西班牙等国家设有代表处。

为应对日益增长的咨询需求，GFMS设立了4个姐妹公司，分别是金属咨询公司（GFMS Metals Consulting）、开采和勘探咨询公司（GFMS Mining & Exploration Consulting）、研究分析公司（GFMS Analytics）和全球黄金咨询公司（GFMS World Gold），从而能够为客户提供独立的关于金属矿物勘探和开采以及市场分析等方面的服务。此外，汤森路透黄金矿业服务公司还提供所有贱金属的月度和季度报告。

（四）金拓金属公司（Kitco Metals Inc.）

可以肯定，金拓金属有限公司（Kitco Metals Inc.）的简称“Kitco”要比这家公司的名字本身更为响亮，因为黄金行业的人大多是通过它的网站（www.kitco.com）才知道这家公司的。这毫不奇怪，金拓金属公司的互联网站，是全球浏览量最大的贵金属行业新闻和报价的资讯网站，每天平均有三百万人次浏览其网页。金拓的网站曾经被著名的《福布斯》杂志评为全球最佳网站。

金拓公司创立于1977年，总部位于加拿大蒙特利尔，同时在纽约和香港也设有业务机构，是世界首屈一指的贵金属零售企业。其业务主要针对全球企业机构和个人投资者的需求，提供优质的纯金、银、铂、钯、铑等贵金属及产品的销售、仓储、保管等服务。

不过，对于黄金行业最为重要的是金拓公司在网站上提供的贵金属市场信息服务。它不但提供实时的国际金属价格、几种有代表性的黄金指数、黄金租赁利率、金属指数等，还有非常及时的市场新闻、市场动态和市场信息，而且还免费提供内容非常丰富的专家市场评论，内容涉及相关市场的经济发展情况、外汇市场和期货市场的分析，以及黄金白银等贵金属价格的历史资料。

当然，金拓金属公司还可以提供贵金属精炼服务，以及废旧贵金属的回收等。

附录二　世界各国黄金储备排行榜

世界各国（地区）及国际组织官方黄金储备统计表

No.	国家或地区	储备 / 吨	占总储备比例 /%	No.	国家或地区	储备 / 吨	占总储备比例 /%
1	美国	8133.50	73.90	26	新加坡	127.4	2.30
2	德国	3391.30	70.60	27	瑞典	125.7	8.70
3	国际货币基金	2814.00	—	28	哈萨克斯坦	125.5	22.40
4	意大利	2451.80	69.50	29	南非	125.1	11.90
5	法国	2435.40	68.80	30	墨西哥	124.1	3.30
6	中国	1054.10	1.40	31	利比亚	116.6	4.30
7	瑞士	1040.10	9.50	32	国际清算银行	116	—
8	俄罗斯	990	8.80	33	希腊	112	80.70
9	日本	765.2	2.90	34	韩国	104.4	1.50
10	荷兰	612.5	56.90	35	罗马尼亚	103.7	10.40
11	印度	557.7	8.80	36	波兰	102.9	4.50
12	欧洲央行	502.1	31.10	37	澳大利亚	79.9	8.40
13	土耳其	427.1	15.10	38	科威特	79	10.80
14	中国台湾	423.6	4.90	39	印度尼西亚	75.9	3.40
15	葡萄牙	382.5	87.60	40	埃及	75.6	26.20
16	委内瑞拉	365.8	70.10	41	巴西	67.2	0.80
17	沙特阿拉伯	322.9	2.30	42	丹麦	66.5	3.80
18	英国	310.3	14.10	43	巴基斯坦	64.4	27.30
19	黎巴嫩	286.8	26.60	44	阿根廷	61.7	7.40
20	西班牙	281.6	26.90	45	白俄罗斯	49.3	25.10
21	奥地利	280	52.80	46	芬兰	49.1	21.80
22	比利时	227.4	37.70	47	玻利维亚	42.3	14.30
23	菲律宾	192.7	10.90	48	保加利亚	39.9	9.70
24	阿尔及利亚	173.6	4.10	49	西非经济货币联盟	36.5	12.60
25	泰国	152.4	4.00	50	马来西亚	36.4	1.20

续表

No.	国家或地区	储备 / 吨	占总储备比例 /%	No.	国家或地区	储备 / 吨	占总储备比例 /%
51	乌克兰	36.1	6.80	76	马其顿	6.8	11.40
52	秘鲁	34.7	2.40	77	突尼斯	6.7	4.20
53	斯洛伐克	31.8	63.40	78	塔吉克斯坦	6.4	52.40
54	伊拉克	29.8	2.00	79	爱尔兰	6	17.20
55	厄瓜多尔	26.3	26.60	80	立陶宛	5.8	3.60
56	叙利亚	25.8	6.80	81	蒙古	5.8	7.80
57	摩洛哥	22	6.20	82	巴林	4.7	3.90
58	阿富汗	21.9	15.20	83	阿塞拜疆	4	1.40
59	尼日利亚	21.4	2.10	84	毛里求斯	3.9	5.90
60	塞尔维亚	15.2	4.80	85	莫桑比克	3.7	6.80
61	斯里兰卡	14.7	10.10	86	文莱	3.6	4.90
62	约旦	14.2	6.60	87	吉尔吉斯斯坦	3.2	7.50
63	塞浦路斯	13.9	68.00	88	加拿大	3.2	0.20
64	孟加拉国	13.5	4.30	89	斯洛文尼亚	3.2	18.40
65	柬埔寨	12.4	11.60	90	阿鲁巴	3.1	19.50
66	卡塔尔	12.4	1.50	91	匈牙利	3.1	0.30
67	捷克	11.4	1.20	92	波黑	3	3.40
68	哥伦比亚	10.4	1.30	93	苏里南	2.4	13.10
69	老挝	8.9	35.60	94	卢森堡	2.2	11.00
70	加纳	8.7	7.50	95	中国香港	2.1	0.00
71	巴拉圭	8.2	6.80	96	冰岛	2	2.30
72	拉脱维亚	7.7	4.90	97	巴布亚新几内亚	2	2.50
73	缅甸	7.3	5.20	98	特立尼达和多巴哥	1.9	0.90
74	圣萨尔瓦多	7.3	11.00	99	阿尔巴尼亚	1.6	3.00
75	危地马拉	6.9	4.50	100	也门	1.6	1.30

注：1. 本表根据世界黄金协会的报告复制，数据来源于2013年6月国际货币基金组织颁布的《国际金融统计》。国际清算银行的数据来自其年度报告。

2. 黄金价值是按照伦敦黄金下午定价的月末平均值。

3. 国际清算银行(BIS)和国际货币基金组织（IMF）不公布其黄金储备占总储备的比例。

附录三 世界黄金产量百年记录

世界黄金产量历史记录（自 1901 年起）

年份	1901	1902	1903	1904	1905	1906	1907	1908	1909	1910
产量/吨	395	451	496	526	575	608	623	668	687	689
年份	1911	1912	1913	1914	1915	1916	1917	1918	1919	1920
产量/吨	699	705	694	663	704	685	631	578	550	507
年份	1921	1922	1923	1924	1925	1926	1927	1928	1929	1930
产量/吨	498	481	554	592	591	602	597	603	609	648
年份	1931	1932	1933	1934	1935	1936	1937	1938	1939	1940
产量/吨	695	754	793	841	924	1030	1100	1170	1230	1310
年份	1941	1942	1943	1944	1945	1946	1947	1948	1949	1950
产量/吨	1080	1120	896	813	762	860	900	932	964	879
年份	1951	1952	1953	1954	1955	1956	1957	1958	1959	1960
产量/吨	883	868	864	965	947	978	1020	1050	1130	1190
年份	1961	1962	1963	1964	1965	1966	1967	1968	1969	1970
产量/吨	1230	1290	1340	1390	1440	1450	1420	1440	1450	1480

续表

年份	1971	1972	1973	1974	1975	1976	1977	1978	1979	1980
产量/吨	1450	1390	1350	1250	1200	1210	1210	1210	1210	1220
年份	1981	1982	1983	1984	1985	1986	1987	1988	1989	1990
产量/吨	1280	1340	1400	1460	1530	1610	1660	1870	2010	2180
年份	1991	1992	1993	1994	1995	1996	1997	1998	1999	2000
产量/吨	2160	2260	2280	2260	2230	2290	2450	2500	2570	2590
年份	2001	2002	2003	2004	2005	2006	2007	2008	2009	2010
产量/吨	2600	2550	2540	2420	2470	2370	2350	2280	2490	2570
年份	2011	2012	2013							
产量/吨	2660	2861	3022							

数据来源：美国地质调查局《Gold Statistics》November 6, 2012、GFMS《Gold Survey 2014》

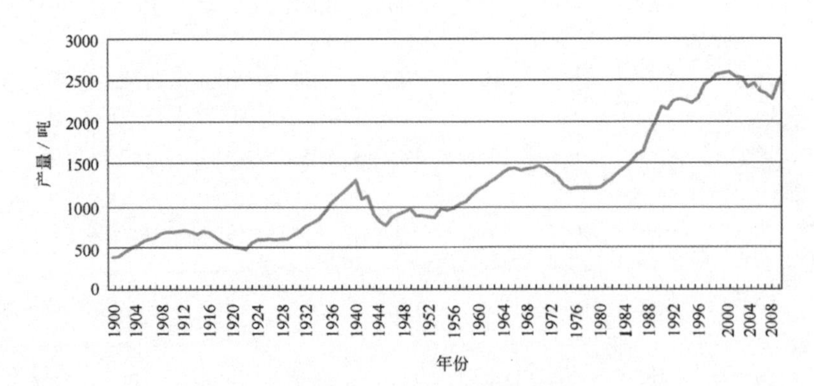

世界黄金百年产量发展轨迹

附录四　世界黄金产量排行榜

世界50强产金国排行榜　（吨）

年份	2006		2007		2008		2009		2010		2011	
国家	排名	产量	排名	产量	排名	产量	排名	产量	排名	产量	排名	产量
中国	4	245.0	1	275.0	1	285.0	1	320.0	1	345.0	1	362.0
澳大利亚	3	247.0	3	247.0	3	215.0	2	224.0	2	261.0	2	258.0
美国	2	252.0	4	238.0	2	233.0	3	223.0	3	231.0	3	234.0
俄罗斯	6	159.3	6	0.4	6	172.0	5	192.8	4	189.0	4	199.6
南非	1	272.1	2	252.6	4	212.6	4	197.6	5	188.7	5	181.0
秘鲁	5	202.8	5	65.0	5	179.9	6	182.4	6	164.1	6	164.0
加拿大	7	103.5	8	102.2	7	95.0	8	97.4	8	91.0	7	96.7
印度尼西亚	8	93.2	7	3.0	11	64.4	7	140.5	7	106.3	8	96.1
乌兹别克斯坦	9	85.0	9	85.0	8	85.0	9	90.0	9	90.0	9	91.0
毛里塔尼亚	76	0.3	54	48.9	13	50.4	13	51.4	11	72.6	10	84.1
加纳	10	69.8	10	2.0	9	73.0	10	79.9	10	76.3	11	80.1
巴布亚新几内亚	11	58.3	11	0.2	10	67.5	11	67.8	12	68.0	12	66.0
巴西	15	43.1	12	49.6	12	54.7	12	60.3	14	62.0	13	62.1
阿根廷	14	44.1	14	42.0	14	42.0	15	46.6	13	63.1	14	59.0
哥伦比亚	22	15.7	22	15.5	19	34.3	14	47.8	15	53.6	15	55.9
智利	16	42.1	15	41.5	16	39.2	17	40.8	17	39.5	16	45.3

续表

年份	2006		2007		2008		2009		2010		2011	
国家	排名	产量	排名	产量	排名	产量	排名	产量	排名	产量	排名	产量
坦桑尼亚	13	47.0	16	3.0	17	36.4	18	39.1	18	39.4	17	44.0
菲律宾	18	36.1	18	170.2	18	35.7	19	37.0	16	40.8	18	41.0
日本	30	8.9	29	9.9	20	20.8	20	22.8	20	29.9	19	36.7
马来西亚	44	3.5	48	0.2	15	41.2	16	42.4	19	36.4	20	35.7
布基纳法索	59	1.6	55	2.3	34	6.0	28	11.6	22	22.9	21	31.8
土耳其	31	8.0	28	2.4	25	11.0	25	14.5	25	17.0	22	24.0
苏丹	47	3.2	50	3.5	31	7.5	24	14.9	21	26.3	23	23.4
苏里南	29	9.4	27	2.7	27	9.8	23	16.5	23	20.7	24	21.0
韩国	78	0.3	83	2.0	22	18.1	22	17.0	24	18.3	25	18.5
几内亚	21	16.9	21	7.1	21	19.9	21	18.1	26	15.2	26	15.7
纳米比亚	50	2.8	52	0.1	24	13.4	26	13.4	27	13.5	27	14.3
津巴布韦	24	11.4	33	6.8	41	3.6	42	5.0	31	9.1	28	12.8
委内瑞拉	23	12.4	23	12.5	26	10.1	27	11.9	28	12.0	29	12.0
厄立特里亚	90	0.0	90	0.1	96	0.0	98	0.0	79	0.5	30	12.0
危地马拉	37	5.0	32	7.1	30	7.8	31	8.9	30	9.2	31	11.9
埃塞俄比亚	40	4.0	41	0.0	42	3.5	37	6.3	37	5.9	32	11.0
科特迪瓦	64	1.3	66	1.2	39	4.2	36	6.9	38	5.3	33	9.9
圭亚那	32	6.4	31	15.6	29	8.1	30	9.5	29	9.6	34	9.6
牙买加					32	32.0	33	7.7	32	8.5	35	8.7

续表

年份	2006		2007		2008		2009		2010		2011	
国家	排名	产量	排名	产量	排名	产量	排名	产量	排名	产量	排名	产量
马里	12	52.0	13	2.9	33	6.3	32	8.0	33	8.3	36	8.2
芬兰	38	5.0	34	0.0	35	5.0	35	7.0	34	7.0	37	7.0
埃及	—	—	—	—			94	0.1	41	5.0	38	6.6
玻利维亚	28	9.6	30	8.8	28	8.4	34	7.2	35	6.4	39	6.5
墨西哥	17	39.0	17	2.3	23	15.2	29	9.8	36	6.0	40	5.7
吉尔吉斯斯坦	25	10.7	25	0.2	38	4.3	40	5.0	39	5.1	41	5.1
瑞典	36	5.1	35	10.0	36	5.0	41	5.0	40	5.0	42	5.0
沙特阿拉伯	34	5.2	36	0.0	37	4.5	43	4.9	42	4.5	43	4.5
泰国	43	3.5	53	40.2	48	2.7	38	5.4	45	4.2	44	4.5
新西兰	26	10.6	24	2.6	47	3.0	51	2.6	53	2.6	45	4.5
保加利亚	41	3.8	38	4.0	40	4.2	44	4.5	43	4.4	46	4.4
马达加斯加	83	0.1	80	0.3	51	2.5	50	2.8	46	3.8	47	4.2
塞内加尔	70	0.6	70	4.4	72	0.6	39	5.1	44	4.4	48	4.1
刚果金	27	10.0	26	10.0	45	3.3	45	3.5	47	3.5	49	3.5
西班牙	45	3.4	39	252.6	43	3.4	46	3.5	48	3.5	50	3.5
世界合计		2370		2350		2280		2490		2570		2660

资料来源：USGS,《Minerals Yearbook 2012》Volume I.—— Metals and Minerals,Gold

附录五　世界黄金消费排行榜

2011~2012 年世界主要黄金消费国家和地区黄金消费统计　（吨）

序号	国家和地区	2011 年			2012 年		
		首饰	投资	合计	首饰	投资	合计
1	印度	618.3	368	986.3	552	312.2	864.2
2	中国大陆	515.1	264.7	779.8	510.6	265.5	776.1
3	美国	115.5	84	199.5	108.4	53.4	161.8
4	土耳其	70.1	72.9	143	70.4	48.4	118.8
5	德国	—	159.3	159.3	—	109.7	109.7
6	俄罗斯	76.7	—	76.7	81.9	—	81.9
7	泰国	3.6	103.8	107.4	2.9	78.1	80.9
8	瑞士	—	116.2	116.2	—	80.5	80.5
9	越南	13	87.8	100.8	11.4	65.6	77
10	沙特阿拉伯	51.7	17.4	69.1	43.3	15.2	58.5
11	印度尼西亚	30.2	24.8	55	30.8	21.5	52.3
12	阿联酋	50.1	10.8	60.9	42.3	9.5	51.8
13	埃及	33.8	2.2	36	45.7	2.1	47.8
14	中国香港	27.8	1.8	29.6	26.5	2	28.5
15	意大利	27.6	—	27.6	23.5	—	23.5
16	英国	22.6	—	22.6	21.1	—	21.1
17	中国台湾	6.8	5.4	12.1	6.9	6	12.9
18	韩国	12.5	3	15.5	9.4	2.7	12.1
19	日本	16.6	-46.7	-30.1	17.7	-10.1	7.6
20	法国	—	6.7	6.7	—	2.9	2.9
21	其他国家与地区	280.1	233.3	513.5	303.3	190.4	493.7
世界总计		1972.1	1515.4	3487.5	1908.1	1255.6	3163.6

资料来源：世界黄金协会，《Gold Demand Trends 2012 Full Year》, February, 2013.

附录六　世界黄金之最

在黄金世界，有许多历史性的世界纪录值得我们追忆和欣赏，其中有些在前面的章节中已经提到过，但还有不少纪录与前面的内容和主题的关联不甚密切，所以没有出现。在此，我们把它们归纳收集起来，以便读者有一个更完整、更系统的了解。

1. **人类最早的黄金制品**：在公元前 5000 年，古埃及的拜达里文化时期已经出现黄金制品，这是考古学家和历史学家公认的人类最早的黄金制品（详见第二章）。

2. **世界最早把金列为元素的人**：英国著名化学家罗伯特·波义耳（Robert Boyle）于 17 世纪中期首先提出黄金是一种独立的元素（详见第二章）。

3. **世界开采时间最长的金矿**：据考证，印度最著名的科拉尔（Kolar）金矿区发现于公元 1 世纪之初，该矿区至今仍在开采，整个金矿区的开采历史达到 2000 年左右。

4. **世界最大的金矿带**：南非古砾岩型金铀矿床是世界上最大的金矿床，位于约翰内斯堡南部的“维特沃特斯兰德”盆地，主要矿带集中在 280 公里长、140 公里宽的盆地中心。其储量占全球的 40%，大约为 6000 吨黄金，如果加上潜在资源量，可达到 36000 吨（专业术语叫“储量基础”）。

5. **世界上产金最多的国家**：南非从 1898 年到 2007 年连续 100 多年占据世界第一产金大国的地位。据世界黄金协会的统计，在全人类迄今生产的黄金中，大约有近 40% 来自南非，特别是在 1970 年创下了 1000 吨的历史纪录，占当时世界产量的 79%。迄今为止，南非已经累计生产黄金 15 亿盎司（约 42524 吨）。

6. **世界十大黄金生产国**：详见附录四。

7. **世界十大金矿**：下面的榜单是根据 2011 年度的生产数字，按照黄金产量排列的。各个金矿的黄金产量每年都会有变化，所以这些信息只能作为参考。

（1）格拉斯伯格金铜矿（Grasberg）：该金矿位于印度尼西亚，由美国的巴里克黄金公司(Barrick Gold)经营。该矿无论生产规模还是黄金产量都是世界第一，2011 年产量 144.4 万盎司，同时也是世界第三大铜矿，雇员总数近 20 万人。

（2）科特斯金矿（Cortez）：这是巴里克黄金公司的第二个超级金矿，位于美国内华达州。2011 年的黄金产量为 142.1 万盎司。如果这份榜单不包括铜金矿，只按照单一金矿排名，它才是世界金矿的冠军。

（3）亚纳科查金矿(Yanacocha)：该金矿位于秘鲁的卡哈马卡省(Cajamarca)，隶属于美国纽蒙特黄金公司（Newmont），2011 年的黄金产量为 129.3 万盎司。

（4）金运金矿（Goldstrike）：该金矿位于美国内华达州著名的卡林型金矿带，2011 年生产黄金 108.8 万盎司。巴里克公司就是靠这座金矿起家，一跃跨入世界级黄金公司的行列。

（5）贝拉德罗金矿（Veladero）：这是巴里克公司的第三大金矿，位于阿根廷的圣胡安（San Juan）地区，2011 年的黄金产量为 95.7 万盎司。

（6）瓦尔河金矿（Vaal River）：瓦尔河金矿位于南非著名的兰德金矿区，隶属于南非的安格鲁·阿善提黄金公司（Anglogold Ashanti），2011 年的黄金产量为 83.1 万盎司。

（7）超级露天金矿（Super Pit）：被称为“超级大坑”的金矿位于澳大利亚西澳洲的卡尔古利，为美国纽蒙特黄金公司和加拿大巴里克公司联合拥有。2011 年的黄金产量为 79.4 万盎司。

（8）西维兹金矿（West Wits）：该金矿同样位于南非著名的兰德金矿区，原来叫西部深水平金矿（Western Deep Levels)，由安格鲁·阿善提黄金公司经营，也是世界最深的矿山。2011 年生产黄金 79.2 万盎司。

（9）拉古纳斯北金矿（Lagunas Norte）：这是巴里克公司进入 10 强榜单的另一座金矿，位于秘鲁北部海拔超过 4 千米的地区，2011 年的黄金产量为 76.3 万盎司。

（10）博丁顿金矿（Boddington）：这是榜单中的第二座澳洲金矿，实际上是一座铜金矿，隶属于纽蒙特黄金公司，2009 年投产，2011 年生产黄金 74.1 万盎司。

8. 世界最大黄金冶炼厂：始建于 1920 年的南非兰德冶炼厂，年生产能力超过 1000 吨，是全球黄金冶炼企业的老大。长期以来南非本土生产的所有黄金和白银都在这里冶炼，整个非洲大陆生产的黄金也有 75% 要运到这家冶炼厂冶炼，截至 2011 年已经累计冶炼黄金 5 万多吨。

9. 世界最大产金国：中国，2011 年的黄金产量为 362 吨，详见附录四。

10. 世界最大用金国：印度，2011 年印度共消耗黄金 986.3 吨，其中仅加工制造业就用去黄金 618.3 吨，详见附录五 。

11. 世界最大黄金储备国：美国的黄金储备为 8133.50 吨，这一数字在进入 21 世纪以来基本没有发生变化。详见附录二。

12. 世界最大金库：目前世界上最大的金库是美国纽约的联邦银行金库。这个金库存放了西方几十个国家中央银行和国际金融机构三分之一的黄金，共计约 1.3 万吨。这个金库位于纽约曼哈顿的金融区，设在地下 30 米深处，金库以坚硬的三层混凝土外壁围绕，金库进出口的大门重达 90 吨。而美国肯塔基州北部的诺克斯堡 (Fort Knox) 金库曾经是世界上最大的金库。这里本来是美国的一个军事基地，自 1936 年起开始为美国联邦储备委员会存放黄金。1941 年底，在诺克斯堡存放的黄金多达 51308.33 吨。到 2010 年，仍然有 4581.55 吨黄金保存在这座壁垒森严的金库。

13. 世界最纯的黄金：由中国黄金集团中原冶炼厂生产的纯度为 99.999% 的黄金是迄今世界上纯度最高的黄金。

14. 世界最大狗头金（天然金块）：世界上最大的狗头金重达 72.02 千克，是于 1869 年 1 月 5 日在澳大利亚的维多利亚发现的，被命名为“受欢迎的陌生人”（Welcome Stranger）。可惜这块狗头金的实物已经不复存在，它在被发现不久后就被分成三块，最后熔为金锭。幸好当时的一张照片被保留下来，所以我们仍能看到它的复制品。世界第二大狗头金也是来自澳大利亚的维多利亚州，发现于 1858 年 6 月 10 日，名称有点雷同，叫“迎宾金块”（Welcome Nugget）。这块狗头金重达2217盎司（69千克），现在也只能看到一件放在澳大利亚巴拉瑞特市（Ballarat）的黄金博物馆里的复制品。不过，巴西人声称，他们在1983年9月13日发现的一块狗头金才是世界第一，这块狗头金重62.82千克。据说本来有150千克，令人追悔莫及的是在挖掘时被弄成了三块，另外两块的重量分别是42.7公斤和39.5千克。这三块硕大的狗头金现存于巴西的中央银行博物馆里（Banco Central Museum）。

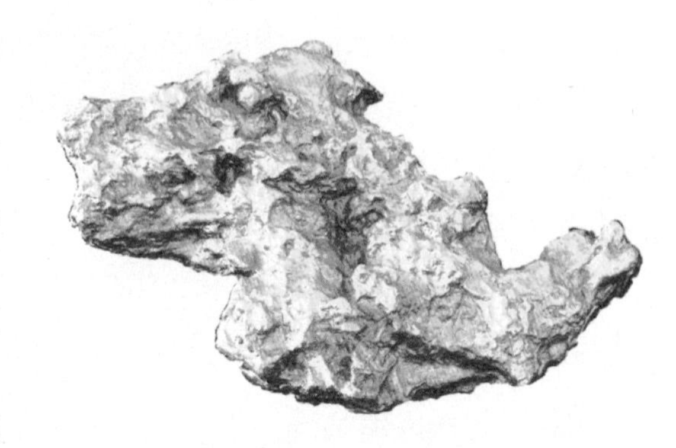
世界最大狗头金
“受欢迎的陌生人”的复制品

15. 发现狗头金最多的国家：澳大利亚是世界公认的狗头金产地，在澳洲发现的狗头金占世界总量的80%。其中在澳洲发现的狗头金重量大于1000盎司（约32.1千克）的就有13块，而大于10千克的狗头金则有8000~10000块。

16. 世界最大的实物黄金市场：伦敦黄金市场（详见第七章）。

17. 世界最大的期货黄金市场：美国的纽约和芝加哥黄金市场（详见第七章）。

18. 世界上最后一个退出金本位的国家：瑞士法郎是与黄金挂钩时间最长的国际性货币，直到1999年瑞士加入国际货币基金组织之前，瑞士法郎仍然有40%与黄金绑定。

世界第一台黄金自动售货机
（图片来源：维基百科）

19. 世界第一台黄金自动售货机：2010年5月在阿联酋首都阿布扎比的超豪华旅馆——酋长皇宫酒店(Emirates Palace)，安装了世界第一台黄金自动售货机，并正式投入使用。这台售货机的表面全部是用24K金箔贴面装饰，是真正的身披金甲的售货机。为了保证交易安全，凡是一次购买超过 100 欧元的交易，都要在机器上进行身份扫描。并为了防止通过黄金洗钱，这台黄金 ATM 机设定为每人每天最多只能进行三次交易，否则，机器自动将用户锁死 48 小时。机器上设有触摸屏、现金输入口和信用卡插口，还有一个样品展示口。品种有 1 克、5 克和 10 克的小金条、金币礼盒（里面分别装有南非的克鲁格金币，加拿大的枫叶金币，以及澳大利亚的袋鼠金币）。每根小金条都用塑料封装，并带有全息防伪标志。2010 年 12 月，在美国佛罗里达棕榈滩县波卡拉顿也安装了一台同样的自动售金机。目前，全球已有 20 多台黄金自动售货机。

20. 世界最大金锭：由日本三菱综合材料株式会社贵金属分公司制造的世界超级金锭重 250 千克，纯度 99.99%，2005 年被吉尼斯世界纪录大全确认为世界金锭之最。在此之前，这一纪录的创造者曾经是陈列在台北黄金博物馆的一块硕大金锭，重 220 千克、纯度为 99.99%（详见第八章）。

世界最大金锭
（图片来源：维基百科）

21. 世界最早的金币：对于世界上最早的金币，说法不一。有的说是古希腊时期吕底亚王国的“狮头币”（stater），一种用天然金银合金（俗称琥珀金）压制成的金币。这种金币出现在大约公元前 610 年到公元前 560 年之间。还有一种说法是中国战国时期（公元前 475~221 年）楚国使用的“郢爰”（yǐng yuán），或称之为金钣，也有人称之为印子金。

世界最大金币
（图片来源：佩斯造币厂）

22. 世界最大金币：澳大利亚的佩斯造币厂在 2012 年铸造了一枚重达 1 吨的金币，是目前世界上最大的金币。这枚金币是为迎接英国女王伊丽莎白访问澳洲专门设计铸造的。这枚金币的正反两面的浮雕图案分别为女王的头像和有澳洲特色的袋鼠，金币的直径为 80 厘米，厚 12 厘米。有趣的是，这枚巨型金币的面值是 100 万澳元，但如果不计制造成本，仅按照当年金价计算，金币所含的黄金本身就已经超过了 5500 万澳元。

世界上最贵的金币

23. 世界最贵的金币：美国在 1933 年铸造的一枚双鹰金币被认为是迄今最昂贵的金币。这枚在当年只有 20 美元的金币在 2002 年 7 月 31 日纽约索斯比拍卖行被人以 759 万美元的价格买走。

24. 世界最大金戒指：2011 年阿联酋一家黄金零售商制造了一枚重达 63.856 千克的超级金戒指，上面还镶嵌了总重 5.1 千克的宝石。这枚世界上最大的金戒指被载入《吉尼斯世界纪录》，并成为迪拜黄金市场的“镇场之宝”。

25. 世界最大金印：中国清代的“和硕智亲王”金印是当之无愧的世界最大金印。这枚金质印章的印面近似正方形，纵 11.3 厘米，横 11.2 厘米，高 12.3 厘米，印钮为龙首龟身，含金 60%，重量 9.925 千克。中国还有另一枚超级金印，是在此 161 年前的 1652 年，清朝顺治皇帝赐给五世达赖喇嘛的金印，其重量也达到 8.257 千克。

世界最大金印
（图片来源：百度百科）

26. 世界用金最多的现代建筑：现代建筑中使用黄金最多的是加拿大皇家银行大厦（Royal Bank Plaza）。这座 41 层高的摩天大楼于 1979 年竣工，其 14000 多个窗户全部采用镀金玻璃，共用去黄金 2500 盎司（77.76 千克）。在窗户玻璃上镀金的目的主要是为了防止热辐射，其次才是装饰作用，当然也不免要彰显银行的财大气粗（详见第六章）。

27. 世界用金最多的豪车：英国著名商业巨人西奥·帕菲提斯（Theo Paphitis），将自己的迈巴赫跑车，用将近1吨黄金进行了装饰。不但方向盘、地板、座椅、顶棚等都是一色的黄金，就连仪表盘、空调通风口、导航仪等都用黄金装饰，为世界上最贵的豪车（详见第四章）。

28. 奥林匹克运动会最后一次用纯金制作奥运金牌：在1912年斯德哥尔摩举办的第5届夏季奥林匹克运动会的奥运金牌，是纯金打造奥运奖牌的绝唱，此后的历届奥运会的奖牌全部采用合金制造。

最后的纯金奥运奖牌
（图片来源：维基百科）

29. 世界用金最多的工业：电子工业（详见第六章）。

30. 世界用金最多的飞行器：美国哥伦比亚号航天飞机共使用黄金41千克，是使用黄金最多的太空飞行器（详见第六章）。

31. 世界上最昂贵的金表：在1999年苏富比拍卖行的拍卖会上，一块名师制作的百达翡丽（Patek Philippe）怀表，以1100万美元成交，创下了金表拍卖的世界纪录。这块金表是美国纽约的手表收藏家亨利·格雷夫斯（Henry Graves）于1999年专门聘请瑞士制表大师特制，据说有900多个部件，并且能够精确走时至2100年。

32. 世界第一颗金质足球：为了纪念2006年在德国举办的第十八届世界杯足球比赛，日本东京一家珠宝首饰厂用3千克黄金制作了一颗名副其实的黄金足球。这颗金球与德国世界杯赛的官方用足球大小相同。

33. 世界第一黄金脚模：为纪念阿根廷球星梅西夺得个人第四座金球奖，日本知名珠宝商"Ginza Tanaka"于2012年制作了梅西的左脚纯金模型，标价5亿日元（折合成英镑约为350万英镑），堪称世界最贵的脚模。

34. 世界用金最多的庙宇：印度的斯里普拉姆寺庙（Sripuram）被称为金庙，

位于韦洛尔市（Vellore），占地 100 公顷。寺庙的主体建筑内外表面全部用金箔包裹，并且这些金箔都是纯手工制作。根据不同的装饰要求，金箔至少要包有九层，最多的地方竟有十五层金箔。所以整个寺庙共用去纯金 1.5 吨多。该金色寺庙于 2007 年 8 月竣工，总投资大约 60 亿卢比。

印度的斯里普拉姆寺庙

35. **世界用金最多的清真寺：** 在阿联酋首都阿布扎比的谢赫扎耶德大清真寺被认为是最为奢华的清真寺。这座清真寺是为纪念阿联酋的第一任总统而建，于 2008 年竣工投入使用，其中许多建筑和装饰艺术都是令人叹为观止的世界第一。据有些报道说整个清真寺用去黄金 46 吨（《环球时报》2013 年 3 月 8 日），但这个数字大得有点儿让人难以置信。别忘了，用现代贴金技术，1 吨黄金可以覆盖 80 万到 90 万平方米的面积，而整个清真寺的建筑面积才 22412 平方米。不管怎么说，清真寺的 7 个重达 8 到 12 吨的水晶吊灯的镀金总共消耗黄金 40 多千克，肯定也是世界第一。

参考文献

第一章

[1] Timothy Green. World of Gold [M]. Rosendale Press, London, 1993.

[2] Timothy Green. The Gold Companion [M]. Rosendale Press, London, 1997.

[3] Philip Klapwijk. Gold Survey 2012 [C]. GFMS, Thomson Reuter, London, 11 April, 2012.

[4] F. H. Lancaster. The Gold Content of Sea–Water [J]. Gold Bulletin, December 1973, Volume 6, Issue 4: 111.

[5] J. Nutting and J. L. Nuttal. The Malleability of Gold [J]. Gold Bulletin, March 1977, Volume 10, Issue 1: 2~8.

第二章

[1] Dan Eden. Ancient Human Metropolis Found in Africa [J/OL]. Viewzone, November 19, 2009, http://www.viewzone2.com/adamscalendar33.html.

[2] Lance Grande. Gems and gemstones, Timeless natural beauty of the mineral world [M]. Chicago, The University of Chicago Press, (2009): 292.

[3] The History of Gold [R]. National Mining Association, Washington, USA. , September, 2012.

[4] Hans-Gert Bachmann, Zdravko Tsintsov, Placer Gold in SW-Bulgaria: Past and Present [J]. Gold Bulletin, December 2003, Volume 36, Issue 4: 138~143.

[5] Bernard Jaffe, Crucibles. The Story of Chemistry [M]. New York, Dover Publications Inc., New revised and updated edition, 1976.

[6] George B. Kauffman. The Role of Gold in Alchemy Part I [J]. Gold Bulletin, March 1985, Volume 18, Issue 1: 31~44.

[7] George B. Kauffman. The Role of Gold in Alchemy Part II [J]. Gold Bulletin, June 1985, Volume 18, Issue 2: 69~78.

[8] 朱晟，何端生 . 中药简史 [M]. 南宁：广西师范大学出版社 2007.

[9] Eric D. Nicholson. The ancient craft of gold beating [J]. Gold Bulletin, December 1979, Volume 12, Issue 4: 161~166.

[10] R. Klemm, D. Klemm. Gold and Gold Mining in Ancient Egypt and Nubia, Geoarchaeology of the Ancient Gold Mining Sites in Egyptian and Sudanese Eastern Deserts [M]. Berlin, Springer, January 2, 2013.

[11] T. G. H. James. Gold Technology in Ancient Egypt [J]. Gold Bulletin, June 1972, Volume 5, Issue: 38~42.

[12] Dave Mosher. Clue to Egypt's Gold Source Discovered [J/OL]. Live Science, http://www.livescience.com/1637-clue-egypt-gold-source-discovered.html, 19 June 2007.

[13] Christiane Eluère. Prehistoric Goldwork in Western Europe [J]. Gold Bulletin, September 1983, Volume 16, Issue: 82~91.

[14] P. T Craddock. Kolar Gold Field, Old Ways in the Kolar Gold Field [J]. Gold Bulletin, December 1991, Volume 24, Issue 4: 127~131.

[15] National Mining Association. The History of Gold [R]. National Mining Association, Washington, Setemper 21, 2012:1~10.

[16] Warwick Bray. Gold-working in Ancient America [J]. Gold Bulletin, December 1978, Volume 11, Issue 4: 136~143.

[17] L. B. Hunt. The Long History of Lost Wax Casting [J]. Gold Bulletin, June 1980, Volume 13, Issue 2: 63~79.

第三章

[1] Pinank Mehta. India's Love of Gold, The History of the Passion [EB/OL]. http://www.gold-eagle.com/editorials_02/mehta053002.html, May 30, 2002.

[2] J. H. F. Notton. Ancient Egyptian Gold Refining [J]. Gold Bulletin, June 1974, Volume 7, Issue: 50~56.

[3] T. G. H. James. Gold Technology in Ancient Egypt [J]. Gold Bulletin, June 1972, Volume 5, Issue 2: 38~42.

[4] Phill Jones. The Discovery of King Tutankhamun's Tomb [J]. History Magazine, Vol.9, No.3, February/March 2008:25~30.

[5] Peter A. Clayton. Gold in the Late Roman Empire [J]. Gold Bulletin, June 1977, Volume 10, Issue 2: 54~56.

[6] Janina Altman. Gold in Ancient Palestine [J]. Gold Bulletin, June 1979, Volume 12, Issue 2: 75~82.

[7] Christiane Eluère. Goldwork of the Iron Age in "Barbarian" Europe [J]. Gold Bulletin, December 1985, Volume 18, Issue 4: 144~155.

[8] Andrew Oliver. Greek, Roman, and Etruscan Jewelry [J]. The Metropolitan Museum of Art Bulletin, May 1966: 269~284.

[9] Sarah Bonesteel. Canada's Relationship with Inuit [M]. Ottawa: Indian and Northern Affairs Canada, 2008.

[10] Amélie A. Walke. Earliest Mound Site [J/OL]. Archaeology, Volume 51 Number 1, January/February 1998.

[11] 屠燕治 . 东罗马立奥一世金币考释 [J]. 中国钱币，1995（1）：35~36.

[12] 《当代中国》丛书编辑委员会 . 当代中国的黄金工业 [M]. 北京：当代中国出版社，1996.

[13] 《文物》月刊编辑委员会 . 文物考古工作三十年 [M]. 北京：文物出版社，1979，143~144.

[14] 李捷民，华向荣，文启明，刘世枢，陈应琪，唐云明 . 河北藁城县台西村商代遗址 1973 年的重要发现 [J]. 文物 , 1974（8）.

[15] 高西省 . 战国时期鎏金器及其相关问题初论 [J]. 中国国家博物馆馆刊 , 2012（4）：47~59.

[16] 西藏布达拉宫五世达赖喇嘛灵塔殿 [EB/OL]. 中国旅游信息网 , http://scenic.cthy.com/scenic-10013/Attractions/10364.html.

[17] 黄剑华 . 太阳神鸟的绝唱——金沙遗址出土太阳神鸟金箔饰探析 [J]. 社会科学研究，2004（1）：135~139.

[18] 闻风 . 金光灿灿的西汉王朝 [J]. 中华遗产 , 2010（8）：24~35.

[19] 李小萍 . 中国最早的圆形黄金货币：西汉金饼 [N]. 收藏快报，2008-10-15.

[20] 王小岩 . 世界美术 [M]. 合肥：安徽文艺出版社，2009.

[21] 刘丽君 . 澳大利亚土著文化及其滞后原因 [J]. 汕头大学学报 (人文科学版), 1997（6）：51~58.

第四章

[1] Willie Drye. El Dorado Legend Snared Sir Walter Raleigh [J/OL]. National Geographic, [2013-4-25]. http://science.nationalgeographic.com/science/archaeology/el-dorado/.

[2] Philip Coppens. The Gold of Gran Paititi [EB/OL]. Philip Coppens: [2013-4-23]. http://www.philipcoppens.com/granpaititi.html.

[3] E. G. V. Newman. The Gold Metallurgy of Isaac Newton [J]. Gold Bulletin, September 1975, Volume 8, Issue 3: 90~95.

[4] John Craig. Isaac Newton and the Counterfeiters [R]. Notes and Records of the Royal Society of London, The Royal Society, Dec., 1963, Vol. 18, No. 2: 136~145.

[5] Thomas Levenson. Newton and the Counterfeiter——The Unknown Detective Career of the World's Greatest Scientist [M]. London: Mariner Books, 2010-4.

[6] 货币纪录片主创团队 . 货币 [M]. 北京：中信出版社 , 2012.

[7] J. R. Fisher. Gold in the Search for the Americas [J]. Gold Bulletin, June 1976, Volume 9, Issue 2: 58~63.

[8] David J. Mossman, Denis Leypold. The Lore and Lure of Rhine Gold [J]. Gold Bulletin, September 1995, Volume 28, Issue 3: 72~78.

[9] Thomas Paterson. Exclusive: Theo Paphitis' £35m solid gold Maybach car spotted [EB/OL]. Gold Made Simple, News: [April 1st, 2012]. http://www.goldmadesimplenews.com/.

第五章

[1] 《中国黄金知识博览》编委会 . 中国黄金知识博览 [M]. 北京：中国建材工业出版社，2001.

[2] 中国黄金协会 . 中国黄金年鉴 2011 [R]. 北京，2011.

[3] 徐敏时 . 黄金生产知识 [M].2 版 . 北京：冶金工业出版社，1997.

[4] 中国大百科全书总编辑委员会《外国历史》编辑委员会 . 中国大百科全书：外国历史 [M]. 上海：中国大百科全书出版社，1990.

[5] Erin Cunningham, Annette Randall. The California Gold Rush, Interpreting

History Assignment, JCM360A: Media History [R]. September 23, 2002.

[6] A. H. Koschmann, M. H. Bergendahl. Principal Gold Producing Districts of the United States [R]. Washington: United States Government Printing Office, 1968.

[7] Troy Lennon, Liam Engel. People of the Gold Rush [N]. Daily Telegraph, Australian: 2010/03/24.

[8] Michael Evans. Gold Fever! Life on the Diggings 1851~1855 [R]. National Library of Australia, Camberra, 1994.

[9] Graham Williams. The Cyanides of Gold [J]. Gold Bulletin, June 1978, Volume 11, Issue 2：56~59.

[10] Jamie Sokalsky. International Mine Production [J]. Alchemist, January 2013, Issue 69.

[11] USGS. Gold Statistics [R]. USGS, November 6, 2012.

[12] Sara Bornstein. Women of the 1898 Alaska–Klondike Gold Rush [D]. Haverford: Haverford College, Department of History, 2009.

[13] Ian Freestone, Nigel Meeks, Margaret Sax, Catherine Higgitt. The Lycurgus Cup — A Roman nanotechnology [J]. Gold Bulletin, December 2007, Volume 40, Issue 4: 270~277.

[14] L. B. H. The Origins of Gold Brazing [J]. Gold Bulletin, March 1977, Volume 10, Issue 1: 27~28.

[15] Ryan Short, Busisiwe Radebe. Gold in South Africa 2007 [R]. Johnesburg: Anglogold Anshanti, Goldfields, 2008.

[16] Marcello M. Veiga. Mercury in Artisanal Gold Mining in Latin America: Facts, Fantasies and Solutions [R]. Vienna, UNISCO, 1997.

第六章

[1] 叶金毅 . 国外首饰市场一瞥 [J]. 珠宝科技，1995（2）：15~16.

[2] 赵怀志，宁远涛．中国古代金药、“药金”、“金液”评论 [J]. 贵金属，1999，20（3）：49~54.

[3] Christopher Glynn, Ronald Conley. The Industrial use of Gold [J]. Gold Bulletin, December 1979, Volume 12, Issue 4: 134~139.

[4] Paul Goodman, Gold Bulletin. Current and Future uses of Gold in Electronics [J]. March 2002, Volume 35, Issue 1: 21~26.

[5] F. H. Reid. Gold Plating in the Electronics Industry [J]. Gold Bulletin, September 1973, Volume 6, Issue 3: 77~81.

[6] Robert C. Langley, Gold Coatings for Temperature Control in Space Exploration [J]. Gold Bulletin, December 1971, Volume 4, Issue 4: 62~66.

[7] GFMS. Gold Survey 2006 [R], London: GFMS, May, 2007.

[8] Rolf Groth, Walter Reichelt. Gold Coated Glass in the Building Industry [J]. Gold Bulletin, September 1974, Volume 7, Issue 3: 62~68.

[9] Robert C. Langley. Gold Coatings for Temperature Control in Space Exploration [J]. Gold Bulletin, December 1971, Volume 4, Issue 4: 62~66.

[10] Gold Brazing in the Space Shuttle Engines [J]. Gold Bulletin, September 1975, Volume 8, Issue 3: 79.

[11] B. J. Brinkworth. Gold Films in Solar Energy Utilization [J]. Gold Bulletin, June 1974, Volume 7, Issue 2: 35~38.

[12] Philip Ellis. Gold in Photography [J]. Gold Bulletin, March 1975, Volume 8, Issue 1: 7~12.

[13] David Lloyd–Jacob. The Role of Gold in Industry [J]. Gold Bulletin, June 1971, Volume 4, Issue 2: 25~29.

[14] Rolf Groth, Walter Reichelt. Gold Coated Glass in the Building Industry [J]. Gold Bulletin, September 1974, Volume 7, Issue 3: 62~68.

[15] D. S. Girling, Gold Bulletin. Gold Plating in Submarine Telephone Cable Repeaters [J]. September 1973, Volume 6, Issue 3: 69~71 .

[16] B. J. Brinkworth. Gold Films in Solar Energy Utilization [J]. Gold Bulletin, June 1974, Volume 7, Issue 2: 35~38.

[17] Philip Ellis. Gold in Photography [J]. Gold Bulletin, March 1975, Volume 8, Issue 1: 7~12.

[18] W. S. Rapson, T. Groenewald. The Use of Gold in Autocatalytic Plating Processes [J]. Gold Bulletin, December 1975, Volume 8, Issue 4: 119~126.

[19] K. E. Saeger, E. Vinaricky. Some Trends in the Use of Gold for Electrical Contacts [J]. Gold Bulletin, March 1975, Volume 8, Issue 1: 2~6.

[20] Simon P Pricker. Medical Uses of Gold Compounds: Past, Present and Future [J]. Gold Bulletin, June 1996, Volume 29, Issue 2: 53~60.

[21] Gregory J. Higby. Gold in medicine [J]. Gold Bulletin, December 1982, Volume 15, Issue 4: 130~140.

[22] J. A. Donaldson. The Use of Gold in Dentistry [J]. Gold Bulletin, September 1980, Volume 13, Issue 3:117~124.

[23] Peter T Bishop. The Use of Gold Mercaptides for Decorative Precious Metal Applications [J]. Gold Bulletin, September 2002, Volume 35, Issue 3: 89~98.

[24] Lynsey McEwana, Melissa Juliusa, Stephen Robertsa, Jack C. Q. Fletchera. A Review of the Use of Gold Catalysts in Selective Hydrogenation Reactions [J]. Gold Bulletin, December 2010, Volume 43, Issue 4: 298~306.

[25] Christopher W Corti, Richard J Holliday, David T Thompson. Developing new Industrial Applications for Gold: Gold Nanotechnology [J]. Gold Bulletin, December 2002, Volume 35, Issue 4: 111~117.

[26] Indira Rajagopal, K. S. Rajam, S. R. Rajagopalan. Gold Plating of Critical Components for Space Applications: Challenges and Solutions [J]. Gold Bulletin, June 1992, Volume 25, Issue 2: 55~66.

[27] L. B. Hunt. Gold in the Pottery Industry [J]. Gold Bulletin, September 1979, Volume 12, Issue 3: 116~127.

第七章

[1] Gary O'Callaghan. The Structure and Operation of World Gold Market [R]. Wshington: International Monetary Fund, Occasional Paper 105, 1993.

[2] The London Gold Market [R]. Washington: Federal Reserve Bank of New York, March, 1964.

[3] Brian Lucey, Charles Larkin, Fergal O'Connor. London or New York: Where Does the Gold Price Come From? [J]. Alchemist, October 2012, Issue 68:8~9.

[4] 香港金银业贸易场 http://www.cgse.com.hk/simp/index.php.

[5] 覃维桓 . 炒金术 [M]. 北京：经济管理出版社，2004.

第八章

[1] Gold of Africa Museum. General Info, Newslwters [EB/OL]. Gold of Africa Museum：2013/3/5, http://goldofafrica.com/.

[2] Romania Insider. Only gold museum in Europe opens in Central Romania [EB/OL]. Romania Insider, Daily News: [December 5, 2012] http://www.romania-insider.com.

[3] Editor. The Gold Mine Museum [J]. Journal of South African Institute of Mining and Metallurgy, July 1980: 251~252.

[4] Terry F Potter, The Welcome Stranger: a definitive account of the world' s largest alluvial gold nugget [M]. Sydney: Private Publication, 1999.

[5] Drinkwater, Malcolm. The German Australian called Holtermann [M]. Sydney: Private Publication, 1985.

[6] 土肥黄金博物馆 . 黄金馆 [EB/OL]. http://www.toikinzan.com/ougon/index.php：2013-8-3.

[7] Museo Oro del Per ú . Museum, Gold [EB/OL]. Museo Oro del Perú : 2013-8-3, http://www.museoroperu.com.pe/museum.html.

[8] Gold Prospector Museum. Home, Museum [EB/OL]. Gold Prospector Museum: 2013-8-3, http://kultamuseo.fi/en/ .

附录

[1] The Perth Mint. The Biggest Gold Coin in the World! [EB/OL]. The Perth Mint: 3 August 2013, http://www.perthmint.com.au/1-tonne-gold-coin.aspx.

[2] Tom. The Most Expensive Coin in the World [J/OL]. The Most Expensive Journal, http://most-expensive.com/coin-world: 2005-5-13.

[3] 李有观 . 世界最大金库 [J]. 黄金 , 1989（8）.

[4] 郭芳 . 阿布扎比大清真寺藏着不少第一 [N]. 环球时报 , 2013-3-8.

[5] Thomson Reuter, GFMS Gold Survey 2014 [C]. GFMS, London, March, 2014.